物联网技术丛书

Node-RED
物联网应用开发
工程实践

何铮 朱迪 ◎ 著

Developing
IoT Applications with
Node-RED
Engineering Practices

机械工业出版社
CHINA MACHINE PRESS

图书在版编目（CIP）数据

Node-RED 物联网应用开发工程实践 / 何铮，朱迪著 . —北京：机械工业出版社，2024.5
（物联网技术丛书）

ISBN 978-7-111-75409-1

Ⅰ.① N⋯ Ⅱ.①何⋯ ②朱⋯ Ⅲ.①物联网 – 应用 Ⅳ.① TP393.4 ② TP18

中国国家版本馆 CIP 数据核字（2024）第 058091 号

机械工业出版社（北京市百万庄大街 22 号　邮政编码 100037）
策划编辑：杨福川　　　　　　责任编辑：杨福川　董惠芝
责任校对：王小童　刘雅娜　　责任印制：李　昂
河北宝昌佳彩印刷有限公司印刷
2024 年 5 月第 1 版第 1 次印刷
186mm×240mm・19.5 印张・423 千字
标准书号：ISBN 978-7-111-75409-1
定价：99.00 元

电话服务　　　　　　　　网络服务
客服电话：010-88361066　　机 工 官 网：www.cmpbook.com
　　　　　010-88379833　　机 工 官 博：weibo.com/cmp1952
　　　　　010-68326294　　金 书 网：www.golden-book.com
封底无防伪标均为盗版　　机工教育服务网：www.cmpedu.com

为什么要写本书

"AI 向左，IoT 向右"。2023 年，OpenAI 推出了 GPT-4 文本生成 AI 系统，英伟达推出了全栈 AI 芯片工具和平台，苹果发布了 Vision Pro。这些技术的出现，改变了 AI 开发的基础技术栈模式并带来了全新的交互方式，将 AI 推向了普通用户。这一年是 AI 领域不平凡的一年。

面对真实的物理世界，采集不同领域的数据、控制不同的设备并且对接到 IT 系统需要跨领域的学科知识和技术，涉及电气领域、自动化领域、工业控制领域、传感器领域、智能家居领域等。各物联网工程采用的技术各不相同，既包括来自 20 世纪 70 年代的 PLC 技术，也包括近几年的 ZigBee、LoRa 等无线物联网技术。同时，真正的物联网应用还需要由专业人士完成。在这样的背景下，物联网平台开始蓬勃发展，而 Node-RED 凭借优秀的扩展性和活跃的开发社区成为全球最为成熟的开源物联网平台。目前，越来越多的商业项目采用 Node-RED 作为基础物联网低代码平台。

Node-RED 以 Node.js 作为基础开发技术，采用 JavaScript 或者 TypeScript 进行编码，降低了入门门槛。同时，全球开发者提供了 4000 余个节点组件（截至 2023 年 12 月），涵盖基于各种物联网协议和硬件连接的现成方案。但是，当你准备把 Node-RED 引入实际的工程项目时，还会面临很多实际的挑战，包括如何构建物联网的技术架构，如何进行软硬件选型，团队如何协作进行 Node-RED 开发，如何将 Node-RED 嵌入自己的项目，如何开发一个适合项目使用的节点等。应对这些挑战，缺乏系统的学习资料和文献，更多是零散的在线资料，这促使我编写了这本体系化的 Node-RED 实战参考书，希望通过真实案例的分析和 Node-RED 项目化技术的介绍总结出 Node-RED 商业项目的最佳实践。

读者对象

本书面向对 Node-RED 有一定使用经验，希望将 Node-RED 引入实际项目的读者。

- IT 工程师：无论前端工程师还是后端工程师，都可通过 Node-RED 完成物联网后台的数据采集和控制，并通过 HTTP、WebSocket、MQTT 等常用的协议来对接前端界面，实现完整应用。

- OT 工程师：可将已经熟悉的各种自动化控制器接入 Node-RED，然后通过 Node-RED 的流程编排和低代码能力完成后续信息化工作，并配合 dashboard 节点的使用配置出应用界面，完成独立的物联网应用或者对接应用系统。
- 技术爱好者和创客：可以采用 Node-RED 和配套的树莓派硬件等，方便地开发系统原型，完成验证工作，同时利用 Node-RED 的扩展能力，构建适合项目的软硬件方案。
- 科技企业的技术负责人：初创企业、集成商、大型企业的 IT 部门技术负责人可以改变目前正在开发或者使用的物联网系统的技术选型，降低开发成本，提高对未来不断变化的场景的应对能力，甚至可以弥补自身开发团队的短板，突破更多的应用瓶颈。

本书特色

- 物联网工程全面解析：本书全面讲解了物联网工程的技术架构、数据库选择、数字孪生和 AI 视觉识别等技术，同时梳理了物联网工程技术栈和开发语言，方便开发人员从传统的 IT 项目开发转移到物联网项目开发。
- 实践导向和解决方案：四大实战案例涵盖了常见的物联网应用场景，不仅完整地演示了 Node-RED 实现物联网应用的过程，还衍生到了项目准备、软硬件选型、项目实施、项目部署等全流程。
- 清晰而深入的讲解：以简洁清晰的语言解释复杂的概念，并提供大量的系统截图、表格和源代码。无论初学者还是有经验的专业人士，都能轻松理解书中的内容，并建立起扎实的理论基础。
- 最新技术和前沿趋势：本书保持与 Node-RED 最新技术和前沿趋势同步，并特别建立了 Node-RED 中文站点。希望通过此站点建立 Node-RED 中文应用圈，交流最新的 Node-RED 技术、标准和发展趋势，为读者应对未来的挑战做好准备。
- 丰富的学习资源：除了书中的内容，本书配套的 Node-RED 中文站点还提供了丰富的学习资源，包括共享的流程、配置文件、视频文件等。这些资源将帮助你巩固所学的知识，并促进你与其他读者和专家的互动交流。

如何阅读本书

本书继我和朱迪编写的《Node-RED 物联网应用开发技术详解》之后推出，利用 Node-RED 搭建真实的物联网应用，以工程化思维为导向，为打算利用 Node-RED 搭建真实物联网项目的读者提供完整的实践指南。全书内容分为 9 章。

- 第 1 章介绍物联网工程的系统架构，包括物联网平台、物联网网关、数字孪生和时序数据库等。
- 第 2 章介绍如何使用 Node-RED 官方的重要扩展节点，同时介绍了如何使用 dashboard 节点构建物联网数据采集界面。
- 第 3 章介绍如何通过合理的流程结构规划、消息设计和流文件的项目化管理来实现 Node-RED 的团队开发模式。
- 第 4 章介绍如何开发自定义节点。
- 第 5 章介绍如何将 Node-RED 嵌入用户的系统。

读者可以通过以上内容全面了解如何使用 Node-RED 快速完成物联网端到端的开发，再通过第 6~9 章模拟各种工程场景的实战案例，掌握如何将 Node-RED 应用到自己的工程实践中。

- 第 6 章介绍数据采集实战，通过 RS485 连接空气传感器监控空气质量，然后展现在 Dashboard 中。
- 第 7 章介绍智能家居实战，通过树莓派搭建物联网网关，集成小米智能家居产品，实现智能家居系统。
- 第 8 章介绍智能办公实战，通过物联网网关、传感器、控制器搭建完整的软硬件一体化的智能办公室。
- 第 9 章介绍智能节能实战，通过物联网网关和电量监控设备进行电量的采集，并将采集到的电量数据集成到自己的前端系统中，打造一个完整的物联网检测项目。

资源和勘误

本书配套的 Node-RED 中文站地址为 http://www.nodered.org.cn，读者可以从中访问 Node-RED 实例，并直接体验和测试实例流程，也可以下载实例代码。伴随技术的更新，该网站会提供 Node-RED 最新技术的中文文档。

由于作者水平有限，书中难免会出现一些错误或者不准确的地方，恳请读者批评指正。联系邮箱为 6067953@qq.com，微信号为 CubeTech。

致谢

感谢成都纵横智控科技公司的胡涛、Easy、Enjoyment，他们提供了 Modbus 的案例和技术协助。

感谢北京五一视界数字孪生科技股份有限公司的刘振宇、张宇涵在数字孪生技术方面的支持。

感谢北京涛思数据科技有限公司的许国栋在时序数据库技术方面的支持。

感谢成都极企科技有限公司的蒲江、徐开，他们在繁重的项目开发任务中抽出时间帮助搭建了本书内容涉及的实际开发环境，并一遍一遍地进行测试，付出了巨大的精力。

感谢我亲爱的儿子Jeff，他在写作过程中给予我及时雨般的关怀，使我能在纷杂的事务中排除万难完成本书。

谨以此书献给我爱与爱我的人。

何 铮

Contents 目 录

前言

第1章 Node-RED 应用开发工程
要点 ·············· 1

1.1 物联网工程系统架构 ············ 1
  1.1.1 IoT 设备层 ············ 3
  1.1.2 IoT 网关层 ············ 5
  1.1.3 IoT 平台层 ············ 6
1.2 物联网工程和数字孪生 ·········· 7
1.3 物联网工程和时序数据库 ········ 9
1.4 物联网工程和 AI 视觉识别 ······ 11
1.5 物联网工程开发语言和技术栈 ······ 13

第2章 Node-RED 重要扩展节点 ···· 15

2.1 扩展节点的查找和安装方式 ········ 16
  2.1.1 官网查找 ············ 16
  2.1.2 利用编辑器查找 ········ 16
  2.1.3 扩展节点的安装 ········ 16
2.2 官方扩展节点——Node-RED
  dashboard 模块 ············ 17
  2.2.1 版本说明 ············ 18
  2.2.2 访问 dashboard 模块 ······ 18
  2.2.3 在 settings.js 文件中设置
    UI 地址 ············ 18
  2.2.4 dashboard 层次结构 ······ 19
  2.2.5 布局规则 ············ 20

2.2.6 在 dashboard 选项卡中
    设置 ············ 20
2.2.7 小部件 ············ 23
2.2.8 图标 ············ 38
2.2.9 在用户交互界面添加
    加载页面 ············ 43
2.2.10 为 dashboard 设置安全
     访问策略 ············ 44
2.2.11 dashboard 的多用户使用··· 44
2.3 其他官方扩展节点 ············ 44
  2.3.1 分析类 ············ 44
  2.3.2 功能类 ············ 44
  2.3.3 硬件类 ············ 45
  2.3.4 输入/输出类 ············ 48
  2.3.5 解析器类 ············ 49
  2.3.6 社交类 ············ 49
  2.3.7 存储类 ············ 50
  2.3.8 时间类 ············ 50
  2.3.9 效用类 ············ 50
2.4 常用扩展节点 ············ 50
  2.4.1 serialport 节点 ············ 50
  2.4.2 modbus 节点 ············ 52
  2.4.3 mysql 节点 ············ 54
  2.4.4 bacnet 节点 ············ 56
  2.4.5 lonworks 节点 ············ 57
  2.4.6 knx 节点 ············ 58

第3章 大型项目最佳实践 ······ 61

3.1 流程结构规划 ············ 61
3.2 消息设计 ················ 65
3.3 流程文档化 ············· 67
3.4 项目化管理流文件 ······· 70
　　3.4.1 开启项目化管理功能 ······ 72
　　3.4.2 项目化管理 ········ 78

第4章 自定义节点开发 ······ 87

4.1 创建第一个自定义节点 ···· 89
4.2 JavaScript 文件 ········· 93
　　4.2.1 节点构造器 ········ 94
　　4.2.2 接收消息 ········· 95
　　4.2.3 发送消息 ········· 96
　　4.2.4 关闭节点 ········· 97
　　4.2.5 记录事件 ········· 98
　　4.2.6 自定义节点用户属性预设 ··· 99
　　4.2.7 节点上下文 ········ 100
　　4.2.8 节点状态 ········· 101
4.3 .html 文件 ············· 101
　　4.3.1 注册节点 ········· 102
　　4.3.2 编辑对话框 ········ 104
　　4.3.3 节点属性 ········· 112
　　4.3.4 帮助文本 ········· 114
　　4.3.5 编辑器事件 ········ 116
　　4.3.6 节点凭证 ········· 116
　　4.3.7 节点外观 ········· 118
4.4 配置节点 ·············· 123
　　4.4.1 定义配置节点 ······ 125
　　4.4.2 使用配置节点 ······ 126
4.5 节点帮助文本编写指南 ···· 127
　　4.5.1 帮助文本中的章节标题 ··· 129
　　4.5.2 消息属性 ········· 129
　　4.5.3 多个输出 ········· 130

4.5.4 通用规则 ·········· 130
4.6 单元测试 ·············· 131
4.7 国际化 ················ 132
　　4.7.1 消息文件 ········· 133
　　4.7.2 使用 i18n 消息 ····· 134
4.8 在编辑器中加载额外资源 ··· 135
4.9 将子流程打包为模块 ······ 136
　　4.9.1 创建子流程 ········ 136
　　4.9.2 添加子流程元数据 ···· 136
　　4.9.3 创建模块 ········· 137
　　4.9.4 添加 subflow.json 文件 ··· 137
　　4.9.5 更新 package.json 文件 ··· 138
4.10 打包 ················· 139
　　4.10.1 自定义节点命名规则 ···· 139
　　4.10.2 目录结构 ········· 140
　　4.10.3 在本地测试节点模块 ···· 140
　　4.10.4 package.json ········ 140
　　4.10.5 自述文件 ········· 141
　　4.10.6 许可证文件 ········ 142
　　4.10.7 发布到 NPM ······· 143
　　4.10.8 添加到 flows.node-red.org ·········· 143

第5章 将 Node-RED 嵌入用户系统 ················ 145

5.1 Node.js 环境的系统如何对接 Node-RED ·········· 145
　　5.1.1 Runtime API ········ 148
　　5.1.2 Editor API ········· 164
　　5.1.3 Module API ········ 169
5.2 从外部系统调用 Admin HTTP API ············· 170
　　5.2.1 HTTP 安全认证方式 Authentication ········· 170

5.2.2 数据结构 ················ 171

5.2.3 错误 ···················· 175

5.2.4 API 方法 ··············· 175

第 6 章　数据采集实战：空气质量
监控 ·············· 177

6.1 背景和目标 ··············· 177

6.1.1 项目背景 ··············· 178

6.1.2 项目需求分析 ·········· 178

6.1.3 实战目标 ··············· 178

6.2 技术架构 ·················· 178

6.3 技术要求 ·················· 179

6.3.1 硬件选型 ··············· 179

6.3.2 软件选型 ··············· 180

6.4 环境准备 ·················· 180

6.4.1 物理连接和接线 ········ 180

6.4.2 网络配置和位置记录 ···· 181

6.5 实现过程 ·················· 182

6.5.1 在 IoT 网关中配置传感器
的接入 ················ 182

6.5.2 在 IoT 平台通过 MQTT 接
收 IoT 网关采集的数据 ··· 191

6.5.3 在 IoT 平台配置前端界面
的 WebSocket 连接 ······ 195

6.5.4 大屏展示界面的实现 ···· 196

6.5.5 IoT 平台对外接口的
实现 ·················· 199

6.5.6 IoT 平台场景实现 ········ 201

6.6 案例总结 ·················· 204

第 7 章　智能家居实战：基于树莓派
搭建智能家居场景 ······· 205

7.1 背景和目标 ··············· 205

7.1.1 项目背景 ··············· 205

7.1.2 项目需求分析 ·········· 206

7.1.3 实战目标 ··············· 206

7.2 技术架构 ·················· 207

7.3 技术要求 ·················· 207

7.3.1 硬件选型 ··············· 207

7.3.2 软件选型 ··············· 209

7.4 环境准备 ·················· 210

7.4.1 软件环境安装 ·········· 210

7.4.2 物理连接和组网 ········ 217

7.4.3 网络配置和位置记录 ···· 221

7.5 实现过程 ·················· 222

7.5.1 照明控制 ··············· 222

7.5.2 窗帘 / 浇灌控制 ········ 224

7.5.3 传感器数据采集 ········ 225

7.5.4 照明、采光自动联动
场景 ·················· 228

7.5.5 花园浇灌 ··············· 232

7.5.6 家庭 Dashboard 展示 ··· 237

7.6 案例总结 ·················· 238

第 8 章　智能办公实战：会议室
中控 ·············· 240

8.1 背景和目标 ··············· 240

8.1.1 项目背景 ··············· 242

8.1.2 项目需求分析 ·········· 242

8.1.3 实战目标 ··············· 243

8.2 技术架构 ·················· 243

8.3 技术要求 ·················· 244

8.3.1 硬件选型 ··············· 244

8.3.2 软件选型 ··············· 246

8.4 环境准备 ·················· 246

8.4.1 环境安装 ··············· 246

8.4.2 物理连接和组网 ········ 246

8.4.3 网络配置和位置记录 ···· 249

8.5 实现过程 ·················· 250

8.5.1 照明、窗帘、门禁控制 ··· 250

8.5.2　大屏控制 ·················· 253

8.5.3　空气传感器数据采集 ······ 255

8.5.4　中控平板界面实现 ········ 259

8.5.5　联动场景实现 ············· 262

8.6　案例总结 ························ 262

第 9 章　智能节能实战：智能电表和电量监控 ··············· 263

9.1　背景和目标 ··················· 263

9.1.1　项目背景 ················· 264

9.1.2　项目需求分析 ············· 264

9.1.3　实战目标 ················· 265

9.2　技术架构 ······················ 265

9.3　技术要求 ······················ 266

9.3.1　硬件选型 ················· 266

9.3.2　软件选型 ················· 267

9.4　环境准备 ······················ 267

9.4.1　物理连接和接线 ········· 267

9.4.2　网络配置和位置记录 ····· 270

9.5　实现过程 ······················ 270

9.5.1　在 IoT 网关中配置电量数据采集器的接入 ······· 270

9.5.2　在 IoT 平台通过 MQTT接收电量数据 ············· 289

9.5.3　在 IoT 平台配置 MySQL 数据库以存储历史电量数据··· 291

9.5.4　在 IoT 平台配置前端界面的 WebSocket 连接 ······· 295

9.5.5　大屏展示界面的实现 ····· 297

9.6　案例总结 ······················ 302

Node-RED 应用开发工程要点

Node-RED 凭借超过 2.38 亿次的安装量，从开源领域迈向全球商用领域。众多物联网厂商纷纷遵循开源协议，将 Node-RED 作为内置引擎为客户提供服务，包括西门子最新发布的物联网网关 IoT2000。全球自动化领域的知名企业如日立、霍尼韦尔、西门子、博世等都已采用 Node-RED 作为产品的一部分，国内网关厂商（如极企科技、纵横智控科技等）也开始内置 Node-RED 服务。

随着物联网场景的丰富和数字世界需求的增加，相信会有更多的物联网公司采用 Node-RED。掌握 Node-RED 的使用将成为一项通用的技术能力要求。然而，仅仅熟练掌握 Node-RED 并不足以完成一个商用物联网工程的建设。商用物联网工程不仅需要处理设备之间数据采集、协议转换和边缘处理等事务，还需要根据项目规模设计物联网架构，并需要集成数字孪生、物联网时序数据库、AI 视觉识别以及与其他业务系统等。同时，如何选择开发语言与 Node-RED 配合，如何让整个开发团队协作开发和使用 Node-RED，如何将 Node-RED 嵌入自己的项目和产品等，都是关键要点，涵盖了硬件设备、软件开发、网络架构和数据安全等方面。下面将介绍这些物联网工程实践的要点。

1.1 物联网工程系统架构

首先，物联网工程和其他信息化项目有很大的不同，不能直接套用信息化项目的系统架构，需要了解其本质差异后进行调整。二者的重要区别表现在以下几方面。

- 打通异构协议的硬件设备。
- 数据采集方式。
- 低延迟的控制能力。

- 基于 BIM 模型的 3D 界面呈现方式。
- 打通人、设备、空间的权限管理方式。
- 重新组建的开发团队和开发技术栈。
- 高可用架构。
- 快速搭建场景化功能的能力。
- 面向 AI 的集成能力。

Node-RED 面向物联网工程只能提供部分能力，嵌入整体系统还要考虑很多因素。这里用一个通用的物联网技术架构拓扑图来展示 Node-RED 在项目中的定位，以及商用物联网工程的基础系统理念，如图 1-1 所示。

图 1-1　物联网技术架构拓扑

图 1-1 展示的是一个通用商用物联网系统架构。按照传统系统架构的分层理念来看，物联网系统也分为 4 层，分别为设备层、网关层、平台层、业务层。

- 设备层：设备层是物联网系统的基础，包括各种传感器、执行器、控制器等物理设备。这些设备通过各种通信协议（如 MQTT、CoAP、ZigBee 等）与网关层进行通信。在设备层中，Node-RED 可以用于实现设备的数据采集、控制指令下发等功能。
- 网关层：网关层是物联网系统的中间层，也常被叫作边缘层，使用的设备叫边缘网关。网关层主要负责将设备层的数据传输到平台层，并将平台层的控制指令下发到设备层。网关层通常配有嵌入式设备或服务器，具有数据转换、协议转换、数据缓存等功能。在网关层中，Node-RED 可以用于实现数据的清洗、转换、过滤等功能，以及将数据发送到平台层或从平台层接收控制指令。

- 平台层：平台层是物联网系统的核心层，主要负责对设备层和网关层的数据进行存储、分析、展示等。平台层通常由云平台、数据库、数据分析模块等组成。在平台层中，Node-RED 可以用于实现数据的存储、查询、分析等功能，以及将分析结果展示给用户。
- 业务层：业务层是物联网系统的外部扩展，主要负责根据用户需求提供各种业务功能。业务层通常由用户界面、业务流程、业务逻辑等组成。在业务层中，Node-RED 可以用于实现业务流程的编排、业务逻辑的处理等功能。

Node-RED 可以部署在物联网网关或者物联网平台中。为什么不可以将物联网网关和物联网平台合并在一起呢？这种观点经常被提出，特别是来自 IT 行业的厂商、工程师。在 IT 世界，大部分服务是可以集中放置在一层的，通过强大的服务器能力来组合完成。但是，物联网系统有一个重要特点，就是存在物理位置的考虑维度，当你真实完成一个商用物联网项目的时候就会发现，各种需要用铜缆线连接的设备在接入的时候会受限于工程布线和现场环境。比如对接一个传统电表进行数据采集和控制，此时强电箱中是无法塞入一台 1U 的服务器的，温湿度环境不支持服务器运行，并且现场环境条件也不支持先布网线到机房再进行接入，因此需要在强电箱附近部署 IoT 网关。从拓扑图中可以看出，大部分 IoT 网关产品是非常小的嵌入式设备，就像树莓派这样的硬件一样，可以在大部分普通环境中工作，近端采集设备的数据和发送控制指令，此时 IoT 网关中的 Node-RED 就发挥了重要作用。它负责连接设备、处理数据、转化格式，甚至完成一些较为复杂的逻辑处理，最后将输出数据转化为 IP 网络可以传输的内容，再通过 MQTT、UDP、TCP 等协议发送给物联网平台。因此，一个优秀的物联网引擎一定要能够在低功耗工业级设备上运行。Node-RED 最低可以在 CPU 频率 1.2GHz、内存 512MB 的嵌入式低功耗芯片和低内存环境中运行，为 IoT 网关产品提供了最优秀的引擎。因此，从通用角度看，4 层架构是一个普遍设计原则。当然，我们也可根据实际项目情况进行调整。比如，如果在一个小的物理空间（如会议室）实现物联网场景，那么由于设备端都集中在一个可以方便连线和对接的空间，因此可以将 IoT 网关和 IoT 平台合二为一部署在一台硬件设备上。像极企科技公司研发的 BXRoom 产品就是在此场景使用的物联网产品。总之，物联网系统涉及硬件、软件、工程、设计等，4 层架构可以变化后适用于各种场景，但是缺一不可，无非是在选型过程中拆分或者合并一些设备，但是均可以使用 Node-RED 作为核心引擎。下面介绍 IoT 设备层、IoT 网关层、IoT 平台层。

1.1.1　IoT 设备层

从图 1-1 可以发现，IoT 设备层包含两类设备：有线设备和无线设备。其中，有线设备如图 1-2 所示。

图 1-2 设备层中的 IoT 有线设备

物联网连接的有线设备种类多样，覆盖各应用领域。以下是一些常见的物联网连接的有线设备。

- 传感器和监测设备。如温度传感器、湿度传感器、压力传感器、光敏传感器、运动传感器等，用于采集环境数据和物理参数。
- 执行器和控制设备。如电动阀门、电机、继电器、可编程逻辑控制器（PLC）等，用于控制和执行特定操作。
- 智能家居设备。如智能灯具、智能插座、智能门锁、智能家电（智能洗衣机、智能冰箱等）等，用于实现智能家居控制和自动化。
- 工业自动化设备。如传感器、执行器、工业机器人、工业控制系统等，用于工业生产和自动化控制。
- 交通和车辆设备。如车载传感器、车辆诊断设备、交通信号控制系统等，用于智能交通管理和车辆监测。
- 医疗设备。如医疗传感器、医疗监测设备、远程医疗诊断设备等，用于远程监测患者健康状况和医疗诊断。
- 农业设备。如农业传感器、自动灌溉系统、智能农业机械设备等，用于农业自动化和智能农业管理。
- 建筑自动化设备。如楼宇自动化系统、智能照明系统、智能门禁系统等，用于实现建筑能源管理和自动化控制。
- 能源管理设备。如智能电表、电力监控系统、智能充电桩等，用于能源消耗监测和管理。
- 安防设备。如摄像头、门禁系统、烟雾报警器、入侵检测系统等，用于安防监控和管理。
- 零售和 POS 设备。如 POS 终端、条码扫描器、支付终端等，用于零售业务和支付交易管理。

这些有线设备和物联网网关连接，将采集到的数据传输到物联网平台进行处理、分析和应用。有线设备通常提供稳定、可靠的数据传输，适用于对网络稳定性和实时性要求较高的应用场景。常用的物理连接标准有：Modbus 用于连接工业自动化设备，如传感器、PLC、控制器等；BACnet 主要用于构建自动化系统，如 HVAC（供暖、通风、空调）控制设备；RS232 是通用的串行通信协议，用于连接各种设备，如计算机、传感器、仪器等；RS485 用于工业控制系统，适用于多点通信，连接多个设备；Ethernet/IP 是基于以太网的工业自动化通信协议，用于实时数据交换和控制；Modbus TCP/IP 是基于 TCP/IP 的 Modbus 通信协议，通过以太网连接设备；S7 通常指西门子公司生产的 Simatic S7 系列可编程逻辑控制器（PLC），这是一种工业自动化控制系统。

另一类物联网设备是无线设备，这类设备大部分出现在有了智能家居技术以后。由于使用在家庭的后装环境中，布线成本过高，因此开始发展出无线物联网协议，如 ZigBee、LoRa、NB-IoT、蓝牙等，如图 1-3 所示。

这类无线设备有：温度传感器、湿度传感器、光敏传感器、运动传感器等，它们通过无线连接将环境数据传输到物联网平台；智能家居中的智能灯具、智能插座、智能门锁、智能摄像头、智能扫地机器人等，用于实现智能家居控制、安全；各种控制器或者传感器等。

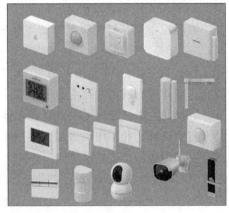

图 1-3　设备层中的 IoT 无线设备

1.1.2　IoT 网关层

IoT 网关层具备通过线缆或无线信号连接物联网设备的能力。

1. 针对有线物联网设备

针对有线物联网设备，我们需要考虑 IoT 网关的部署位置和走线方式。这里所说的线缆是指铜芯线，并不是符合普通网线 RJ45 的线序，而是符合 RS485、RS232 等不同用途的线序，因此不能直接接入本地的 IP 网络。

图 1-4　IoT 有线设备连接的转换头

有线设备按照对接设备所要求的线序对接进 IoT 网关后，就可以通过 Modbus、BACnet、KNX、GPIO 等各种设备支持的协议进行通信。此类设备有两种接线方式。一种是采用通用的转换头，按照要求的线序进行对接，如图 1-4 所示。

另一种是选择专业的 IoT 网关。此类网关已经有标注相应线序的接线孔，直接接入即可。设备接入后根据设备手册中的数据格式和指令格式配置进 Node-RED 就可以开始工作了，如图 1-5 所示。

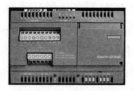

图 1-5 IoT 有线设备连接的 IoT 网关产品

2. 针对无线物联网设备

这类设备包括智能家居等新兴领域的设备，采用的通信协议包括 ZigBee、LoRa、NB-IoT、蓝牙等。此类设备有自己的无线网关。无线网关负责无线物联网的覆盖工作，可以协同工作，最终接入 IP 网络并通过 MQTT 或者 UDP 和 IoT 平台进行通信。这类无线物联网设备需要通过无线物联网网关来连接。

因此，大多数物联网设备将首先接入 IoT 网关，而 IoT 网关分类也很多，需要根据实际情况进行选择，比如树莓派加上通用串口接口可以作为一个通用的 IoT 网关，而专业的 IoT 工业网关则按照接口进行选型。此外，还有针对高低电压的模拟数字转换网关，以及专门针对 S7 协议的西门子 IoT2000 产品。在无线物联网部分，我们可以选择使用各种智能家居的自带网关，或者使用标准的 ZigBee2MQTT 项目支持的 ZigBee 通用网关来连接不同厂商的 ZigBee 产品。在选择 IoT 网关时，我们需要根据实际应用需求、预算和技术背景进行综合考虑，确保所选的网关能够满足项目的要求。当然，这些网关产品上都可以搭载 Node-RED。

1.1.3 IoT 平台层

前面提到如果直接将 IoT 网关对接业务系统，由于网关边缘计算能力有限不能达到业务系统要求和未来扩展的需要，特别是对于有大量前端设备需要跨区域管理等场景，就需要 IoT 平台层，如图 1-6 所示。

图 1-6 IoT 平台层

IoT 平台层根据项目需要可以采用本地化部署模式，也可以采用私有云部署模式，或者直接使用成熟的云端平台。如果项目有较高的实时控制要求和传感器信息获取要求，或者有复杂的场景联动以及算法联动要求（如工业物联网、智能楼宇等），需选择本地化部署模式；如果存在多个项目扩展或者物理空间扩展的需求，则可以采用私有云部署模式，让不同项目的数据和控制都汇聚到私有云端进行统一处理。如果面对消费者端的物联网项目（如智能家居、智能健康等），可以考虑采用公有云的各大厂商提供的 IoT 平台，大大降低开发和部署难度，只关注数据的采集和基本控制。总之，无论采用哪种方式或者哪种产品，IoT

平台层都提供基础的传感器数据采集和控制的能力。当然，在高并发和高安全的前提下，优秀的 IoT 平台还应该具备以下功能。

- MQTT 服务端：MQTT 是物联网首选协议，无论对数据采集还是控制指令下发都具备无可比拟的优势，包括巨量数据通信、极低开销、通配符动态订阅等。但是，MQTT 服务端需要单独搭建，放入 IoT 平台层最为合适。同时，前端 IoT 网关无论对接的是什么协议的设备，最终汇聚到 IoT 平台都可以通过 MQTT 协议来通信。
- 时序数据库：持续采集的数据需要通过时序数据库进行存储，再通过后续特定查询语句的快速时间切片进行获取，以方便进行分析，满足物联网系统时间维度的数据提供需求。
- 位置服务：物联网系统在空间维度需要通过位置服务进行管理。成千上万个传感器控制器分别在什么空间位置需要和真实世界一一对应。通常，简单的实现需要了解区域、楼宇、楼层、房间等信息，然后维护每个具体设备的位置坐标，还需要提供实施工程的工具，以便安装设备的时候进行定位。有的 IoT 网关提供了更为高级的位置服务功能，甚至加入了数字孪生的建模功能，实现物理世界和数字世界的连接。
- API 服务：为业务系统提供丰富的 API，通常采用 RESTful 接口方式，可以对接由各种技术开发的业务系统。API 提供获取指定时间片段的传感器数据、获取指定物理空间的传感器数据、获取同一种类型的传感器数据、发送控制指令、获取设备状态信息、为不同设备进行分组、为不同设备赋权限等服务。
- 数据展板：数据展板可以直接由 IoT 平台提供，因为大屏数据展示可以不和业务强相关。用户可自定义展示内容和样式。

当然，不同 IoT 平台的产品有不同的特性和功能。但是，Node-RED 都可以作为基础引擎内置其中，发挥强大的扩展能力和流程化的低代码能力，这也为自主开发 IoT 平台提供了很好的基础。

1.2　物联网工程和数字孪生

数字孪生是指利用数字模型、模拟和分析技术，在虚拟世界中精确地模拟实体、系统或过程的行为和特征。这种模拟可以用于监测、优化、分析和预测实体世界中物体的运行、状态和性能。数字孪生的目标是实现对实体的高度精准仿真和实时监测，以提高工作效率、降低成本、优化设计和决策。数字孪生借助虚幻引擎（UE）完成 3D 场景的绘制和还原，再通过对接 IoT 平台，将 IoT 平台采集的数据以及每个 IoT 设备的实时情况和综合分析还原到 3D 模型中，实现物理空间到数字空间的转变，将看不见的 IoT 世界变成全景可视的场景，如图 1-7 所示。

图 1-7 数字孪生在物联网项目中的应用场景

物联网工程和数字孪生之间的关系在于，物联网工程通过连接设备和系统，实现对实体世界的感知和数据采集；数字孪生则将这些数据应用于虚拟模型中，创造一个可以实时模拟和分析的数字化副本，进而为决策、优化和创新提供支持。因此，IoT 设备的物理空间位置信息成为连接数字孪生的关键。数字孪生可以通过 BIM 或者 CAD 模型进行还原，同时 IoT 平台也需要记录每个 IoT 设备在 CAD 或者 BIM 模型中的空间坐标信息，然后通过数字孪生系统提供的 API 获取 IoT 平台采集到的传感数据，并渲染显示在对应坐标的位置，实现 3D 模型和真实世界的一一对应。

数字孪生应用到智慧楼宇中的常见场景如下。

- 环境管理：比如智能环境控制系统，以会议室为例，通过物联网技术对会议室内的各设施进行连接，根据会议情况及环境参数智能控制会议室内的灯光、空调、显示屏、投影仪，预先设定会前、会中、会后多种自动化场景，实现会前环境提前准备，会中温度自动调节，会后自动关闭灯光、空调、投影等功能，营造高效舒适、环保节能的会议室环境。

- 通行管理：聚焦于员工、访客的体验提升，以及物业和运营人员的管理效率提升，将门禁、闸机、访客、一卡通等系统打通，支持人员无感通行，实现人流统计、人员轨迹查询等功能，实现车牌自动识别方便车辆快速进出，实时监控车位占用情况等，实现车辆流量统计分析、车辆告警分析。

- 能耗管理：展示项目内部能耗、碳排放相关数据。可以以进度条的形式展示年度总碳排放量和碳配额使用量，查看全域的碳资产情况，含碳资产、碳贡献、碳排放量；可以按年度、月度、天等维度查询碳相关数据。

- 设备管理：实时统计当前的设备启用率，设备总数和已启用、已停用、已废弃的设备数量，展示近一个月设备处理事件、相关工单信息、设备资产维护信息，单击查看设备当前状态；支持通过 API 进行标签打点，并关联设备高亮效果。

- 综合安防：聚焦于安防、消防、通行三部分，实时展示当前安防事件、历史事件，以及事件处理状态等信息；展示当前摄像头总数、在线数、离线数，以及安保人员数、安防工单总数；展示当前消防事件（未处理及处理中），如烟感报警等，依托消防事件，在场景中展示报警点位置，并切换至周边摄像头查看具体画面。

1.3　物联网工程和时序数据库

和 IT 类工程一样，系统中存在数据库。和传统数据库不一样的是，物联网数据具备以下特点。

- 采集的所有数据都是时序数据，即和时间强关联，每一个数据都有时间戳。
- 数据是结构化的，不存在非结构化数据（如文件、图像等）。
- 一个数据采集点产生唯一的时序流，按照采集点进行时间组织。
- 很少有数据更新或删除操作。
- 一般是按到期日期删除数据。
- 数据以写操作为主，读操作为辅。
- 数据流量平稳，可以较为准确地计算。
- 数据都有统计、聚合等实时计算操作。
- 一定是在指定时间段和指定区域查找数据。
- 数据量巨大，一天的数据量就超过 100 亿条。

由于这些特点，如果用传统的关系数据库（如 Oracle、SQL Server、MySQL）处理物联网数据，将非常困难，性能也得不到保证。同时，这些不间断产生的数据最终需要进行一些分析，因此需要在不断写入的情况下进行数据抽取，合并其他业务数据进行数据分析工作，如：综合所有的温湿度传感器的数据并配合办公场地的考勤数据进行统一分析，得到实时调节空调新风的方案。同时，海量数据处理面临挑战，如一台设备每秒上报一条数据，每条数据中包含 10 个参数，则一天产生 864 000 个数据点，一年约产生 3.15 亿个数据点。再假设一个车间部署 1000 个设备，每年就产生 3150 亿个数据点，3.4TB 数据，100 个车间则需要处理 340TB 数据，存储 5 年则为 1720TB 数据。因此面对物联网的新型环境，数据库面临的挑战是如何实现高效写入、高效查询、存储空间动态扩展、水平扩展、简单易用和安全可靠。

在物联网场景下，传统的数据库存在以下缺陷。

- 关系数据库：海量时序数据读写性能低，分布式支持差，数据量越大，查询越慢。典型场景包括低频监控场景、业务管理系统。典型产品包括 Oracle、SQL Server、MySQL。
- 传统工业实时库：架构陈旧，无分布式方案、无法水平扩展、依赖 Windows 等环境、分析能力弱，而且往往是封闭系统，无法云化部署。典型场景包括 SCADA 系统、生产监控系统。典型产品包括 Wonderware、Siemens SIMATIC WinCC、Rockwell Auto-

mation FactoryTalk、GE Digital iFIX 等。

- Hadoop 大数据平台：组件多而杂，架构臃肿，支持分布式但单节点效率低，硬件维护、人力成本非常高。典型场景包括舆情大数据分析、电商大数据分析。
- NoSQL 数据库：计算实时性差，查询慢，计算内存、CPU 开销巨大，无针对时间关系的优化措施。典型场景包括非结构化数据存储、爬虫数据。典型产品包括 MongoDB 等。

在此背景下，市面上出现了一类新的数据库：时序数据库。时序数据库是一种专门用于存储、管理和查询时间序列数据的数据库系统。时间序列数据是按照时间顺序采集的数据，通常包括时间戳和与该时间相关联的值，如传感器数据、日志、监控数据等。时序数据库优化了时间序列数据的存储和检索，以满足对这类数据的高效处理需求。

以下是一些时序数据库的特点。

- 高效存储和压缩：时序数据库采用特定的存储结构和压缩算法，以最小化数据存储空间，并提高数据写入和读取的效率。
- 快速查询和分析：提供高效的查询引擎，能够快速检索和分析大量的时间序列数据，支持常见的聚合、计算、过滤等操作。
- 时间索引和划分：时间序列数据按时间进行索引和划分，以便快速定位和访问。
- 实时数据流采集和处理：支持实时数据流处理和采集，并实时存储。
- 数据质量和一致性控制：提供机制确保数据的质量和一致性，包括重复数据检测、缺失数据处理等。
- 扩展性和分布式架构：具备良好的横向扩展能力，可以分布式存储和处理大规模数据。
- API 和集成：提供丰富的 API，方便开发人员轻松地对时序数据库完成存储、抽取等各种数据操作。

一些常见的时序数据库系统如下。

- InfluxDB：一款高性能的开源时序数据库，专注于快速存储和查询大量时间序列数据。
- TDengine：一款高性能、高可靠的国内开源时序数据库系统，专门用于存储和处理大规模时间序列数据。它被广泛用于物联网、金融、工业监控、智能制造等领域，以满足大数据量、高写入频率、实时查询和分析的需求，查询性能上已经超过 InfluxDB。
- Apache IoTDB：一款开源、高性能的时序数据库系统，专门用于存储、管理和查询大规模物联网领域的时间序列数据，是由清华大学数据库研究团队于 2015 年发起的开源时序数据库项目，在 2019 年向 Apache 软件基金会提交并被接纳为 Apache 顶级项目，提供了可扩展、灵活、高性能的时间序列数据管理解决方案。
- Prometheus：开源的监控系统和时序数据库，用于记录和查询实时监控数据。

- KairosDB：开源的分布式时序数据库，用于大规模时间序列数据的存储和分析。
- Graphite：一款开源的时间序列数据存储和可视化系统，用于监控和度量。
- OpenTSDB：基于 HBase 的开源时序数据库，用于大规模、高性能的时间序列数据存储和查询。

从 2013 年开始，物联网时序数据库得到了高速发展。从 DB-Engines 的专业统计可以看出，2020 年是发展最为迅速的一年，如图 1-8 所示。

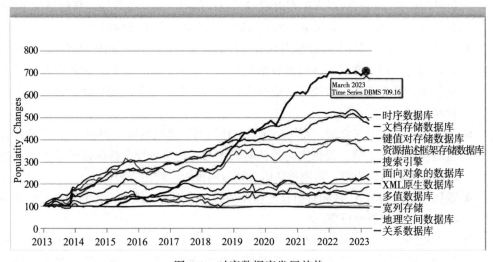

图 1-8　时序数据库发展趋势

商用物联网工程需要选择一个合适的时序数据库作为基础，通过 Node-RED 和时序数据库的专用节点进行对接，或者按照时序数据库的接口进行自定义节点开发。目前，InfluxDB 在 Node-RED 中的节点名字为 node-red-contrib-influxdb，可以通过节点名字搜索实现安装。

1.4　物联网工程和 AI 视觉识别

严格来说，AI 视觉识别技术不属于物联网范畴，但是随着 AI 视觉算法的成熟，借助部署在场景中的摄像头，配套 AI 算法可以实现多种功能。

- 人脸识别：利用 AI 视频分析技术实现动态人脸识别。在出入口、门禁、通道、重点监控区域安装摄像头，通过人脸检测、人脸对比算法对出入人员进行识别，快速甄别出入人员是否获得授权，以人脸识别算法为基础实现员工考勤管理、访客管理。人脸识别可应用于无感通行系统，通过摄像头进行人脸抓拍对比，自动匹配名单库，在无感知的情况下，完成人员识别、记录。
- 离岗识别：通过 AI 视频分析，对检测区域内人员是否离岗进行检测。用户指定离岗监测区域、离岗时间及最低在岗人数。当检测到区域内在岗人数低于在岗人数阈值且超过用户设定的时间阈值时进行告警提示。算法不受人员正面、背面、侧面、低头、坐姿、站姿等不同姿态的影响，不受发型、着装的影响。

- 人员入侵检测：利用 AI 视频分析技术，对视频画面中的指定区域是否有人进行检测，如果有人进入指定区域，则进行入侵报警并保存图片，实现智能值守。
- 人员密度检测：利用 AI 视频分析技术检测场景中的人数，提供实时人数统计及人群密度信息，当人数或人群密度超过预设阈值时，则产生告警。算法适用于园区、公共场所、办公室、会议室、电梯轿厢等有人数限制要求的场所。
- 人流统计算法：利用 AI 视频分析技术统计图像中的人流。在指定区域设置绊线及人流统计方向，通过人体检测算法进行人体实时追踪，根据目标轨迹判断进出区域行为，进行动态人数统计，返回区域进出人数，当进入与离开人数之和超过告警阈值时，产生告警。
- 排队检测：应用在食堂、商场、机场、地铁站等排队场所。利用 AI 视频分析技术检测画面中的人数，提供实时排队时长信息。用户可设定排队区域单人业务处理时间及排队时长阈值，预测排队时长超过阈值时，产生告警。
- 跌倒检测：利用 AI 视频分析技术检测视频中是否有人跌倒。检测到人员处于倒地状态时，发出倒地报警。
- 烟火检测：及时检测到烟雾及火苗可以大大降低火灾损失。火焰检测技术可检测视频中的明火并予以报警。火灾早期通常以烟雾的形式表现出来，烟雾检测技术可对发生火灾早期的浓烟进行检测告警。在严禁烟火区域部署实时监控烟火系统，通过 AI 算法实时分析视频数据，自动识别监控场景中是否有火焰以及烟雾，如有则触发告警事件并自动发送告警通知，管理员在云端或移动端收到告警通知后，及时对现场火情进行处理。
- 通道占用检测：对检测区域内物品占用或异动进行检测，当检测到通道变化时进行告警提示。面向的应用场所包括加油站、危化企业、园区、工地等。
- 抽烟检测：利用 AI 视频分析技术检测视频中是否有人吸烟，当检测到有人吸烟时，发出报警。面向的应用场所包括写字楼、园区、工厂、加油站等。
- 越线检测：利用 AI 视频分析技术对检测区域内的人员是否越线进行检测，当检测到有人越过警戒线时，产生告警。
- 陌生人检测：利用 AI 视频分析技术对视频中指定区域是否有陌生人入侵进行检测，如果检测到有人员进入指定区域且未匹配到系统输入人员，则进行陌生人入侵报警，并保存图片，实现智能值守。

1.5　物联网工程开发语言和技术栈

物联网工程区别于传统 IT 工程的另一个重要特点是拥有更加多元的技术栈。这是因为物联网工程的设备层、网关层、平台层涉及更多不同的技术和设备。因此，用一种开发语言和一个技术框架很难实现物联网工程开发。选择适当的语言和技术栈成为物联网工程的前置条件。下面列举了一些常用的物联网工程开发语言和技术。

1. 编程语言

- C/C++：适用于嵌入式系统和底层硬件控制，具有高效的性能，能进行内存管理。
- Python：用于快速原型设计、数据分析、设备管理和连接，具有丰富的库。
- Java：适用于跨平台开发，具有强大的生态系统，可用于后端服务和应用开发。
- JavaScript（Node.js）：适用于服务器端、Web 应用、前端和后端一体化开发。
- Go：适用于性能、并发要求较高的应用，如服务器端开发。
- Rust：适用于系统级编程，提供内存安全和高效并发支持。

2. 前端开发技术

- HTML、CSS、JavaScript：构建 Web 应用的基本技术。
- React、Angular、Vue.js：前端框架，用于构建响应式和交互式用户界面。
- WebSocket：实现实时数据传输，用于与物联网设备进行双向通信。

3. 后端开发技术

- Node.js：可用于搭建高性能的服务器端应用，与物联网设备进行通信。
- Django、Flask（Python）：可用于构建后端服务和 API，处理请求、数据存储等。
- Spring Boot（Java）：可用于快速构建基于 Java 的 Web 应用，提供 RESTful API 等。

4. 硬件平台和嵌入式系统

- 单片机、微控制器：如 Arduino、Raspberry Pi、ESP32、ESP8266 等，可用于控制和连接物理设备。
- 传感器和执行器：如温度传感器、湿度传感器、运动传感器、执行器（电机、继电器等）。
- 嵌入式操作系统：如 OpenWRT、FreeRTOS、Zephyr、Linux 嵌入式等。

5. 物联网开发平台

- Arduino、Raspberry Pi：可用于原型设计和物联网设备开发。
- PlatformIO：跨平台物联网开发工具，支持多种硬件平台。
- Eclipse IoT、ThingWorx：物联网开发框架和平台。

6. 数据库和数据存储

- SQL 数据库：如 MySQL、PostgreSQL，可用于结构化数据存储。

- NoSQL 数据库：如 MongoDB、Cassandra，可用于大规模非结构化或半结构化数据存储。
- 时序数据库：如 InfluxDB、Apache IoTDB，可用于高效存储和查询时间序列数据。

7. 通信协议

- MQTT：轻量级通信协议，可用于设备间的通信。
- CoAP：适用于受限环境如传感器网络的通信。
- HTTP、HTTPS：可用于 Web 应用的通信和 API 调用。
- 串口 RS485、RS232：可用于通过有线的方式连接设备。
- 无线通信：Wi-Fi、蓝牙、ZigBee、LoRa、NB-IoT 等。

8. 云平台和服务

- AWS IoT、Azure IoT、Google Cloud IoT：提供物联网服务和设备管理平台。
- IBM Watson IoT：提供物联网解决方案，包括数据分析、设备管理等。
- Alibaba Cloud IoT、Tencent IoT：提供物联网云服务及其解决方案。

9. 安全技术

- SSL/TLS：可用于数据传输加密和安全认证。
- OAuth、JWT：可用于身份验证和授权。
- 设备认证和令牌管理：可用于设备安全认证。

10. 分析和可视化工具

- 数据分析工具：如 Tableau、Power BI、基于 Python 的数据分析库（Pandas、NumPy、Matplotlib）等，用于分析采集到的数据。
- 可视化工具：如 D3.js、Plotly、Highcharts 等，用于创建数据可视化图表。
- 数字孪生：如 51world、光辉城市。

上面罗列的是常用的物联网工程的技术栈，每个分类还有很多其他的选择，在这里不再一一罗列。同时，物联网工程处于创新的前沿，技术迭代和变化非常快，因此技术栈需要根据项目的复杂程度、并发性要求和当前技术变化进行灵活选择。而其中大部分技术都可以通过 Node-RED 进行集成和协作。无论技术栈怎么选择，Node-RED 都大大降低了技术迁移的难度。传统 IT 项目团队可以通过引入 Node-RED 来重塑团队技术栈，快速、低成本地将技术迁移到物联网工程开发中。

Node-RED 重要扩展节点

Node-RED 开放的节点库设计模式吸引了广大物联网开发者针对各领域的技术标准和应用场景开发成通用的第三方节点，并发布到 Node-RED 节点库中，供需要的人使用。到目前为止，节点库中已经超过 4000 个节点，涵盖了物联网应用的各个方面。节点库中有 Node-RED 项目组开发的官方节点，其中最著名的是 dashboard 节点。dashboard 节点将在本章 2.2 节进行介绍。2.3 节介绍其他官方扩展节点。2.4 节介绍常用的第三方开发的扩展节点。

图 2-1 展示了节点库在实际项目中的使用方式。

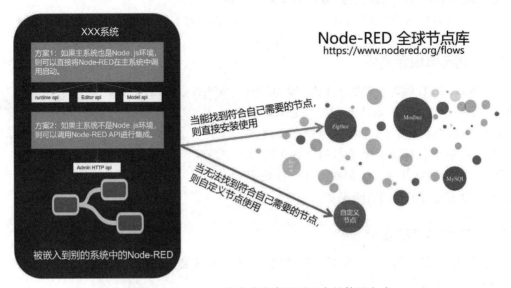

图 2-1　Node-RED 节点库在实际项目中的使用方式

2.1 扩展节点的查找和安装方式

本节介绍扩展节点的查找和安装方式。当产生新的物联网开发需求时，首先应该在 Node-RED 的生态中寻找是否有适合自己需求的扩展节点。大部分物联网开发需求可以利用扩展节点库实现。

Node-RED 提供两种方式查找节点：一种是官网查找，另一种是利用编辑器查找。

2.1.1 官网查找

官网访问地址为 https://flows.nodered.org/，界面如图 2-2 所示。

在这里，我们可以直接搜索你需要的节点，并获取安装命令，如图 2-3 所示。

图 2-2　节点库官网查找

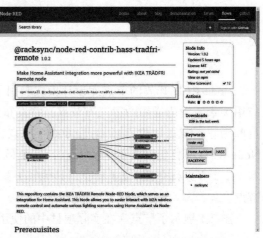

图 2-3　在官网节点详细页面获取安装命令

2.1.2 利用编辑器查找

在 Node-RED 编辑器中依次单击"菜单"→"节点管理"→"安装"选项卡，在"搜索模块"处输入关键字进行搜索，如图 2-4 所示。进入"安装"选项卡，系统会展示当前全部可用节点数量。这个数字几乎每天都在变化，反映了 Node-RED 在全球的使用活跃程度。

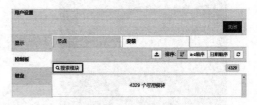

图 2-4　利用编辑器查找节点

2.1.3 扩展节点的安装

Node-RED 的所有节点（包括扩展节点）都有两种安装方式：一种是利用编辑器安装，另一种是命令行安装。

1. 利用 Node-RED 编辑器安装节点

在 Node-RED 编辑器中依次单击"菜单"→"节点管理"。"节点管理"界面中的"节点"选项卡列出了你已安装的所有节点模块，并显示你正在使用的节点，还显示节点版本更新信息。"安装"选项卡允许搜索可用节点模块的目录并支持安装。

2. 命令行安装

要从命令行安装节点，你可以在用户数据目录（默认情况下是 $HOME/.node-red）中使用以下命令：

```
npm install <npm-package-name>
```

以 dashboard 节点为例，运行以下命令安装：

```
npm install node-red-dashboard
```

如果你想安装其他节点，把 npm install node-red-dashboard 中的 node-red-dashboard 换成想要的节点名称即可。

然后，重新启动 Node-RED，以使新节点生效。

2.2　官方扩展节点——Node-RED dashboard 模块

Node-RED dashboard 是 Node-RED 的一个官方扩展模块，用于创建交互式的仪表板界面。它提供了一系列 UI 组件，可以用来创建可视化的控制面板，以监视和控制连接到 Node-RED 的设备、传感器和数据流。

使用 Node-RED dashboard，你可以轻松创建自定义的仪表板，将数据以图表、表格、指示灯等形式展示出来，同时可以通过按钮、滑块、选择器等控件与物联网设备进行交互。你也可以根据需要添加、配置和排列不同的 UI 组件，以满足特定的需求。

Node-RED dashboard 提供了简单易用的配置界面，允许直接在 Node-RED 编辑器中设计和布局仪表板。你可以通过连接节点和配置节点的属性来定义仪表板上的各个元素，并设置它们的样式和行为。Node-RED dashboard 还支持动态更新和实时数据展示。用户可以通过连接到外部数据源或订阅 MQTT 主题等方式实现实时数据的更新和展示。

通过使用 Node-RED dashboard，你可以快速构建具有互动性和实时性的仪表板，以直观地展示和控制数据和设备，如图 2-5 所示。这使在 IoT、自动

图 2-5　用 dashboard 模块实现数据图表展示

化控制、数据可视化等领域使用 Node-RED 进行应用开发和部署变得更加便捷和灵活。

下面介绍 dashboard 模块的设置和管理，以及小部件及其使用方法。

2.2.1 版本说明

dashboard 模块需要 node.js v12 以上版本的支持，如果低于该版本将无法安装和运行。

2.2.2 访问 dashboard 模块

打开链接 http://localhost:1880/ui（默认设置）可访问 dashboard 模块。

2.2.3 在 settings.js 文件中设置 UI 地址

dashboard 节点实现的 UI 界面的默认 URL 地址是在现有的 Node-RED httpRoot 路径后面加上 /ui，这个地址通过配置参数 Node-RED httpRoot 完成。你可以在 Node-RED settings.js 文件中更改 UI 地址。

```
ui:{path:"ui"},
ui:{middleware:your_function}
```

你可以使用 settings.js 文件中的属性添加自己的 Express 中间件来处理 HTTP 请求。例如：

```
ui:{middleware: function (req, res, next){
        console.log('LOGGED')
        next()
    }
},
```

你还可以添加中间件来处理 WebSocket 连接。例如：

```
ui:{ioMiddleware:function (socket, next){
        console.log('HELLO')
        next()
    }
},
```

💡 注意：

如果你需要传递多个中间件操作，middleware 和 ioMiddleware 这两个属性都接收函数数组。

另外，如果像上面代码一样设置 ioMiddleware 属性，将禁用默认的跨域源代码检查。你还可以将 dashboard 设置为只读：

```
ui:{readOnly:true}
```

只读设置不会阻止用户与 dashboard 交互，但会忽略来自 dashboard 的所有更新。

你还可以自定义默认 Group 的名称：

```
ui:{defaultGroup:"Better Default"}
```

你可以任意组合这些属性来实现应用需求。

2.2.4　dashboard 层次结构

在介绍 dashboard 之前，首先要了解 dashboard 的层次结构，如图 2-6 所示。

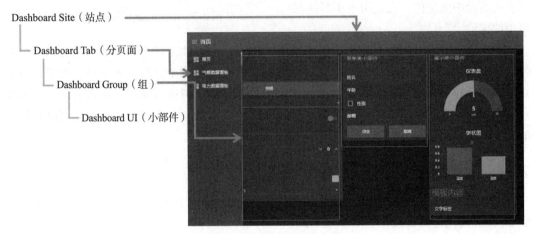

图 2-6　dashboard 层次结构

整个 dashboard 是一个站点，可以通过"侧边栏"→"dashboard 选项卡"→"Site"进行站点的设置。在站点里面可以设置多个 Dashboard Tab（分页面），包括首页、气候数据面板和电力数据面板。可以通过单击左上角的三个横线图标打开和切换到不同的分页面。

每个分页面的设置可以通过依次单击"侧边栏"→"dashboard 选项卡"→"Layout"完成。每个分页面中可以布局很多不同的组，这些组组成整个页面，通过布局的调整可以美化大屏展示界面。每个组的设置界面可以通过依次单击"侧边栏"→"dashboard 选项卡"→"Layout"，之后鼠标放在分组图标上出现，具体设置方式参见下一小节。组设置好以后，用户就可以在流程编辑器中拖入需要展现在这些组里面的各个小部件并进行配置，最终展现出完整的界面。

通过对 dashboard 不同层次结构的了解，我们在实现一个 Dashboard 界面之前，需要设计有多少个分页面、每个分页面有多少个组，这些组默认的宽度是多少，里面放置什么样的小部件，根据最终要展示的屏幕分辨率设置每个部件的宽度，最后在主题中调整要显示的样式配置方案。图 2-7 所示是在制作 Dashboard 界面之前做的设计草稿示例。

2.2.5 布局规则

Dashboard 的布局使用网格完成。每个组元素都有一个宽度，默认为 6 个"单位"（一个"单位"默认为 48 px）。

组中的每个小部件也有一个宽度，默认为"自动"，这意味着填充它所在组的宽度，但可以将其设置为固定数量的单位。

Dashboard 的布局算法是，总是试图将项目放置在容器中左上的位置。这适用于组在页面中的定位，也适用于小部件在组中的定位。

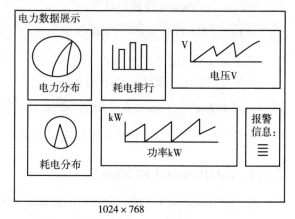

图 2-7　dashboard 界面设计稿示例

给定一个宽度为 6 个单位的组，如果你添加 6 个小部件，每个小部件的宽度为 2 个单位，那么它们将排成两行，每行 3 个小部件。如果你添加两个宽度为 6 个单位的组，只要你的浏览器窗口足够宽，它们就会并排排列。如果你缩小浏览器窗口，那么可能第二组将移动到第一组下方，排成一列。建议使用多个组，而不是一个大组，这样页面可以在较小的屏幕上动态调整大小。

2.2.6 在 dashboard 选项卡中设置

安装 dashboard 节点后，在编辑器右侧边栏中会出现一个 dashboard 选项卡。这里可完成 dashboard 的基础设置，如图 2-8 所示。

单击进入 dashboard 选项卡，你将看到 dashboard 的基础设置界面，如图 2-9 所示。

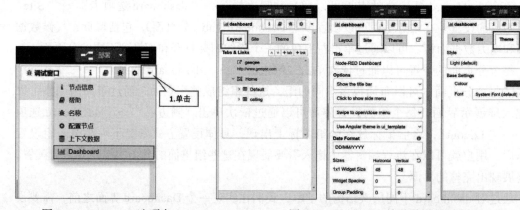

图 2-8　dashboard 选项卡　　　　图 2-9　dashboard 的基础设置界面

dashboard 的基础设置界面分为 3 个部分：Layout（布局）、Site（站点）、Theme（主题）。

1. Layout（布局）

Layout 下为 Tabs&Links。

- Tabs：标签组，在这里你可以重新排序 Tab（标签）、Group（组）和 Widget（小部件），并添加和编辑它们的属性。

标签可以理解为网页。一个标签就是一个页面，一个页面上可以放多个组，一个组中可以放多个小部件，如图 2-10 所示。

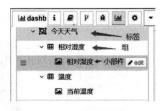

图 2-10　dashboard 的 Layout 选项卡

当鼠标悬停在"标签"上，你还可以打开布局工具（layout）。该工具可以支持你使用鼠标拖曳的方式更轻松地组织小部件，具体操作方式如图 2-11 所示。

打开的布局工具如图 2-12 所示。

图 2-11　布局工具

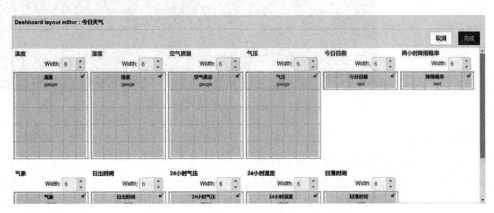

图 2-12　dashboard 的布局工具

- Link：链接，其他网页的链接也可以添加到菜单中，可以选择在 iframe 中打开，设置界面如图 2-13 所示。

图 2-13　Layout 选项卡中的 Link

访问 UI 的效果如图 2-14 所示。

单击"标签"的下拉菜单

系统显示当前所有标签供用
户选择。根据本例的设置，
共有两个标签。
· geeqee：该标签链接到
geeqee官网
· 今天天气：标签内又设
置了多个组和小部件

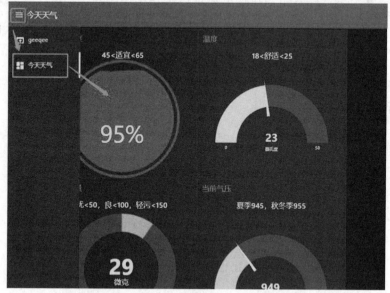

图 2-14　Dashboard 显示界面

2. Site（站点）

- Title：标题，支持设置 UI 页面的标题。
- Options：选项，支持选择隐藏标题栏，并允许在触摸屏上的选项卡之间横向滑动，也支持设置模板是使用选定的主题还是使用底层的 Angular Material 主题，还支持选择在任何地方使用 Angular Material 主题。
- Date Format：日期格式，支持设置图表和其他标签的默认日期格式。
- Sizes：大小，支持以像素为单位设置网格布局的基本几何形状，支持设置小部件的宽度和高度，也支持设置组的间隙宽度和边宽，如图 2-15 所示。

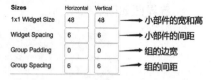

图 2-15　Site 选项卡中 Sizes 设置界面

3. Theme（主题）

Style：样式，支持设置 UI 的样式主题和字体。你可以选择默认的浅色、深色或自定义样式主题。每个选项卡不能有不同的样式主题。

如果你愿意，你也可以选择使用基本的 Angular Material 主题，无论在 ui_templates 还是在整个 dashboard 中。它只会影响默认的 dashboard 组件，因此一些图表组件还需要额外的处理。

对于自己创建模板的用户，你可以使用以下 CSS 变量来选择主题颜色。

```
--nr-dashboard-pageBackgroundColor
--nr-dashboard-pageTitlebarBackgroundColor
--nr-dashboard-pageSidebarBackgroundColor
--nr-dashboard-groupBackgroundColor
--nr-dashboard-groupTextColor
--nr-dashboard-groupBorderColor
--nr-dashboard-widgetColor
--nr-dashboard-widgetTextColor
--nr-dashboard-widgetBgndColor
```

2.2.7　小部件

这里小部件是指 dashboard 里的 ui 节点。当安装了 dashboard 节点后，节点面板中将出现一组新的节点。这些节点在 dashboard 中被叫作小部件，如图 2-16 所示。

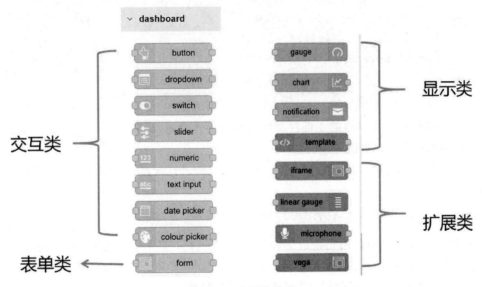

图 2-16　小部件分类

1. 小部件的动态参数

大多数小部件有标签和值，这两者都可以由传入消息的属性来指定，并可以由过滤器修改。例如，标签可以设置为 {{msg.topic}}，值可以设置为 {{value | number:1}}%，值可以四舍五入到小数点后一位并附加一个 % 符号。

每个节点都可以解析 msg.payload 以使其适合显示。解析后的 payload 值显示为名为 value 的变量。

msg.enabled 属性设置为 false 可以禁用任何小部件。注意：这不会阻止小部件接收消息，但会停止活动的输入，并重新设置小部件的样式。

大多数小部件和 UI 组可以有一个 CSS 类或多个 CSS 类。这允许用户覆盖一个或多个小部件及其内部内容的样式。例如，要为警告框着色，将 CSS 类 notification-warn 添加到通知小部件并添加一个 UI 模板（dashboard 里的 template 节点，设置为"添加到站点头部"），代码如下：

```
<style>
md-toast.notification-warn{
 border-width:10px;
 border-color:darkorange;
 }
md-toast.notification-warn>h3{
 background-color:orange;
 }
md-toast.notification-warn>div{
 background:rgba(245,173,66,0.5);
 color:darkorange;
 }
</style>
```

此外，任何具有类字段的小部件都可以通过传入 msg.className 设置为一个或多个类名的字符串属性来动态更新。

大多数 UI 小部件也可以通过 msg.ui_control 属性进行配置，更多详细信息可以访问以下链接：

```
http://www.nodered.org.cn/uicontrol.png
```

表中的 UI 小部件可以用 msg.ui_control 属性来设置。多个节点的属性可以被同时设置。比如你可以设置 msg.ui_control 为 JSON {"color":"#000"} 并传给 button 节点，以改变该按钮的颜色。注意：建议通过编辑器配置节点，以便预设默认值。

2. 交互类小部件

这类小部件用于和用户直接进行交互，包括按钮、开关、日期选择等，如图 2-17 所示。

这类小部件有 button、dropdown、switch、slider、numeric、text input、date picker、colour picker，功能分别对应按钮、下拉菜单、开关、滑动条、数字输入、文字输入、日期选择、颜色选择。每个小部件都有自己的配置方式和参数，可以通过节点帮助描述获得具体小部件使用帮助。

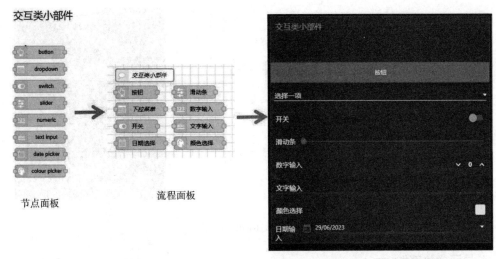

图 2-17　交互类小部件

3. 表单类小部件

表单类小部件只有一个，就是 form。这个部件用于设计表单，支持用户提交数据。虽然只有一个部件，但是它可以用于配置出一个完整的表单，并且可以带基本的校验能力，完成普通的数据收集工作，如图 2-18 所示。

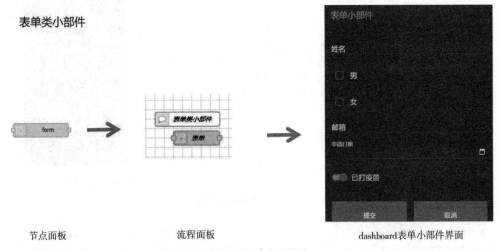

图 2-18　表单类小部件

form 小部件配置界面有多个输入项，分别支持文字、数字、密码、选择框、开关、日期、时间等输入项类型，并支持进行非空校验，具体配置如图 2-19 所示。

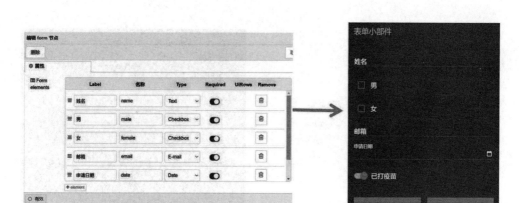

form小部件的配置

图 2-19　form 小部件

4. 显示类小部件

显示类小部件主要用于对数据的图形化显示，主要包括 gauge、chart、template 和 notification，功能分别对应仪表盘、图表显示、自定义 html 显示、文本显示和提醒通知显示，如图 2-20 所示。

显示类小部件

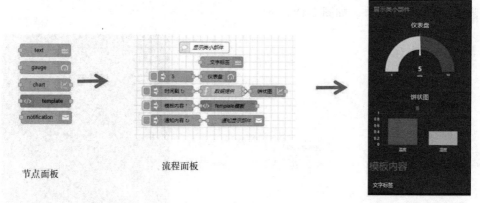

节点面板　　　　　　　　　　流程面板

dashboard显示类小部件界面

图 2-20　显示类小部件

显示类小部件最重要的一个特点是需要有输入，并且默认用 msg. payload 来接收。接下来以最常用的 chart 节点来举例，看看输入信息如何转化为展示效果。首先 chart 节点可以展示折线图、柱状图、饼状图，如图 2-21 所示。

无论采用哪种图表展示类型，我们都需要持续输入一系列数据。这一系列数据不断传入的时候，才能连续画出折线、柱状、饼状等图

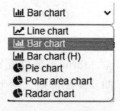

图 2-21　chart 节点

形。你可以采用图 2-22 所示流程进行测试并理解数据的动态连续性。

图 2-22 动态图表实现示意图

上面的模拟测试是利用 inject 节点，每秒传入一次数据，数据通过 function 节点后格式转化成｛topic："温度"，payload：数据｝，然后再传入 chart 节点。这样就实现了一个动态绘制的折线图。那么，如何传入多个系列的数据？只需要为 chart 节点构建多个输入点，如图 2-23 所示。

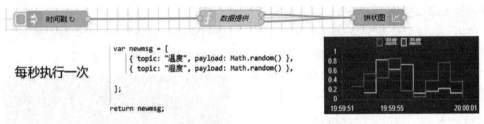

图 2-23 动态图表多数据序列的流程示意图

总结：一个持续输入构建动态图形，多个输入构建多个序列。

5. 扩展类小部件

除去 dashboard 模块自带的 UI 小部件，Node-RED 官方也提供了其他 dashboard 扩展小部件。了解这些扩展小部件，可以帮助你实现自己的物联网展示界面，无需自行开发。

这些官方扩展类小部件安装后都在 dashboard 模块内，如表 2-1 所示。

表 2-1　扩展类小部件

UI 小部件	实现功能
node-red-node-ui-iframe	通过 iframe 进行外部页面的引入，实现更多功能的展示
node-red-node-ui-lineargauge	实现线性表达式刻度的图像控件
node-red-node-ui-list	实现列表展示
node-red-node-ui-microphone	实现麦克风功能
node-red-node-ui-table	实现表格功能
node-red-node-ui-vega	实现 Vega 语法标准的图标库
node-red-node-ui-webcam	实现网络摄像头抓取图片功能

（1）node-red-node-ui-iframe

node-red-node-ui-iframe 节点允许在 Node-RED 的 dashboard 节点中插入一个 iframe（内嵌框架），以显示来自其他网页或服务的内容。通过使用 node-red-node-ui-iframe 节点，你可以在 Node-RED 仪表板中嵌入外部网页、Web 应用程序、实时数据图表等，以实现更丰富和交互。

使用 node-red-node-ui-iframe 节点，你可以配置 iframe 的属性，如网页 URL、宽度、高度、是否显示边框等。通过在节点的输入端口提供动态的 URL 或其他属性，并根据流程中的数据可动态更新 iframe 内容。

该节点提供了一种简便的方式，实现在 Node-RED 的用户界面中与外部网页进行交互，展示实时数据、图表、外部服务或任何其他可通过 iframe 嵌入的内容。

（2）node-red-node-ui-lineargauge

node-red-node-ui-lineargauge 节点用于在 Node-RED 的仪表板中显示线性测量仪表（Linear Gauge）。该节点提供了一种可视化方式来显示范围值的线性测量值。你可以配置仪表的最小值、最大值、当前值和标签，以及其他外观属性，如颜色、宽度等。该节点还支持通过输入端口提供动态的值，以实时更新仪表的显示。

使用 node-red-node-ui-lineargauge 节点，你可以创建线性测量仪表，以可视化展示某些参数的测量值。这对于监制实时数据如温度、湿度、压力等非常有用，如图 2-24 所示。

该节点支持注入 3 个数字来完成图表的显示，分别是上限值 msg.highlimit、当前值 msg.payload、下限值 msg.lowlimit。

当前值大于上限值时，箭头显示在红色区域；当前值小于下限值时，箭头显示在黄色区域。如果在规定范围内，箭头显示在绿色区域。这样直观地展示了一个动态变化的传感器数值范围。这个仪表有 3 个不同的区域。中间区域是可以接受的值窗口。顶部为上限区，底部为下限区。这样，你就可以很容易地看到数据离上限或下限有多近。

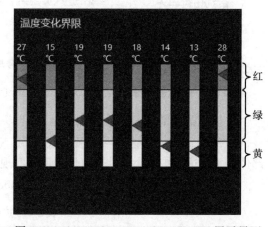

图 2-24　node-red-node-ui-lineargauge 展示界面

图 2-25 所示为该节点示例流程。

"随机生成温度信息"节点代码如下：

```
msg.highlimit=25
msg.lowlimit=15
var a=Math.random();//[29,10) 范围内的随机数
var num=Math.floor(19*a+10);
msg.payload=num
return msg;
```

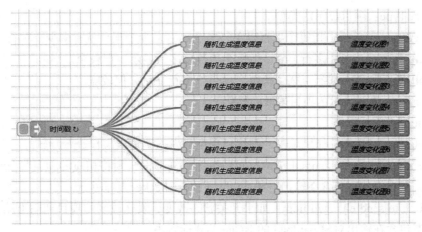

图 2-25　node-red-node-ui-lineargauge 节点示例流程

（3）node-red-node-ui-list

node-red-node-ui-list 可用于在 Node-RED 仪表板中显示各种项目，如单选列表、多选列表、开关列表以及菜单列表，如图 2-26 所示。

项目数组由 msg.payload 传入，由包含 title（项目标题）、description（项目描述）、icon（图标的 URL）、icon_name（Font Awesome 4.7 图标名称）属性的对象组成。其中，description、menu（菜单项列表）、icon、icon_name 属性可选。

如果你只需要一个简单的文本列表，那么 msg.payload 可以是一个简单的字符串数组，例如：["Item1", "Item2", "Item3"]。当项目或菜单项被单击或选中时，相应的对象作为 payload 发送到输出端口。该节点配置界面如图 2-27 所示。

图 2-26　node-red-node-ui-list 节点展示界面　　　图 2-27　node-red-node-ui-list 节点配置界面

1）List Type：项目显示的类型。

- Single-line：单行，指每个项目以单行显示，有多少个项目就有多少个单行。
- Multi-line-narrow：多行 - 窄，指每个项目以多行显示，但较窄。
- Multi-line-wide：多行 - 宽，指每个项目以多行显示，但较宽。

2）Action：要对显示的项目采取的操作。

- none：不执行操作。
- click to send item：如果单击，则将所选项目发送到输出端口。
- checkbox to send changed item：如果勾选了复选框，则将相应的项目发送到输出端口。复选框状态包含在输出对象 payload 的 isChecked 标志中。
- switch to send changed item：如果开关状态改变，发送改变的项目到输出端口。开关状态包含在输出对象 payload 的 isChecked 标志中。
- menu to send selected item：如果菜单中的项目被选中，则将选中的项目发送到输出端口。所选项目包含在输出负载对象的 selected 属性中。

3）allow HTML in displayed text：如果勾选，则可以在 title 和 description 中使用 HTML 标记。

图标可以由 icon 或 icon_name 属性指定。icon 指定图标图像的 URL。如果 icon 值是 null，则显示空白图标。icon_name 指定 Font Awesome 4.7 图标库中的图标名称（例如 fa-home）（关于 Font Awesome 4.7 图标的更多内容，请参见 2.2.8 节）。icon 优先于 icon_name。

（4）node-red-node-ui-microphone

node-red-node-ui-microphone 节点允许录制音频并允许通过仪表板进行语音识别。此节点在仪表板中提供了一个按钮小部件，当按下该按钮时，将开始捕获音频或语音识别。该按钮可以配置为两种音频捕获模式：单击按钮开始捕获音频，再次单击停止或达到配置的最大持续时间时停止；将按钮配置为仅在按下按钮时进行录制，放开则停止。对于音频捕获模式，音频格式为 WAV 并由节点以 Buffer 对象发布。这样可以直接写入文件或传递给任何其他需要音频数据的节点。录制的音频文件可以通过读文件节点读出后播放或转为文字显示，如图 2-28 所示。

图 2-28　node-red-node-ui-microphone 节点实现界面展示

对于音频捕获模式，此节点可在大多数 Webkit 内核的浏览器中正常工作，因为它使用了标准的 MediaRecorder API。

- IE：不支持。
- Safari：需要启用 MediaRecorder。

对于语音识别模式，此节点可在大多数 Webkit 内核的浏览器中正常工作，因为它使用了 SpeechRecognition API。

- IE、Safari：不支持。
- Firefox：需要启用 SpeechRecognition。

● Chrome：支持。

如果远程访问仪表板（不是通过 localhost），你必须使用 HTTPS，否则浏览器将阻止对麦克风的访问。

（5）node-red-node-ui-table

node-red-node-ui-table 节点用于在 Node-RED 仪表板中创建表格视图。你可以配置表格的列、行和单元格，并通过输入数据来更新表格内容。每个单元格支持输入文本、图标和其他自定义内容，以满足你的需求。

使用 node-red-node-ui-table 节点，你可以创建交互式表格和实时更新表格，以显示各种信息，如传感器数据、设备状态、数据库查询结果等。你可以根据需要对表格进行排序、筛选和分页，以便更好地组织和浏览数据。

该节点提供了丰富的配置选项，如列定义、样式、排序、过滤和分页等，以便自定义表格的外观和行为。你还可以使用回调函数来处理用户与表格的交互，如单元格单击、行选择或排序操作。

此表节点接收的 msg.payload 包含一组数据，每行一个对象。每个数据行对象应具有相同的一组键，对象中的键用作列名。以下示例流程文件都可以通过访问 http://www.nodered.org.cn/example/flow.json 下载，导入 Node-RED 中使用。该节点流程示意图如图 2-29 所示。

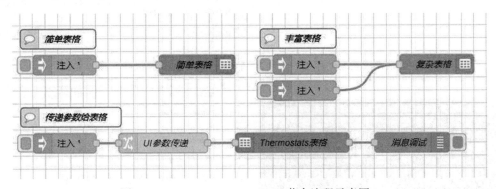

图 2-29　node-red-node-ui-table 节点流程示意图

1）简单表格。在没有任何列配置的情况下，尝试为提供的每一行创建一个具有等间距简单文本列的表，使用键作为列标题。

如果注入的 payload 为：

```
[
    {
        "Name":" 张三 ",
        "Age":"35",
        "Favourite Color":" 蓝色 ",
        "Date Of Birth":"3 月 15 日 "
```

```
        },
        {
            "Name":"李四",
            "Age":"12",
            "Favourite Color":"红色",
            "Date Of Birth":"01/08"
        }
    ]
```

该流程展示界面如图 2-30 所示。

2）丰富表格。在节点配置中可以手动添加列。如果是这样，msg.payload 只会显示定义的属性。你还可以定义列的标题、宽度、对齐方式和显示格式。定义方式如图 2-31 所示。

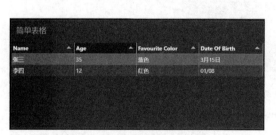

图 2-30　简单表格展示界面　　　　　　　　图 2-31　丰富表格节点配置界面

如果注入的 payload 为：

```
    [
        {
            "Name":"<b>张三</b>",
            "Age":"30",
            "Color":"blue",
            "Prog":70,
            "Star":"3"
```

```
    },
    {
        "Name":"<i> 李四 </i>",
        "Age":"50",
        "Color":"green",
        "Prog":"45",
        "Star":2,
        "Pass":false,
        "web":""
    },
    {
        "Name":" 王五 ",
        "Age":"40",
        "Color":"red",
        "Prog":95,
        "Star":"5",
        "Pass":true,
        "web":"http://nodered.org.cn"
    },
    {
        "Name":" 赵九 "
    }
]
```

该流程展示界面如图 2-32 所示。

该节点配置中的参数说明如下。

- Title：列标题的文本（或空白）。
- Width：列宽。像素数或整个表格宽度的百分比，例如 150% 或 20%。自动留空，等间距填充可用空间。

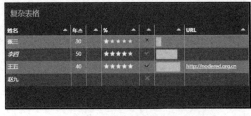

图 2-32　复杂表格展示界面

- Align：列对齐方式，包括左对齐、居中对齐或右对齐。
- Format：格式，指表格中数据的显示格式。
  - Plain text：纯文本，简单文本值。
  - HTML：允许文本按照 HTML 语法进行格式化。
  - link：链接，指向网页的 URL 链接。
  - image：图像，要显示的图像的源 URL。

- progress：进度，从 0 到 100 的进度条。
- traffic：交通，红色、琥珀色、绿色指示灯由 0-33-67-100 范围内的数字设置。
- color：颜色，用于填充单元格中 HTML 颜色十六进制值（#rrggbb）。
- Tick/cross：勾号或十字通过布尔值 true/false，或者数字 1/0，或者文本 "1" / "0" 来设置。
- stars：星星，星星的数量以数字 0~5 来设置。
- Row number：行号，当前行号。

3）高级功能。向 node-red-node-ui-table 节点发送数组，此节点替换完整的表数据。node-red-node-ui-table 还接受对象作为 msg.payload 来发送命令。除了数据操作之外，你还可以设置过滤器并使用命令执行许多其他操作。该对象必须具有以下属性。

- lcommand：有效的制表符函数，例如 addRow、replaceData 或 addFilter。
- larguments：（可选）该制表符函数的参数数组。
- lreturnPromise：（可选）一个布尔值，表示该制表符函数是否应返回异步 Promise 消息。

该节点流程示意图如图 2-33 所示。

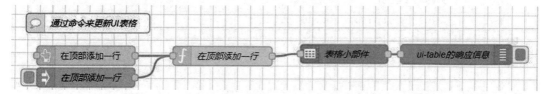

图 2-33　向 node-red-node-ui-table 发送命令的流程

上述流程中的"在顶部添加一行"节点代码如下：

```
var id=flow.get("lastId")||0;
++id;
msg.payload={
    command:"addRow",
    arguments:[
        [
            {
            "id":id,
            "timestamp":msg.payload,
            "text":"addRow@top(#"+id+")"
            }
        ],
```

```
        true
    ],
    returnPromise: true
}
flow.set("lastId",id);
return msg;
```

上面代码实现效果如图 2-34 所示。

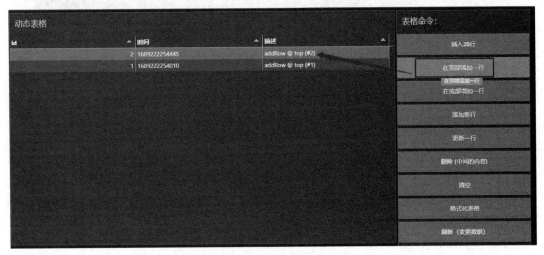

图 2-34　向 node-red-node-ui-table 节点发送命令实现效果

若希望仅将更改的或新的数据发送到 node-red-node-ui-table 节点，你可以通过仅将新数据发送到单元格来快速地更新表，或者可以像日志一样发送大量数据。

💡 提示

通过命令发送到 node-red-node-ui-table 节点的数据不会被 node-red-node-ui-table 缓存！因此，当在新客户端进行访问的时候或者手动选择仪表板更新表的时候，我们需要重新获取表格数据。tabulator 属性不限制保存的数据量，在显示有几千行数据的表格时非常有效。如果数据超出客户端浏览器的能力，它将因内存不足而崩溃。

4）通过 msg.ui_control 发送消息动态控制表格。如果想实现更加复杂的表格，你可以通过将配置数据发送到 msg.ui_control.tabulator 来控制和改变 ui-table。图 2-35 为一个复杂的动态表格。

图 2-36 所示流程可以快速帮助你理解如何实现动态表格制作。

向表格传参数

ROom	Device	Type	Measurements				Settings		
			target	current	Valve	Batt	Boost	Auto	Mode
			18.1	20.3	99	2.6			
卫生间	MEQ0451495		22°C	21.8°C	90 %	2.7 V	aus	⊘	
卧室	MEQ1875547		12°C	16.2°C		2.7 V	aus	⊘	
卧室	MEQ1875538		18°C	19.5°C	-	2.6 V		⊘	
厨房	MEQ0447462		17°C	22.2°C		2.7 V	3 min	⊘	
办公室	MEQ1875551		18°C	20.2°C		2.7 V	aus	⊘	
餐厅	MEQ0447425		19°C	20.4°C		2.7 V	aus	⊘	
餐厅	MEQ1875546		20°C	18.8°C	99 %	2.7 V	aus	⊘	
卧室	MEQ0447483		17°C	22.4°C		2.7 V	aus	⊘	
儿童间	MEQ1875541		18°C	20.4°C		2.7 V	aus	⊘	

图 2-35　复杂动态表格效果展现

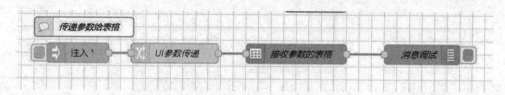

图 2-36　复杂动态表格制作流程

在这个流程中，"UI 参数传递"节点中设置了 msg.ui_control（此属性为 JSON 格式），代码如图 2-37 所示。

上述代码中参数含义如下。

- 所有表格样式相关内容都在 tabulator 属性下设置。
- customHeight 属性可以动态根据表格数量来设置表格高度。
- columResized、columnMoved、groupHeader 是 3 个表格事件触发的时候会执行的方法，这 3 个事件分别是列大小改变的事件、列表被移动的事件和列分组头打开或关闭的事件。
- 其他参数含义可访问 https://tabulator.info/ 进行了解。

（6）node-red-node-ui-vega

node-red-node-ui-vega 节点为 Node-RED 仪表板提供了强大、灵活的数据可视化能力，让你能够以直观的方式展示数据。该节点允许使用 Vega 可视化语法来创建定制化的数据图表，并将其嵌入 Node-RED 的 dashboard。你可以通过配置节点来定义数据源、图表类型、样式和交互行为。该节点支持多种图表类型，包括条形图、线图、散点图等，如图 2-38 所示。

该节点实现了 Vega 图表库标准（https://vega.github.io/vega/），接受 JSON 格式的 Vega 和 Vega-Lite 数据可视化规范来完成绘图工作。Vega 是华盛顿大学交互数据实验室开发的一种语言框架，用于数据可视化表现。Vega 可用于创建、保存和共享可视化交互设计内容。你可以 JSON 格式描述数据表现的视觉外观和交互行为，并使用 Canvas 或 SVG 生成基于 Web 的视图。

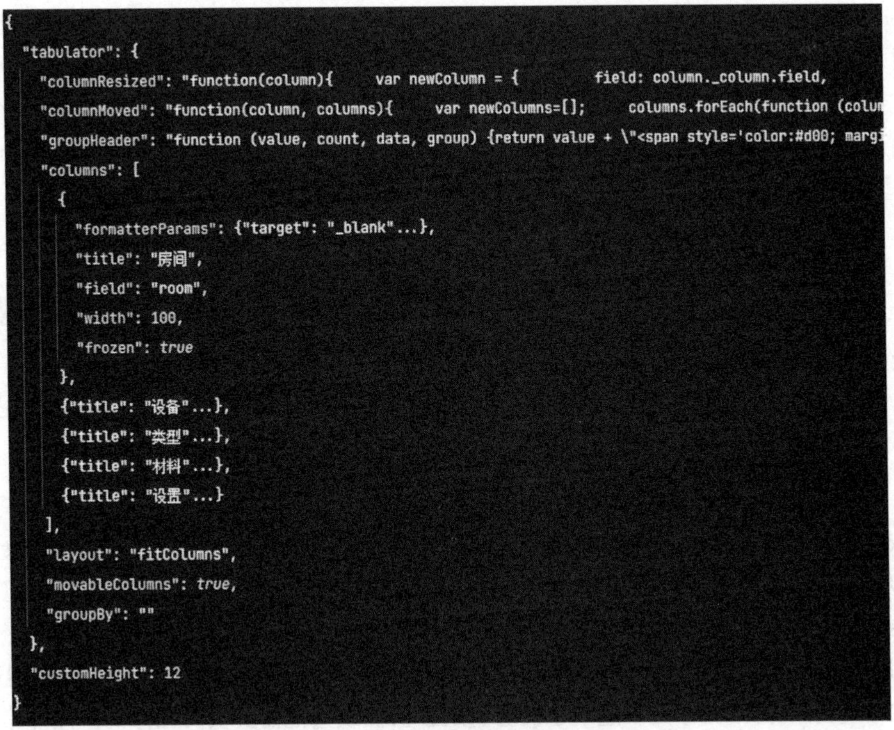

```
{
  "tabulator": {
    "columnResized": "function(column){      var newColumn = {          field: column._column.field,
    "columnMoved": "function(column, columns){      var newColumns=[];      columns.forEach(function (colum
    "groupHeader": "function (value, count, data, group) {return value + \"<span style='color:#d00; margi
    "columns": [
      {
        "formatterParams": {"target": "_blank"...},
        "title": "房间",
        "field": "room",
        "width": 100,
        "frozen": true
      },
      {"title": "设备"...},
      {"title": "类型"...},
      {"title": "材料"...},
      {"title": "设置"...}
    ],
    "layout": "fitColumns",
    "movableColumns": true,
    "groupBy": ""
  },
  "customHeight": 12
}
```

图 2-37　"UI 参数传递"节点代码

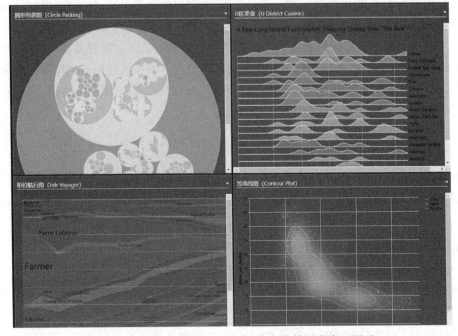

图 2-38　node-red-node-ui-vega 节点支持图表类型展示

node-red-node-ui-vega 节点使用方式非常简单，首先按照 Vega 图表库标准编辑你要生成的图表的 JSON 文件，具体规范参考：https://vega.github.io/。编辑好以后，通过 payload 传入该组件即可。当然，其中数据部分可以替换为传感器采集的数据，以进行动态传递。这样就形成了动态的图表效果。更多的示例可以通过访问 http://www.nodered.org.cn/flows.json 获取。node-red-node-ui-vega 节点示例流程如图 2-39 所示。

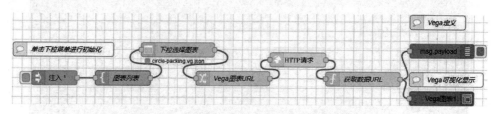

图 2-39　node-red-node-ui-vega 节点示例流程

（7）node-red-node-ui-webcam

node-red-node-ui-webcam 节点用于在 Node-RED 仪表板中捕获和显示网络摄像头的图像或视频。你可以配置节点以指定摄像头的 URL、分辨率、帧率等参数。该节点还支持保存图像或视频，并提供了触发事件来通知图像捕获的状态。

使用 node-red-node-ui-webcam 节点，你可以创建一个简单的界面来监控和控制连接到 Node-RED 系统的网络摄像头。这对于安防、远程监控或其他需要实时图像的应用非常有用。

该节点可在运行 Node-RED 的设备上显示来自网络摄像头的实时图像。用户可以单击节点上的一个按钮来捕获图像，然后节点将摄像头拍摄的照片以 PNG 或 JPEG 格式的缓冲区对象发送到 msg.payload 中。如果一条消息被传递到设置了 capture 属性的 node-red-node-ui_webcam 节点，并且仪表板上的网络摄像头已被激活，它将直接捕获图像。用户可以在屏幕上该节点的下拉列表中选择要使用的默认相机。该相机将用于浏览器的未来会话，直到更改为止。如果远程访问仪表板，你必须使用 HTTPS，否则浏览器将阻止对网络摄像头的访问。

2.2.8　图标

dashboard 的 UI 小部件中的小图标有 3 种类型，分别是内置图标、联网图标和自建图标。具体使用方法如下。

1. 内置图标

dashboard 模块内置了 4 组图标，具体如下。

● Angular Material Icons：例如 send。

● Font Awesome 4.7：例如 fa-fire、fa-2x（图标名称前加 fa- 前缀）。

● Weather Icons Lite：例如 wi-wu-sunny。

● Material Design Iconfont：例如 mi-alarm_on-note（图标名称前加 mi- 前缀）。

（1）Angular Material Icons

该图标库的访问地址是 https://klarsys.github.io/angular-material-icons/，官网如图 2-40 所示。

其中，wb_incandescent 图标如图 2-41 所示。

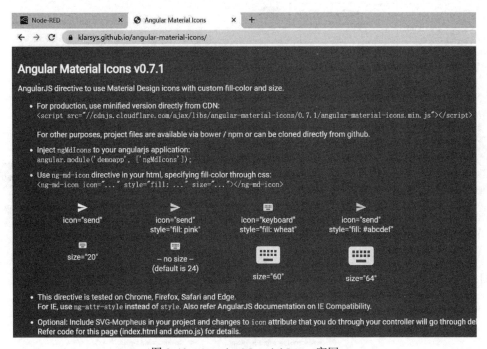

图 2-40　Angular Material Icons 官网

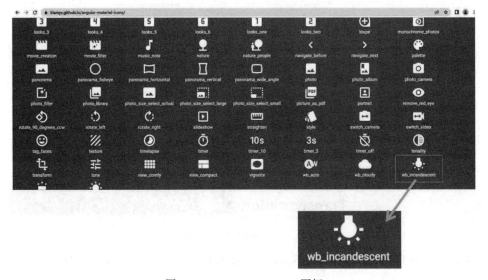

图 2-41　wb_incandescent 图标

寻找到图标以后将图标配置到 dashboard 的 UI 小部件如 button 小部件中使用，如图 2-42 所示。

设置好后，我们在 UI 界面可以看到图标的使用效果，如图 2-43 所示。

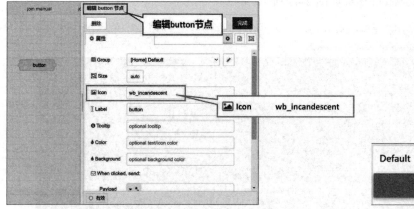

图 2-42　在 button 设置中写入图标名称　　　　图 2-43　图标使用效果

（2）Font Awesome 4.7

该图标库的访问地址是 https://fontawesome.com/v4/icons/。在这里，我们找到了想要用的图标 thumbs-up，如图 2-44 所示。

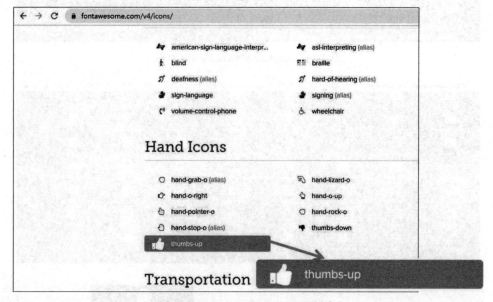

图 2-44　Font Awesome 4.7 图标库

寻找到图标以后将图标配置到 dashboard 的 UI 小部件如 button 小部件中使用，如图 2-45 所示。

使用 Font Awesome 4.7 图标库时需要注意的是，一定要在图标名称前加 fa- 前缀，如 fa-thumbs-up，否则系统找不到图标。使用效果如图 2-46 所示。

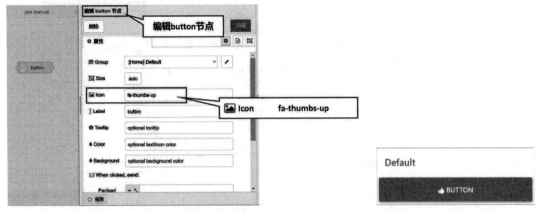

图 2-45　在 button 设置中写入 icon 名称　　　　　图 2-46　图标使用效果

（3）Weather Icons Lite

Weather Icons Lite 是气象图标库，访问地址是 https://github.com/Paul-Reed/weather-icons-lite/blob/master/css_mappings.md，如图 2-47 所示。

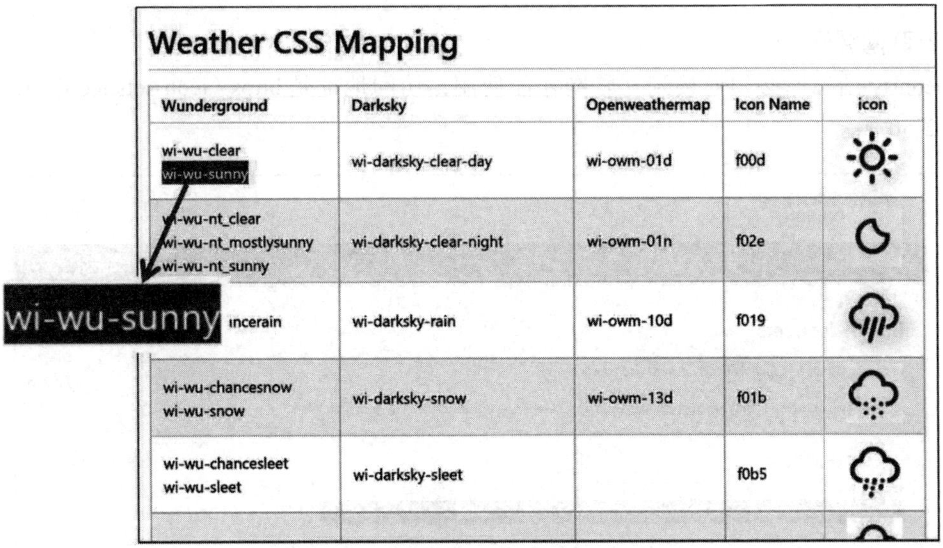

Weather CSS Mapping				
Wunderground	Darksky	Openweathermap	Icon Name	icon
wi-wu-clear wi-wu-sunny	wi-darksky-clear-day	wi-owm-01d	f00d	
wi-wu-nt_clear wi-wu-nt_mostlysunny wi-wu-nt_sunny	wi-darksky-clear-night	wi-owm-01n	f02e	
...ncerain	wi-darksky-rain	wi-owm-10d	f019	
wi-wu-chancesnow wi-wu-snow	wi-darksky-snow	wi-owm-13d	f01b	
wi-wu-chancesleet wi-wu-sleet	wi-darksky-sleet		f0b5	

图 2-47　Weather Icons Lite 图标库

使用时，直接单击图 2-47 中的图标名称即可，如 wi-wu-sunny。

（4）Material Design Iconfont

该图标库访问地址是 https://jossef.github.io/material-design-icons-iconfont/，如图 2-48 所示。

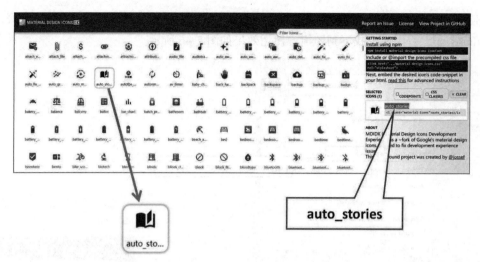

图 2-48　Material Design Iconfont 图标库

使用时，先选中想要的图标，页面右侧会出现图标的名
称，将其复制粘贴到 dashboard 的 UI 小部件（如 button 小部
件）设置里。在名称设置时要在图标名称前加上 mi- 前缀，
如 mi-auto_stories。使用效果如图 2-49 所示。

Default

图 2-49　图标使用效果

2. 联网图标

iconify 图标库必须连接到互联网才能使用，访问地址是 https://icon-sets.iconify.design/，
如图 2-50 所示。

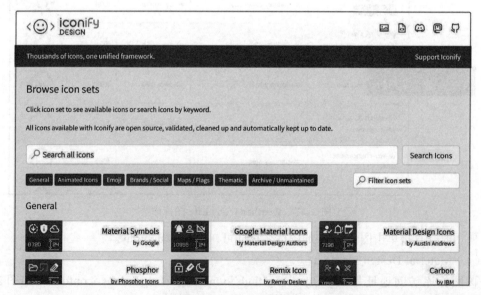

图 2-50　iconify 图标库

使用 iconify 图标库时要注意 3 点。

1）在图标设置时必须在图标名称前加前缀 iconify-，如 iconify-mdi:car-battery。

2）指定图标大小可以选择以标准 px 或 em 作为单位来指定，默认为 24px，例如 iconify-mdi:car-battery 48px。

3）你还必须添加一个 ui_template 节点，以将必要的 iconify 库加载到仪表板的页面头部。ui_template 节点的配置如表 2-2 所示。

表 2-2　ui_template 节点的配置

Template type	added to site <head> section
Template	<script src="https://code.iconify.design/1/1.0.7/iconify.min.js"></script>

加载 iconify 库的 ui_template 节点可以放在任何一个流程面板中，设置后所有流程面板中的节点就都可以使用 iconify 库中的图标了。使用的时候可以设置是否和文字并排或者换行，具体是设置 icon-inline 属性，如：

```
<span class="iconify icon:wi:sunset icon-inline:false"></span>
```

还可以根据需要改变图标的颜色、角度、大小等，例如：

```
<span class="iconify icon:wi:sunset icon-inline:false"style="color:#2
3f6dc;"rotate="180deg"width="96"height="96"></span>
```

3. 自建图标

你还可以使用 Icofont 创建自己的图标集。下载 Icofont 后，你可以通过 Node-RED 在本地提供这些自定义图标的 css 文件，并使用 ui_template 节点将它们添加到仪表板页面的头部，例如：

```
<link rel="stylesheet"href="myserver/path/icofont.css">
```

你可以按照上面的方法通过添加 icofont- 前缀（如 icofont-badge）使用图标，或者只是在 ui_template 节点中使用它们：

```
<link rel="stylesheet"href="/css/icofont.css">
<div style="display:flex;height:100%;justify-content:center;align-
items: center;">
  <i class="icofont icofont-4x icofont-hail"></i>
</div>
```

2.2.9　在用户交互界面添加加载页面

由于 dashboard 库的文件容量较大，如果你用无线网络访问 UI 页面可能需要很长时间才能加载出来。这种情况下做一个加载页面也许会让用户体验好一些。

一个简单的 loading.html 代码如下：

```
<div><i class="fa fa-spin fa-5x fa-spinner"></i></div>
```

2.2.10 为 dashboard 设置安全访问策略

你可以在 settings.js 文件中使用 httpNodeAuth 属性来保护 dashboard。dashboard 节点的创建方式与其他 http 节点相同。关于 settings.js 文件和 Node-RED 的安全配置问题，《Node-RED 物联网应用开发技术详解》中有较详细的讲解。

2.2.11 dashboard 的多用户使用

dashboard 不支持多用户独立使用。它是底层 Node-RED 流程状态的视图，导致无论多少个用户同时访问 dashboard 都会视为一个用户访问。因此，如果流程状态发生变化，那么所有客户端都会收到该变化的通知。

同时，dashboard 和 Node-RED 之间通过 WebSocket 连接，所以来自 dashboard 的信息都有一个 msg.socketid 属性。当选项卡更改、通知和音频警报等更新的时候，消息将仅定向发送给当前连接的客户端。

2.3 其他官方扩展节点

其他官方扩展节点按照功能进行分类，可划分为分析类、功能类、硬件类、输入 / 输出类、解析器类、社交类、存储类、时间类、效用类等。下面分别介绍这些分类节点的功能。

2.3.1 分析类

- node-red-node-badwords-74-swearfilter：分析有效负载并尝试过滤掉任何包含屏蔽字的消息。这仅适用于字符串类型的有效负载。
- node-red-node-wordpos-72-wordpos：分析有效负载并对每个词的词性进行分类。生成的消息在结果中添加了 msg.pos。一个词可能出现在多个类别中，例如，great 既是名词又是形容词。

2.3.2 功能类

- node-red-node-datagenerater：数据生成器，可以生成各种名称、地址、电子邮件、数字、单词等虚拟数据。
- node-red-node-pidcontrol-pidcontrol：用于数字输入的 PID 控制节点，提供简单的控制循环反馈功能。

- node-red-node-random-random：一个简单的随机数生成器，可以生成 x 到 y 的整数，或 x 到 y 之间的浮点数。
- node-red-node-rbe-rbe：为简单的输入提供异常报告和死区 / 带隙功能。
- node-red-node-smooth-17-smooth：可提供多个预处理值的功能，包括最大值、最小值、平均值、高通和低通滤波器。

2.3.3　硬件类

- node-red-node-arduino-35-arduino：用于与 Arduino 开发板进行通信和控制的节点。Arduino 是一款开源硬件平台，常用于嵌入式系统和物联网应用的开发。node-red-node-arduino 节点提供了在 Node-RED 中与 Arduino 开发板进行交互的功能。该节点的名称为 arduino，标识为 35-arduino。使用该节点时，你需要将 Arduino 开发板连接到计算机，并在 Node-RED 中安装 node-red-node-arduino 节点。然后，你可以将该节点添加到 Node-RED 的流程中，并设置节点的属性来指定与 Arduino 开发板的通信端口和配置。通过该节点，你可以发送命令来读取 Arduino 上的传感器数据、控制执行器数据，并与其他设备进行通信。你可以使用节点的输入和输出来传递数据和命令，实现与 Arduino 的交互。
- node-red-node-beaglebone-145-BBB-hardware：用于与 BeagleBone 硬件进行交互。BeagleBone 是一款基于 ARM 架构的嵌入式开发板，具有强大的计算能力和丰富的硬件接口。node-red-node-beaglebone 节点提供了在 Node-RED 中与 BeagleBone 硬件进行通信和控制的功能。该节点的名称为 beaglebone，标识为 145-BBB-hardware。使用该节点时，你需要将 Node-RED 安装在 BeagleBone 开发板上，并在 Node-RED 中安装 node-red-node-beaglebone 节点。然后，你可以将该节点添加到 Node-RED 的流程中，并根据需要设置节点的属性来指定与 BeagleBone 硬件的交互方式和配置。通过该节点，Node-RED 可以与 BeagleBone 硬件的各种接口进行交互。你可以发送消息来读取传感器数据、控制执行器数据，实现与其他设备的通信。
- node-red-node-blink1-77-blink1：用于与 Blink1 设备进行交互。Blink1 是一种小型 USB 插口的 LED 照明设备，可以连接到计算机的 USB 接口，并通过软件控制 LED 灯的发光颜色和亮度。该节点提供了在 Node-RED 中与 Blink1 设备进行通信和控制的功能。该节点的名称为 blink1，标识为 77-blink1。使用该节点时，你需要连接 Blink1 设备到计算机的 USB 接口，并在 Node-RED 中安装 node-red-node-blink1 节点。然后，你可以将该节点添加到 Node-RED 的流程中，并设置节点的属性来指定 Blink1 设备的连接和控制参数。通过该节点，你可以发送不同的消息来控制 Blink1 设备上的 LED 灯光。你可以发送包含 RGB 值的消息来设置灯光的颜色，也可以发送预定义的命令来选择不同的灯光模式和效果。
- node-red-node-blinkstick-76-blinkstick：用于与 BlinkStick 设备进行交互。BlinkStick

是一个开源的 USB 接入的 LED 灯带，可通过计算机的 USB 接口对 LED 灯带进行控制。该节点提供了在 Node-RED 中控制 BlinkStick 设备的功能。你可以使用它来控制 BlinkStick 上 LED 灯带的效果、颜色和亮度。该节点的名称为 blinkstick，标识为 76-blinkstick。使用该节点时，你需要连接 BlinkStick 设备到计算机的 USB 接口，并在 Node-RED 中安装 node-red-node-blinkstick 节点。然后，你可以将该节点添加到 Node-RED 的流程中，并设置节点的属性来指定 BlinkStick 设备的连接和控制参数。通过该节点，你可以发送不同的消息来控制 BlinkStick 上的 LED 灯光。你可以发送包含 RGB 值的消息来设置灯光的颜色，也可以发送预定义的命令来选择不同的灯光模式和效果。

- node-red-node-digirgb-78-digiRGB：用于 DigiRGB LED 灯带控制和交互。该节点提供了通过 Node-RED 进行 DigiRGB LED 灯光颜色控制和模式选择的功能。你可以将该节点添加到 Node-RED 的流程中，并通过设置节点的属性来指定 LED 灯带的连接和控制参数。该节点的名称为 digirgb，标识为 78-digiRGB。使用该节点时，你可以通过发送不同的消息来控制 DigiRGB LED 灯带的颜色、亮度和效果。你可以发送包含 RGB 值的消息来设置灯带的颜色，也可以发送预定义的命令来选择不同的灯光模式和效果。

- node-red-node-heatmiser-100-heatmiser-in：用于在 Node-RED 中与 Heatmiser 智能温控系统进行交互。Heatmiser 用于控制和管理室内温度和暖气系统。通过使用 node-red-node-heatmiser 节点，你可以在 Node-RED 中实现与 Heatmiser 系统通信并对其控制。该节点名称为 heatmiser-in，指与 Heatmiser 系统输入相关。使用该节点时，你可以读取 Heatmiser 温控系统的各种数据，如温度、状态等。

- node-red-node-intel-galileo-mraa-spio：用于在 Node-RED 中与 Intel Galileo 和 Edison 开发板进行交互。Intel Galileo 和 Edison 是由 Intel 推出的两款开发板，用于嵌入式系统和物联网应用开发。Intel Galileo 是基于 Intel Quark SoC X1000 的开发板。它提供了一种低功耗解决方案，适用于需要连接到互联网和云服务的物联网项目。Galileo 开发板上配备了多种接口，包括 GPIO（通用输入 / 输出）、UART（通用异步收发器）、I2C（串行通信接口）、SPI（串行外设接口）等，可以与传感器、执行器和其他外设进行通信和交互。Intel Edison 是一款更小、更强大的嵌入式计算模块。它采用 Intel 的处理器技术，并集成了多种接口，如 GPIO、UART、I2C、SPI 等。Edison 模块可以方便地嵌入各种设备，包括智能家居、机器人、健康追踪器等。它支持多种操作系统和开发环境（如 Linux 和 Arduino IDE），使开发人员能够灵活地进行应用开发和定制。

- node-red-node-ledborg-78-ledborg：用于在 Node-RED 中与 LedBorg LED 扩展板进行交互。LedBorg 是一款由 Pimoroni 设计的 RGB LED 扩展板，专为树莓派（Raspberry Pi）设计。它可以显示各种灯光颜色和效果。通过使用 node-red-node-ledborg 节点，

你可以在 Node-RED 中轻松地实现与 LedBorg LED 扩展板通信并对其控制。该节点名称为 ledborg，指与 LedBorg LED 扩展板相关的节点。使用该节点时，你可以发送消息来控制 LedBorg 上 LED 灯光的亮度、颜色和效果，如实现动态彩灯效果，根据传感器数据调整颜色等。

- node-red-node-makeymakey-42-makey：用于在 Node-RED 中与 Makey Makey 进行交互。Makey Makey 是一款创意电子工具，它可以将任何导电物体转换为触摸板或按键，从而实现与计算机的互动。通过使用 node-red-node-makeymakey 节点，你可以在 Node-RED 中轻松实现与 Makey Makey 通信并对其控制。该节点名称为 makey，指与 Makey Makey 相关的节点时。使用该节点时，你可以检测 Makey Makey 连接的导电物体的触摸或按下状态，并将其作为消息传递给其他节点进行处理。在 Node-RED 中，你可以使用 makey 节点构建自定义的互动流程，如根据不同的触摸物体触发不同的动作或事件。

- node-red-node-pi-gpiod-pigpiod：用于在 Node-RED 中与 pigpio 库进行交互。pigpio 是树莓派（Raspberry Pi）上的一个 GPIO 控制库，提供了一种方便的方式来控制和读取树莓派的 GPIO 引脚。通过使用 node-red-node-pi-gpiod 节点，你可以在 Node-RED 中轻松实现与 pigpio 库通信并对 GPIO 进行控制。该节点名称为 pigpiod，指与 pigpio 库相关的节点。使用该节点时，你可以设置 GPIO 引脚的输入 / 输出模式，读取输入引脚的状态，以及控制输出引脚的状态。在 Node-RED 中，你可以使用 pigpiod 节点构建自定义的 GPIO 控制流程，如控制 LED 灯、读取按钮状态等。

- node-red-node-pi-mcp3008-pimcp3008：用于在 Node-RED 中与 MCP3008 模数转换器进行交互。MCP3008 是一款由 Microchip Technology 生产的 8 通道 12 位模数转换器，可以将模拟信号转换为数字信号，供树莓派（Raspberry Pi）或其他微控制器使用。通过使用 node-red-node-pi-mcp3008 节点，你可以在 Node-RED 中轻松实现与 MCP3008 模数转换器通信和数据采集。该节点名称为 pimcp3008，指与 MCP3008 模数转换器相关的节点。使用该节点时，你可以读取 MCP3008 各个通道上的模拟信号，并将其转换为数字进行处理和分析。在 Node-RED 中，你可以使用 pimcp3008 节点构建自定义的模拟信号采集流程，如监测温度、光照、电压等。

- node-red-node-pi-neopixel-neopixel：用于在 Node-RED 中与 NeoPixel LED 灯带进行交互。NeoPixel 是 Adafruit 公司推出的一种智能 LED 灯带，具有高亮度、可编程和链式连接的特点，可以实现各种颜色和灯效。通过使用 node-red-node-pi-neopixel 节点，你可以在 Node-RED 中轻松实现与 NeoPixel LED 灯带通信并对其控制。该节点名称为 neopixel，指 NeoPixel LED 灯带相关的节点。使用该节点时，你可以发送消息来控制 NeoPixel 上 LED 灯带的亮度、颜色和效果。在 Node-RED 中，你可以使用 neopixel 节点构建自定义的 LED 灯带控制流程，如实现动态彩灯效果、响应传感器数据等。

- node-red-node-pi-unicorn-hat-unicorn：用于在 Node-RED 中与 Unicorn HAT LED 矩阵进行交互。Unicorn HAT 是一款由 Pimoroni 设计的 8×8 LED 矩阵扩展板，专为树莓派（Raspberry Pi）设计。它提供了一种简单而有趣的方式来显示图像、动画和文本。通过使用 node-red-node-pi-unicorn-hat 节点，你可以在 Node-RED 中轻松实现与 Unicorn HAT LED 矩阵通信并对其控制。该节点名称为 unicorn，指 Unicorn HAT LED 矩阵相关的节点。使用该节点时，你可以发送消息来控制 Unicorn HAT 上 LED 灯的亮度、颜色和效果。在 Node-RED 中，你可以使用 unicorn 节点构建自定义的 LED 灯控制流程，如显示图像、动画等。

- node-red-node-pibrella-38-rpi-pibrella：用于在 Node-RED 中与 PiBrella 扩展板进行交互。38-rpi-pibrella 是其中一个特定类型的 pibrella 节点。PiBrella 是一种适用于树莓派（Raspberry Pi）的小型扩展板，提供了数字输入/输出接口，可用于连接和控制外设。通过使用 node-red-node-pibrella 节点，你可以在 Node-RED 中轻松实现与 PiBrella 扩展板通信并对其控制。该节点可用于读取 PiBrella 扩展板上的数字输入信号（如按钮、开关状态），以及控制 PiBrella 扩展板上的数字输出设备（如 LED 灯、电机等）。

- node-red-node-piface-37-rpi-piface：用于在 Node-RED 中与 PiFace 数字扩展板进行交互。PiFace 是一种用于树莓派（Raspberry Pi）的扩展板，提供了数字输入/输出接口，可用于连接和控制外设。

- node-red-node-piliter-39-rpi-piliter：用于在 Node-RED 中与 Pi-LiteR LED 矩阵进行交互。39-rpi-piliter 是其中一个特定类型的 pi-liteR 节点。Pi-LiteR 是一种由 Cisco 公司开发的低成本、低功耗的 LED 矩阵灯，可连接到树莓派（Raspberry Pi）上。它有多个 LED 灯，可以通过 GPIO 引脚控制。通过使用 node-red-node-piliter 节点，你可以在 Node-RED 中轻松实现与 Pi-LiteR LED 矩阵通信并对其控制。

- node-red-node-sensortag-79-sensorTag：用于在 Node-RED 中与 TI SensorTag 传感器进行交互。79-sensorTag 是其中一个特定类型的 sensortag 节点。TI SensorTag 是德州仪器（Texas Instruments）推出的一款多功能传感器开发板，内置多种传感器，用于采集环境数据。

- node-red-node-wemo-60-wemo：用于与 WeMo 设备进行交互。60-wemo 是其中一个特定类型的 wemo 节点。WeMo 是由 Belkin 公司开发的一系列智能家居设备，包括插座、灯泡、开关等。使用 node-red-node-wemo 节点时，你可以在 Node-RED 中轻松实现与这些 WeMo 设备通信并对其控制。

2.3.4　输入/输出类

- node-red-node-discovery-mdns：发现网络上的其他 Avahi/Bonjour 服务。
- node-red-node-emoncms-88-emoncms：添加节点以发布到 Emoncms 服务器。

- node-red-node-mqlight-mqlight：用于与 MQLight（一种轻量级的 MQTT 代理）进行通信。MQLight 是 IBM 公司的一种轻量级 AMQP（高级消息队列协议）消息代理。它基于 OASIS 标准 AMQP 1.0 有线协议设计。该协议指定了在发送方和接收方之间发送消息的方式。

- node-red-node-ping-88-ping：连接一台机器并返回以 ms 为单位的行程时间。如果 3s 内没有收到响应，或者主机无法解析，则返回 false。默认每 20 秒 ping 一次，但可以配置。

- node-red-node-serialport-25-serial：向物理串行端口发送消息和从物理串行端口接收消息。

- node-red-node-snmp-snmp：为单个 OID 或 OID 表添加简单的 SNMP 接收器。

- node-red-node-stomp-18-stomp：用于发布和订阅 STOMP 服务器。

- node-red-node-wol-39-wol：用于通过 Wake on LAN（WoL）远程启动计算机。它使用 UDP 向目标计算机发送魔术数据包，以唤醒处于待机或休眠状态的计算机。我们可以通过设置 msg.mac 属性来唤醒或者启动对应的计算机。

2.3.5　解析器类

- node-red-node-base64-70-base64.js：将 msg.payload 转换为 Base64 编码格式或从 Base64 编码格式转换回普通编码格式。

- node-red-node-geohash-70-geohash.js：将 msg.payload 中的纬度、经度信息转换为 geohash 格式。

- node-red-node-msgpack-70-msgpack.js：将 msg.payload 中的信息转换为 MsgPack 二进制打包格式相互转换。

- node-red-node-what3words-what3words.js：将 msg.payload 中的纬度、经度信息转换为 what3words 文本格式。

2.3.6　社交类

- node-red-node-dweetio-55-dweetio：使用 dweetio 发送和接收消息。

- node-red-node-email-61-email：从 Gmail 或 SMTP 邮件服务器或 IMAP 邮件服务器等发送和接收简单的电子邮件。

- node-red-node-feedparser：32-feedparse：从原子或 RSS 提要中读取消息。

- node-red-node-irc-91-irc：连接到 IRC 服务器，以发送和接收消息。

- node-red-node-notify-57-notify：使用 Growl 提供包含有效负载的桌面弹出窗口，仅在本地 Apple 设备上有用。

- node-red-node-prowl-57-prowl：使用 Prowl 将有效负载推送到安装了 Prowl 应用程序的 Apple 设备。

- node-red-node-pushbullet-57-pushbullet：使用 PushBullet 将有效负载推送到安装了 PushBullet 应用程序的 Android 设备。
- node-red-node-pusher-114-pusher：发布、订阅 Pusher 频道、事件。
- node-red-node-pushover-57-pushover：通过 Pushover 发送警报。
- node-red-node-twilio-56-twilio：使用 Twilio 服务发送和接收短信。
- node-red-node-twitter-27-twitter：收听 Twitter 提要，也可以发送推文。（注意：当 Twitter 删除它们的流媒体 API 时，这将很快中断。）
- node-red-node-xmpp-92-xmpp：连接到 XMPP 服务器以发送和接收消息。

2.3.7 存储类

- node-red-node-leveldb-67-leveldb：使用 LevelDB 作为简单的键值对数据库。
- node-red-node-MySQL-68-MySQL：允许对 MySQL 数据库进行基本访问。此节点允许对配置的数据库进行查询，也允许插入和删除数据。
- node-red-node-sqlite-sqlite：支持读取和写入本地 SQLite 数据库。

2.3.8 时间类

- node-red-node-suncalc-79-suncalc：使用 SunCalc 模块根据指定位置在日出和日落时生成输出。日出和日落的定义有多种选择。
- node-red-node-timeswitch-timeswitch：允许用户设置简单的重复计时器。

2.3.9 效用类

- node-red-node-daemon：守护进程，启动（调用）一个长时间运行的系统程序，并通过管道将 STDIN、STDOUT 和 STDERR 传入和传出，适合监控长时间运行的命令行应用程序。
- node-red-node-exif-94-exif：从传入的 JPEG 图像中提取 GPS 和其他 EXIF 信息。

2.4 常用扩展节点

2.4.1 serialport 节点

Serialport（串口）是一种常见的通信接口，广泛用于连接各种设备和外部硬件。串口通信标准是用于在计算机和外设之间进行串行数据传输的通信协议。以下是一些常见的串口通信标准。

- RS232：RS232 是一种常见的串口通信标准，广泛用于规范计算机和外设之间的数据传输。它使用多个信号线进行数据的传输和控制。

- RS485：RS485 是一种多点的串口通信标准，可支持多个设备在同一总线上进行通信。它具有较高的传输速率和抗干扰能力。
- RS-422：RS-422 也是一种多点串口通信标准，类似于 RS485，但此标准适用的传输距离较短。它适用于数据高速传输和长距离通信。
- TTL、UART：TTL（Transistor-Transistor Logic）（晶体管 - 晶体管逻辑）、UART（Universal Asynchronous Receiver / Transmitter）（通用异步收发器）是基于逻辑电平的串口通信标准，常用于微控制器和外围设备之间的通信。

这些串口通信标准在物理接口、电气特性、信号传输速率和数据格式等方面有所不同。选择串口通信标准取决于应用需求、设备兼容性和距离等因素。

node-red-node-serialport 是 Node-RED 中的一组节点，用于与串口设备进行通信和数据交互，如图 2-51 所示。

使用该组节点时，你需要在 Node-RED 中安装 node-red-node-serialport 节点，并将其添加到流程中。然后，你可以通过设置节点的属性来指定串口设备的连接参数，如串口号、波特率、数据位、停止位等。通过该组节点，你可以发送和接收数据，与连接到串口设备的硬件进行交互。你可以使用节点的输入和输出来传递数据，从串口设备读取数据或向串口设备发送数

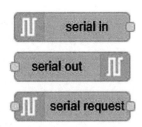

图 2-51　node-red-node-serialport 节点组

据。注意，具体的使用方法和节点的属性设置可能会因节点版本和相关文档的要求而有所不同。建议查阅节点的官方文档或资源，以获取更详细的使用说明和示例。

下面是使用该节点的基本步骤。

1）安装节点：在 Node-RED 编辑器中，单击右上角的菜单图标，选择 Manage palette（管理面板）。在 Install（安装）选项卡中搜索 node-red-node-serialport，然后单击 Install（安装）按钮进行安装。

2）添加节点：在 Node-RED 编辑器中，将 serialport 节点从左侧的节点面板拖放到工作区。

3）配置串口：双击 serialport 节点打开配置窗口。在配置窗口中，你可以设置以下参数。

- Serial Port：选择要连接的串口设备。
- Baud Rate：设置串口的波特率。
- Data Bits：设置数据位的数量。
- Parity：设置奇偶校验位。
- Stop Bits：设置停止位的数量。

配置界面如图 2-52 所示。

4）根据具体串口设备和需求，配置以上参数。

5）连接流：将其他节点与 serialport 节点连接起来，以便在串口设备上发送和接收数

据。你可以使用 inject 节点作为触发器，将数据注入串口设备，然后使用 debug 节点查看从串口设备接收到的数据。

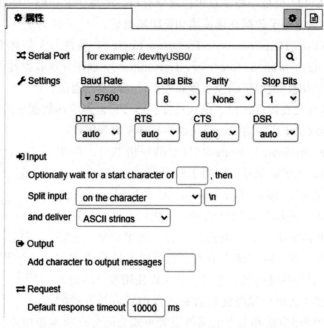

图 2-52 node-red-node-serialport 节点配置界面

6）部署流：单击右上角的 Deploy（部署）按钮，将流程部署到 Node-RED 运行时中。

7）测试通信：根据应用场景，通过注入数据或者接收来自串口设备的数据来测试串口通信。

2.4.2 modbus 节点

Modbus 是一种通信协议，用于在自动化领域实现设备之间的数据通信。它通常在工业控制系统中使用，支持不同类型的通信介质，包括串行通信和以太网通信。Modbus 定义了一组功能码，用于读取和写入设备的寄存器数据。

Node-RED 中的 node-red-contrib-modbus 节点组用于在 Node-RED 中实现 Modbus 通信。该节点组包含了一系列节点，可以与 Modbus 设备进行通信，包括 Modbus 主机节点和 Modbus 从机节点。这些节点允许通过串口、Modbus RTU、Modbus TCP 等方式与 Modbus 设备进行数据的读取和写入。

使用 node-red-contrib-modbus 节点组时，你可以轻松构建基于 Modbus 协议的自动化系统。通过连接适当的节点并设置节点的参数，你可以实现与 Modbus 设备实时数据交互、状态监控、设备控制等功能。你可以根据需要读取和写入设备的寄存器数据，并对数据进行逻辑判断和处理。

node-red-contrib-modbus 提供了多个节点，具体如下。

- modbus-response：用于处理和响应来自 Modbus 客户端的请求，对从站设备读取的数据进行解析和返回。
- modbus-read：用于读取 Modbus 寄存器数据。
- modbus-getter：用于读取从站设备的数据。这个节点可以处理从站设备返回的线圈状态和保存寄存器信息等，并将这些信息以 Node-RED 可识别的形式呈现出来。
- modbus-flex-getter：用于通过灵活的方式读取 Modbus 寄存器数据。
- modbus-write：用于写入数据到 Modbus 寄存器。
- modbus-flex-setter：用于通过快速配置的方式写入数据到 Modbus 寄存器。
- modbus-server：用于模拟从站设备的行为，以便主站（例如 Node-RED）可以与从站进行通信。这个节点可以在本地地址 127.0.0.1 的 10502 端口上以 Modbus-TCP 的方式模拟一个 Modbus 服务器。
- modbus-flex-server：用于通过快速配置的方式模拟从站设备的行为。
- modbus-queue-info：用于显示和调试 Modbus 请求队列的信息。这个节点可以帮助开发者更好地理解和掌握 Modbus 请求的处理过程，特别是在处理大量或复杂的 Modbus 请求时，可大大提高开发效率和程序的稳定性。
- modbus-flex-connector：用于建立和管理与从站设备的连接。这个节点可以帮助开发者更方便地与 Modbus TCP 设备进行通信，无论这些设备是作为主站还是从站。在实际使用场景中，你可能需要将 Node-RED 作为主站，与实际的从站设备进行通信。在这种情况下，Node-RED 会利用 modbus-flex-connector 节点来建立和管理与从站设备的连接。通过这个节点，你可以方便地模拟和测试你的 Modbus 通信程序，以确保其在实际环境中的正确性和稳定性。
- modbus-response-filter：用于过滤和处理从站设备返回的数据。这个节点可以帮助开发者更好地对接收到的 Modbus 响应数据并进行筛选和处理，特别是在处理大量或复杂的 Modbus 响应数据时，可大大提高开发效率和程序的稳定性。
- modbus-flex-sequencer：用于管理和控制 Modbus 请求的发送顺序。这个节点可以帮助开发者更好地管理和控制与从站设备的通信过程。

node-red-contrib-modbus 节点组如图 2-53 所示。

通过连接这些节点，你可以在 Node-RED 中构建用于与 Modbus 设备进行通信的流程。根据需求和 Modbus 设备的配置，你可以设置节点的参数，如串口设置、IP 地址、寄存器地址、功能码等，以实现数据的读取和写入。

以下是一个使用 node-red-contrib-modbus 的简单示例，实现读取 Modbus TCP 设备的寄存器数据。

1）创建流程：在 Node-RED 编辑器中创建一个新的流程，并拖放以下节点到工作区。

- 一个 modbus-tcp 节点：用于设置 Modbus TCP 连接参数。

- 一个 modbus-read 节点：用于读取寄存器数据。
- 一个 debug 节点：用于显示读取到的数据。

2）配置节点：

- 双击 modbus-tcp 节点，配置 TCP 连接参数，包括 IP 和端口号。
- 双击 modbus-read 节点，配置读取参数，包括设备地址、功能码、起始地址和读取长度。

3）连接节点：将 modbus-tcp 节点的输出连接到 modbus-read 节点的输入，然后将 modbus-read 节点的输出连接到 debug 节点的输入。

4）部署流程：单击右上角的 Deploy（部署）按钮，将流程部署到 Node-RED 运行时中。

现在，当 Modbus TCP 设备上有可读取的寄存器数据时，Node-RED 将读取这些数据并在 debug 节点的输出中显示。

> 💡 **注意：**
> 在实际使用中，你需要根据具体的 Modbus 设备和寄存器配置来调整节点的参数，确保节点的配置与你的设备一致，并按照 Modbus 协议规范进行设置。

2.4.3 mysql 节点

MySQL 是一种开源的关系数据库管理系统，广泛应用于 Web 应用程序和大型企业级系统中。以下是 MySQL 的一些重要特点和功能。

- 可靠性：MySQL 被广泛认为是一种可靠的数据库解决方案。它具有良好的稳定性和 ACID 属性[⊖]，支持事务处理，确保数据的一致性、可靠性、完整性。
- 可扩展性：MySQL 可以轻松处理大规模数据和高并发访问，支持主从复制、分片和集群等技术，可以水平和垂直扩展以满足不断增长的需求。
- 高性能：MySQL 具有出色的性能表现，可以处理大量数据库操作请求。它采用了高效的索引机制和查询优化策略，提供快速的数据访问和处理能力。

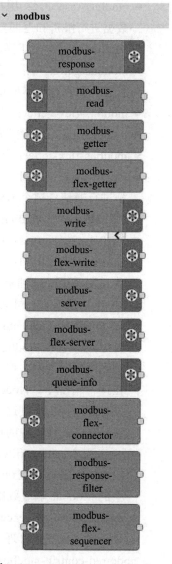

图 2-53　node-red-contrib-modbus 节点组

⊖ ACID 属性即原子性、一致性、隔离性、持久性。

- 安全性：MySQL 提供了多种安全功能，包括基于角色的访问控制、数据加密、SSL 支持和防火墙等。它还支持用户认证和权限管理，可以精确地控制用户对数据库的访问权限。
- 多平台支持：MySQL 可在多种操作系统上运行，包括 Windows、Linux、macOS 等。这使它成为开发人员和组织在不同平台上构建和部署应用程序的理想选择。
- 开放源代码：MySQL 是一种开源数据库系统，基于 GNUGPL（通用公共许可证）发布。这意味着用户可以自由获取、使用和修改 MySQL 的源代码，以满足自己的需求。
- 丰富的功能：MySQL 支持广泛的数据类型，包括整型、浮点型、日期时间型、字符串型等。它还提供了丰富的 SQL 语言支持，包括查询、插入、更新、删除等操作，以及存储、触发器和视图等高级功能。

总体而言，MySQL 是一款功能强大、可靠性高、性能优越的关系数据库管理系统。它已被广泛应用于各种场景，包括网站、电子商务、数据分析和企业级系统等。无论个人开发者还是大型组织，都可以从 MySQL 中受益，并构建出高效、可靠的数据库应用。Node-RED 提供了一个 mysql 节点，用于连接和查询 MySQL 数据库。以下是 Node-RED mysql 节点的使用指南。

1）安装 mysql 节点：打开 Node-RED 编辑器，依次单击"菜单"→"节点管理"→"安装"，搜索 node-red-node-MySQL，安装 mysql 节点。

2）配置 mysql 节点：拖动 mysql 节点到工作区，并将其连接到流程中。双击 mysql 节点，选择你要连接的 MySQL 数据库和配置。通常，你需要设置以下参数。

- -Host：输入 MySQL 数据库的主机名或 IP。
- -Port：输入 MySQL 数据库的端口号。
- -User：输入 MySQL 数据库的用户名。
- -Password：输入 MySQL 数据库的密码。
- -Database：输入要连接的 MySQL 数据库名称。

3）配置 SQL 查询：在 mysql 节点中，你需要设置要执行的 SQL 查询。你可以使用输入消息对象的 payload 属性来设置 SQL 查询。例如，如果要查询 user 表中的所有数据，你可以将 payload 设置为 SELECT * FROM user。

4）配置输出：mysql 节点的输出是一个包含查询结果的消息对象。你可以使用输出消息对象的 payload 属性来读取和处理查询结果。

5）部署流程：单击 Deploy 按钮部署流程。

6）调试 mysql 节点：你可以使用 debug 节点或其他输出节点来调试 mysql 节点，并检查查询结果的消息对象，以确保节点正常工作。

总之，mysql 节点是 Node-RED 的一个重要功能，用于连接和查询 MySQL 数据库。了解如何使用 mysql 节点可以帮助你更好地存储和管理数据。

2.4.4 bacnet 节点

BACnet（Building Automation and Control Network）是一种用于建筑自动化和控制系统的通信协议。它定义了一组标准和规范，用于在建筑设备和自动化系统之间进行数据交换和通信。BACnet 可以用于监控和控制建筑中的各种设备，例如空调系统、照明系统、安全系统等。

BACnet 的开放化和标准化使得它被广泛用于建筑自动化和控制系统。以下是一些使用 BACnet 协议的知名厂商和供应商。

- 西门子（Siemens）：作为建筑自动化领域的领先厂商之一，西门子提供了多种支持 BACnet 的产品和解决方案，包括楼宇管理系统、控制器和传感器等。
- 飞利浦（Philips）：飞利浦的照明解决方案中包括支持 BACnet 的灯光控制器和传感器，使建筑设备中的照明系统可以与其他 BACnet 设备集成和协同工作。
- 霍尼韦尔（Honeywell）：霍尼韦尔提供了一系列 BACnet 产品（包括楼宇管理系统、控制器、传感器和执行器等），以实现建筑设备自动化和控制。
- 艾默生（Emerson）：艾默生的楼宇自动化解决方案支持 BACnet 产品，包括控制器、传感器和监控设备，可用于监测和控制建筑设备的能源消耗和运行。
- 江森自控（Johnson Controls）：作为全球领先的建筑技术和解决方案供应商，江森自控提供了多种支持 BACnet 的产品和系统，包括楼宇管理系统、控制器和设备。
- 倍福自动化（Beckhoff Automation）：倍福自动化的自动化解决方案中包括支持 BACnet 的控制器和设备，可用于建筑设备的自动化控制和监测。

在 Node-RED 中，我们可以使用 node-red-contrib-bacnet 这样的第三方扩展节点来实现与 BACnet 设备的集成。这些节点提供了支持 BACnet 协议的功能和通信接口，使你能够通过 Node-RED 与 BACnet 设备进行数据交互。

你可以使用 Node-RED 和 BACnet 设备实现以下功能。

- 监控和控制：通过与 BACnet 设备通信，你可以监控建筑设备的状态和数据，例如温度、湿度、开关状态等。你还可以向这些设备发送控制命令，例如调整温度、开关灯等。
- 数据集成：通过连接 BACnet 设备和其他系统、服务或应用程序，你可以实现数据的集成和交互。例如，你可以将 BACnet 设备的数据发送到云平台进行存储和分析，或者将外部数据源的数据发送到 BACnet 设备进行控制和调整。
- 自动化和逻辑控制：结合 Node-RED 的可视化编程和 BACnet 设备的数据，你可以创建复杂的自动化逻辑和控制流程。通过编排流程，你可以根据特定的条件触发相应的操作和任务。

Node-RED 提供了一个 bacnet 节点，实现与 BACnet 设备连接和通信。以下是 Node-RED bacnet 节点的使用步骤。

　　1）安装 bacnet 节点：打开 Node-RED 编辑器，依次单击"菜单"→"节点管理"→"安装"，搜索 node-red-contrib-bacnet，安装 bacnet 节点。

　　2）配置 bacnet 节点：拖动 bacnet 节点到工作区中，并将其连接到流程中。双击 bacnet 节点，选择你要连接的 BACnet 设备和配置。通常，你需要设置以下参数。

- Device：选择 BACnet 设备，可以通过选择对象实例或 BACnet 网络号和 MAC 地址进行识别。
- Object type：选择要读取或写入的 BACnet 对象类型，如 analog-input 或 analog-output。
- Object instance：输入要读取或写入的 BACnet 对象实例号。

　　3）配置输入和输出：在 bacnet 节点中，输入和输出都是消息对象。你可以使用输入消息对象的 payload 属性，以便发送 BACnet 数据。例如，如果要读取 analog-input 对象的值，你可以将 payload 设置为 read 和对象实例号。设置输出消息对象的 payload 属性，以便读取 BACnet 数据。

　　4）部署流程：单击 Deploy 按钮部署流程。

　　5）调试 bacnet 节点：你可以使用 debug 节点或其他输出节点来调试 bacnet 节点，并检查 BACnet 设备返回的消息对象，以确保节点正常工作。

　　总之，bacnet 节点是 Node-RED 的一个重要功能，用于与 BACnet 设备的连接和通信。了解如何使用 bacnet 节点可以帮助你更好地控制和管理建筑自动化系统中的数据传输。

2.4.5　lonworks 节点

　　LonWorks（Local Operating Network Works）是一种用于建筑自动化和控制系统的开放型通信协议。它是一种分布式网络技术，用于建筑设备和自动化系统之间的通信和数据交换。

　　LonWorks 协议由美国 Echelon 公司于 20 世纪 90 年代开发，并成为一种行业标准。它基于 ISO/IEC 14908 标准，使用基于 CSMA/CD（载波监听多点接入 / 碰撞检测）的通信方式。

　　LonWorks 协议提供了一个灵活且可扩展的通信框架，允许各种建筑设备和自动化系统通过共享的网络连接在一起。它支持多种物理层介质（包括串行线缆、红外线、电力线）通信。LonWorks 可以应用于各种建筑自动化设备，如照明控制系统、加热系统、通风系统、空调（HVAC）系统、安全系统、能源管理系统等。

　　LonWorks 网络中的设备被称为"节点"，每个节点都有唯一的地址。节点可以是传感器、执行器、控制器、网关等。节点之间通过发送和接收消息进行通信。

　　LonWorks 协议支持高度的互操作，允许不同厂商的设备和系统在同一个网络中进行通信。它还提供了强大的网络管理和诊断功能，以便监控和控制网络的运行状态。

　　需要注意的是，LonWorks 协议在近年来逐渐失去青睐，因为一些其他的开放标准和技术如 BACnet 和 Modbus 等在建筑自动化领域得到了更广泛的应用。

以下是一些使用 LonWorks 协议的知名厂商。

- Echelon：作为协议的创造者和主要支持者，Echelon 提供了各种 LonWorks 相关产品，包括节点芯片、控制器、网关和软件工具等。
- Honeywell：Honeywell 是一家全球知名的建筑自动化和控制系统供应商，提供了一些产品系列来支持 LonWorks 协议。
- Schneider Electric：Schneider Electric 是一家全球能源管理和自动化解决方案供应商，提供了一系列支持 LonWorks 协议的产品，实现建筑设备自动化和控制。
- Siemens：Siemens 是一家领先的工业自动化和建筑技术解决方案供应商，提供了一些产品线支持 LonWorks 协议，实现建筑设备自动化和能源管理。
- Johnson Controls：Johnson Controls 是一家专注于建筑技术和能源解决方案的公司，提供的一些产品支持 LonWorks 协议。

Node-RED 提供的 lonworks 节点，用于连接和控制 LonWorks 设备。以下是 Node-RED 中 lonworks 节点的使用方法。

1）安装 lonworks 节点：打开 Node-RED 编辑器，依次单击"菜单"→"节点管理"→"安装"，搜索 node-red-contrib-lonworks，安装 lonworks 节点。

2）配置 lonworks 节点：拖动 lonworks 节点到工作区中，并将其连接到流程中。双击 lonworks 节点，选择要连接的 LonWorks 设备和配置。通常，你需要设置以下参数。

- Port：选择连接 LonWorks 设备的串口号。
- Node ID：输入连接到 LonWorks 网络的设备的节点 ID。

3）配置输入和输出：在 lonworks 节点中，输入和输出都是消息对象。你可以使用输入消息对象的 payload 属性，以便发送 LonWorks 数据。例如，如果你要发送一个 LonWorks 命令，你可以将 payload 设置为命令字符串。你可以设置输出消息对象的 payload 属性，以便读取 LonWorks 设备的响应。

4）部署流程：单击"部署"按钮部署流程。

5）调试 lonworks 节点：你可以使用 debug 节点或其他输出节点来调试 lonworks 节点，并检查 LonWorks 设备返回的消息对象，以确保节点正常工作。

总之，lonworks 节点是 Node-RED 的一个重要功能，用于连接和控制 LonWorks 设备。了解如何使用 lonworks 节点可以帮助你更好地控制和管理建筑自动化系统中的数据传输和设备。

2.4.6 knx 节点

KNX（Konnex）是一种开放的、跨制造商的、全球标准的建筑自动化和控制网络协议。它是由 KNX 协会（KNX Association）管理和推广的，被广泛应用于住宅、商业建筑和工业。

以下是 KNX 协议的主要特点。

- 开放性：KNX 是一个开放的协议，任何制造商都可以基于 KNX 开发和生产符合协议要求的设备。这使用户可以自由选择不同厂商的设备进行系统集成，增加了互操作性和灵活性。
- 跨制造商：KNX 协议跨越了多个制造商，这意味着用户可以选择适合自己需求的设备，并且这些设备可以相互通信和协作。这使 KNX 网络可以整合各种系统，如照明控制系统、暖通空调控制系统、安全系统等。
- 全球标准：KNX 协议是全球范围内应用最广的建筑自动化和控制网络协议之一。它符合国际标准 ISO/IEC 14543 和欧洲标准 CENELEC EN 50090，在全球范围内得到了广泛的认可和应用。
- 多媒体支持：KNX 协议支持多种媒体传输方式，包括以太网、红外线、无线和电力线通信。这使 KNX 网络可以适应不同的物理环境和满足不同的应用需求。
- 灵活性和可扩展性：KNX 网络可以根据用户需求进行灵活的配置和扩展。用户可以根据具体的应用场景选择适当的设备和功能模块，并通过编程和配置实现自定义的控制和自动化逻辑。
- 可靠性和安全性：KNX 协议提供了高度可靠的通信和数据传输机制，以确保设备之间稳定、可靠的通信。此外，KNX 协议还支持数据加密和认证等安全功能，保护系统免受未经授权的访问和攻击。

总体而言，KNX 是一种广泛应用于建筑自动化和控制领域的开放标准。它具有跨制造商、全球标准、灵活和可靠等特点，可以实现各种功能，包括从基本的照明控制到复杂的能源管理和安全防护。

以下是一些使用 KNX 协议的厂商。

- 西门子（Siemens）：作为全球领先的工业自动化公司，西门子提供了丰富的 KNX 产品和解决方案，包括开关、传感器、控制器等。
- ABB：ABB 是一家知名电气设备制造商，提供了符合 KNX 协议的产品，覆盖照明、空调、安全等领域。
- 施耐德电气（Schneider Electric）：施耐德电气是全球领先的能源管理和自动化解决方案提供商，提供了广泛的 KNX 产品和解决方案，包括开关、面板、控制器等。
- 洛克威尔自动化（Rockwell Automation）：洛克威尔自动化提供了符合 KNX 协议的产品和解决方案，覆盖工业自动化和楼宇控制等领域。
- Gira：Gira 是一家德国公司，专注于智能楼宇控制系统，提供了符合 KNX 协议的产品，覆盖开关、传感器、控制器等。
- Hager：Hager 是一家专业的电气设备制造商，提供了符合 KNX 协议的产品和解决方案，包括开关、插座、控制器等。
- Jung：Jung 是一家德国公司，专注于高端电气设备和自动化解决方案，提供了符合 KNX 协议的产品，包括多种功能和设计风格的开关、插座等。

Node-RED 提供了一个 knx 节点，用于连接和控制 KNX 设备。以下是 Node-RED knx 节点的使用介绍。

1）安装 knx 节点：打开 Node-RED 编辑器，依次单击"菜单"→"节点管理"→"安装"，搜索 node-red-contrib-knx，安装 knx 节点。

2）配置 knx 节点：拖动 knx 节点到工作区中，并将其连接到流程中。在节点配置中，你需要设置以下参数。

- Host：输入连接到 KNX/IP 网关的主机名或 IP。
- Port：输入连接到 KNX/IP 网关的端口号。
- Physical Address：输入连接到 KNX 设备的物理地址。
- Middlewares：选择用于处理 KNX 数据的中间件。
- Timeout：设置 KNX 请求超时时间，以 ms 为单位。

3）配置输入和输出：在 knx 节点中，输入和输出都是消息对象。你可以使用输入消息对象的 payload 属性，以便发送 KNX 数据。例如，如果你要发送一个 KNX 命令，你可以将 payload 设置为命令字符串。你可以设置输出消息对象的 payload 属性，以便读取 KNX 设备的响应。

4）部署流程：单击 Deploy 按钮部署流程。

5）调试 knx 节点：你可以使用 debug 节点或其他输出节点来调试 knx 节点。你可以检查 KNX 设备返回的消息对象，以确保节点正常工作。

总之，knx 节点是 Node-RED 的一个重要功能，用于连接和控制 KNX 设备。了解如何使用 knx 节点可以帮助你更好地控制和管理建筑自动化系统中的数据传输和设备。

大型项目最佳实践

在实际应用 Node-RED 进行项目开发时，我们会发现本章所介绍的内容非常有用。因为学习 Node-RED 和使用 Node-RED 进行多人多项目开发管理是完全不同的概念。例如，一个物联网项目通常会有多个 IoT 网关，这些 IoT 网关都运行了一套自己的 Node-RED，让读者轻松理解每个网关在流程中的含义是非常重要的。毕竟，最后维护和二次调整这些流程的人不一定是最初的程序员。因此，遵循一个好的开发规范是最基本的要求。只有团队遵循了这些标准和规范，整个项目才能有更好的维护，才能降低开发成本。这部分将在 3.1 节进行讲解。同时，每个 Node-RED 所在的 IoT 网关都可能有设备更换、设备重置、设备升级等产品化需求。因此，如何保存和管理每个 Node-RED 的流程文件也是一个有趣的课题。这部分内容将在 3.4 节进行讲解。当然，3.1 节和 3.4 节是官方推荐的大型项目最佳实践。实际上，用户也需要根据项目进行适当的调整。总之，Node-RED 应用到大型项目才是最终的价值所在。

Node-RED 允许通过拖曳节点并将它们连接在一起创建流来快速开发应用程序。这可能是一个很好的开始方式，但随着时间推移，它可能会导致应用程序更难维护，特别是对真正投入实际应用的项目。本节对如何创建可重用、易维护且更健壮的 Node-RED 流程提供了一些建议和最佳实践。

3.1 流程结构规划

本节介绍组织流程，将流程拆分为更小、可重用的组件的策略以及针对不同平台自定义流程。

1. 组织流程选项卡

在 Node-RED 中，组织流程的主要方法是在编辑器中将它们分隔在多个选项卡中。可以识别应用程序的单独逻辑组件，你可以考虑将它们放在单独的选项卡中。对于家庭自动化应用程序，你可以将每个房间的流程放在单独的选项卡中，以反映物理空间。如果你希望根据功能分离流程，所有与照明相关的流程都在一个选项卡中，而加热放在另一个选项卡中。如果你正在构建 HTTP API 后端，每个选项卡可以代表 API 访问的一种单独类型的资源。总之，目标应该是让理解单个流程变得容易。

另外，在与其他开发人员一起开发同一个 Node-RED 应用程序时，如果你的更改与其他人的更改分别位于不同的选项卡上，更改合并要容易得多。如果开发人员有不同的角色或专业背景，请考虑这会如何影响流程组织方式。图 3-1 显示了各种流程选项卡组织方式示例。

图 3-1　流程选项卡组织方式示例

2. 创建可重用流程

在构建流程时，你可能会发现一些想要在多个地方重复使用的通用部分。你应该避免让这些通用部分的多个副本分布在流程中，这样变得更难维护。因为你需要在多个地方修复，并且很容易忽略其中一个。

Node-RED 提供了两种方式来创建可重用流程：link 节点和子流程。link 节点支持创建一个可以在编辑器中的选项卡之间跳转的流，一个流的末尾到另一个流的开始有虚拟连线，如图 3-2 所示。

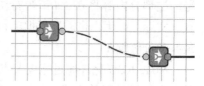

图 3-2　link 节点

子流程允许在面板中创建新节点，其内部实现被描述为一个流，如图 3-3 所示。你可以在普通节点的任何位置添加子流程的新实例。

这两种方法之间有一些区别。link 节点不能用在流的中间，消息通过链接传递，然后在另一个流完成时返回，只能用于流程开始或结束。link 节点也可以连接到多个其他 link 节点。这使你可以将消息传递给多个其他

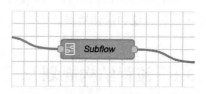

图 3-3　子流程

流，或者让多个流将消息传递到一个流中。link 节点可以在单个选项卡中使用，以实现流程聚焦在整个工作区，避免大量连线交叉。

子流程创建后可以被视为常规节点而存在，因此可以在流程中的任何节点使用。子流程的每个实例都独立于其他实例。子流程内的任何流上下文都将限定在各个实例中。如果子流程创建到远程系统的连接，则每个实例都将创建自己的连接。

3. 自定义子流程参数传递

创建子流程时，你可能希望以某种方式自定义它们的行为，例如，更改子流程中 mqtt out 节点所发布的 MQTT 主题。实现的一种方式是利用 msg.topic 对传递给子流程的每条消息进行设置。但这需要在每个实例前添加一个 change 节点，以便设置所需的值。一种更简单的方法是使用子流程属性。这些属性是可以在实例中设置并在子流程内显示为环境变量的属性。

在更改 MQTT 主题示例中，你可以先将 mqtt out 节点配置为发布到主题 ${My_TOPIC}，如图 3-4 所示。

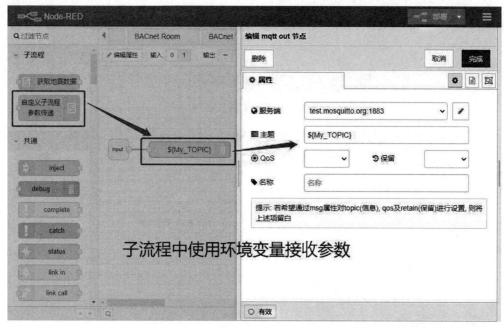

图 3-4 由环境变量设置的 MQTT 主题

然后，添加 My_TOPIC 为子流程属性，如图 3-5 所示。

当用户编辑单个实例时，My_TOPIC 为该实例提供自定义值，如图 3-6 所示。

此模式可应用于任何允许直接输入值的节点配置字段，目前不适用于显示为复选框或其他自定义 UI 元素的字段。

4. 管理状态信息

Node-RED 提供了上下文系统来管理运行时状态。上下文可以作用于同一选项卡、子流程或全局范围。

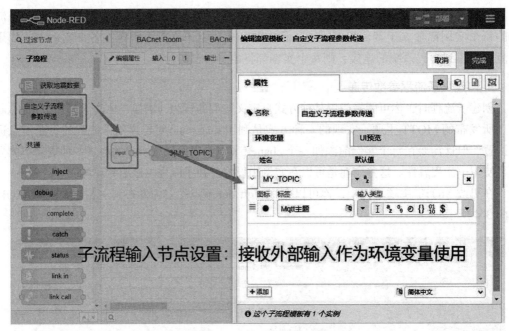

图 3-5　添加子流程属性

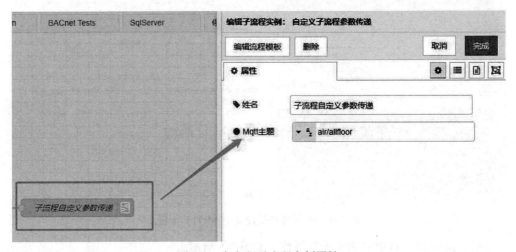

图 3-6　自定义子流程实例属性

　　如果某个状态信息仅由特定选项卡上的节点使用，我们应该使用流程级别的上下文而不是全局级别的上下文。我们还应该慎重选择上下文变量的名称，确保它们具有描述性并且易于识别。

　　另一种场景是在 Node-RED 之外管理状态信息，例如使用文件存储或数据库存储。这种场景下会增加外部依赖项的管理，这样不像上下文那样方便集成，但也可以与上下文一起使用，而不是完全替代。

5. 为不同平台定制流程

环境变量可以在 Node-RED 中更广泛地使用，以创建针对不同平台定制的流程，而无须手动更改。例如，你希望在多台设备上运行流程，但每台设备都应订阅自己唯一的 MQTT 主题。与上面的子流程示例一样，你可以配置 mqtt out 节点以发布到主题 ${My_TOPIC}，然后在运行 Node-RED 之前将其设置为环境变量。这使得那些特定于设备的定制流程可以与所有设备通用的流程分开维护。再比如，当流程在不同的操作系统上运行时，流程使用的本地路径可能因操作系统不同而不同，我们可以使用环境变量的方法来动态区分。inject 和 change 节点可以使用数据类型中的 env 选项访问环境变量 os。function 节点可以使用 env.get（"os"）函数，如图 3-7 所示。

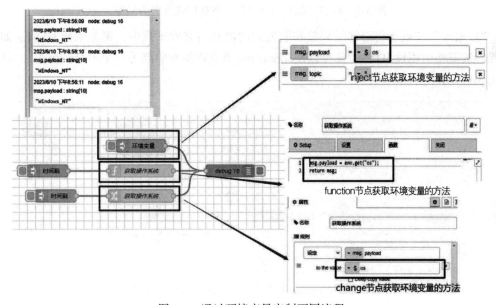

图 3-7　通过环境变量定制不同流程

3.2　消息设计

本节着眼于消息设计，讲解如何创建协同良好且易于维护的节点和流。通过流传递的消息是可以在其上设置属性的纯 JavaScript 对象。它们通常有一个 payload 属性，这是大多数节点使用的默认属性。

有关 Node-RED 中消息的更多知识，请参阅《Node-RED 物联网应用开发技术详解》。本节介绍在创建流程中的消息时需要做出的一些选择。

1. 设计 msg.payload

创建流程时，消息上使用的属性的选择在很大程度上取决于流程中的节点需要什么。

大多数节点直接使用 payload 属性，且大部分时候直接使用 payload 属性即可，例如，对于一个在 MQTT 消息的有效负载中接收的 ID，使用该 ID 在数据库中查询匹配，流程如图 3-8 所示。

收到传感器数据
已连接
设置查询SQL语句
数据库
ECONNREFUSED
调试

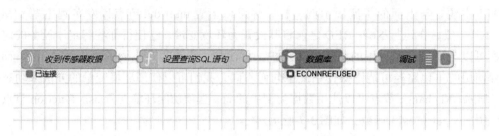

图 3-8 MQTT 收到的数据传入数据库进行查询流程

“数据库”节点会将查询结果放在它发送的消息的有效负载中，覆盖原始 ID 值。如果流程后续需要引用该 ID 值，你可以使用 change 节点将值复制到另一个不会被覆盖的属性，如图 3-9 所示。

卧室
书房
数据采集
编辑 change 节点
删除
取消
完成
属性
名称
存储ID
规则
设定
msg. id
to the value
payload
收到传感器数据
存储ID
设置查询SQL语句
已连接

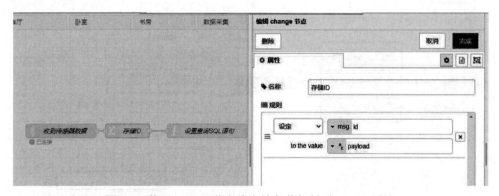

图 3-9 使用 change 节点将有效负载复制到 msg.id 属性

这反映了一个重要原则：不应修改或删除与节点功能无关的消息属性。

2023/7/17 下午2:54:04 node: debug 17
温度 : msg.payload : string[2]
"30"
2023/7/17 下午2:54:05 node: debug 17
压力 : msg.payload : string[3]
"896"
2023/7/17 下午2:54:06 node: debug 17
湿度 : msg.payload : string[2]
"67"

图 3-10 msg.topic 显示在调试侧边栏中

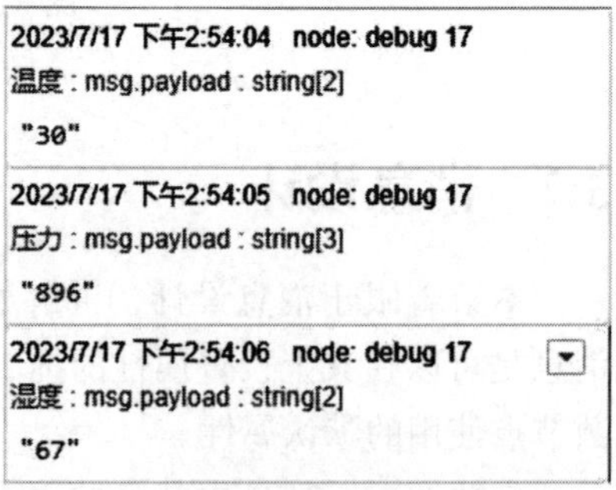

2. 设计 msg.topic

许多节点将 msg.topic 视为具有特殊含义，可用于识别消息的来源，或识别同一流上的不同消息流。它还会与每条消息一起显示在调试侧边栏中，如图 3-10 所示。

3. 设计 msg 对象的属性结构

在设计可重用的节点或子流程时，msg 对象的属性都可以被视为公开的 API 的一部分。与所有 API 一样，msg 对象的属性需要精心设计。

一种方法是将所有 msg 对象要包含内容都放在有效负载下，例如：

```
{
    "payload":{
        "temperature":123,
        "humidity":50,
        "pressure":900
    }
}
```

将数据保存在一起可能很方便，但可能导致大量属性的拷贝，因为流程中后面的节点为了不丢失这些属性。

对于如何构建消息没有唯一的答案，但我们应该关注节点或流在最常见的情况下将如何使用。与一般编程一样，选择好的属性名称也很重要。它们应该是自描述的，以便后续调试和理解流程，例如，msg.temperature 比 msg.t 更容易理解。

3.3　流程文档化

在任何编程语言中，创建易于维护的代码的一个重要手段是确保它有良好的文档记录。好的文档有多种用途。

- 虽然在构建流程时一切看起来都很明显，但未来你一定会感谢现在你提供的一些细节描述。
- 如果你与其他人共享流程，这将帮助他们了解流程是如何工作的。
- 如果流程使用外部 API，你需要记录应如何使用该 API，需要哪些属性或参数。
- 当你编写文档时，写出思考的逻辑可以很好地帮助你识别可以改进的部分。
- 可以在工作区中读取流以查看事件的逻辑。你应该确保每个节点的用途很容易被识别，并且布局合理，尽量减少相互交叉的连线数量。
- 将常用部分移动到子流程，有助于降低流程的视觉复杂性。
- 可以在节点、组或选项卡级别添加更完整的文档。

1. 布局流程

3.1 节着眼于如何安排流程的逻辑组件，本节考虑的是流程布局的视觉效果，目标是让流程变得易读和易操作。

最大化易读性的方法是尽可能让每个处理单元保持在一条水平线上。在编辑器中拖动节点，在两个节点接近对齐的时候，节点自动摆放好位置。这种吸铁式效果有助于节点保持对齐。水平对齐排版对比效果如图 3-11 所示。

如果一个节点有多个输出端口，垂直对齐分支流可以很容易地比较和对比流。图 3-12 所示为垂直对齐分支流。

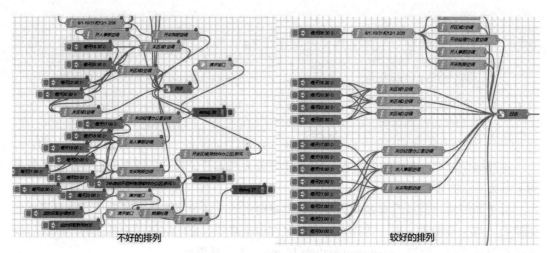

图 3-11　水平对齐排版对比效果

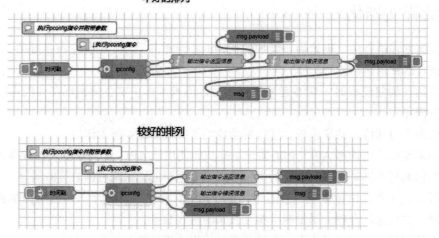

图 3-12　垂直对齐分支流

当流程太长时，垂直排列一些节点可以达到很好的视觉效果。在图 3-13 中，一些节点是垂直排列的，以表示它们之间的关系。如果从视觉上能看清楚流程由哪些较小的部分组成以及它们如何相互关联，我们会更容易理解整体流程。图 3-13 所示为垂直对齐排版对比效果。

在某些情况下，这些较小的部分可能是移动到子流程的候选者，这将降低流程的视觉复杂性，尤其是在流程的其他地方重复使用这些较小的部分。

2. 命名节点

大多数节点有一个 name 属性，它可用于定义节点在工作区中显示的标签。例如，change 节点有一条设置 msg.payload 为当前时间的规则，默认标签为 set msg.payload。这有点帮助，但它并没有揭示节点的全部用途，名称为"设置当前时间"会更清楚。这里需要考虑一个平衡点。标签越长,它在流程中需要的空间就越大。标签越短,展示的信息就越少。对于某些节点,完全隐藏标签可能是合适的,以最小化它在流程中使用的水平空间。

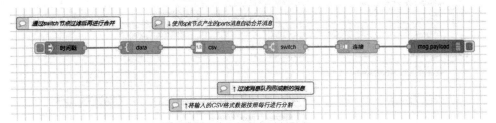

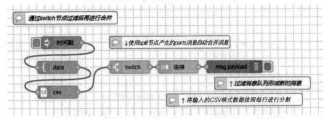

图 3-13　垂直对齐排版对比效果

选择好的名称同样适用于所使用的选项卡和子流程,对于 link 节点也很重要。如果没有设置名称,则在不同选项卡之间创建链接时必须使用 link 节点的内部 ID。这使得很难识别正确的目标节点并且可能会发生错误。你如果将 link 节点视为在不同选项卡之间提供 API,则需要一个好的命名。名称应清楚地标识每个流程的起点和终点。

3. 添加端口标签

如果一个节点有多个输出,且你不清楚在什么条件下从特定输出发送消息,则很难遵循逻辑。这时,添加端口标签可以帮助记录每个输出的预期结果。

例如,switch 节点为其输出端口提供文字描述,当鼠标悬停在输出端口上方时会显示这些文字描述。它们可以帮助快速识别流程中每个分支的用途。图 3-14 所示为 switch 节点外观选项卡上的自定义输出标签。

4. comment 节点

comment 节点可用于向流程中添加注释,包括节点的标签,以及选中节点

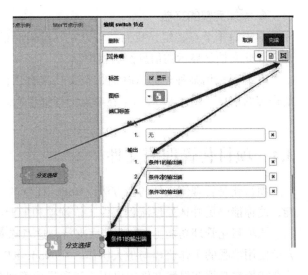

图 3-14　switch 节点外观选项卡上的自定义输出标签

时显示在信息侧边栏中的描述。图 3-15 展示了使用 comment 节点为流程添加注释。

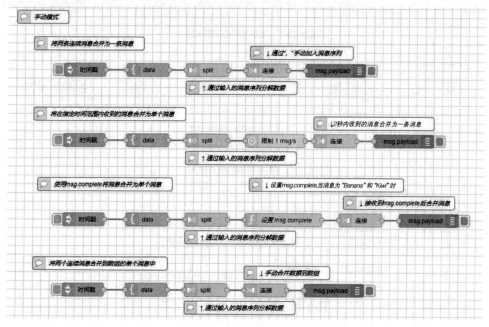

图 3-15　使用 comment 节点为流程添加注释

5. 分组节点

我们可以通过将相关节点分组在一起来实现更明确的流程编排。每个组的背景颜色可以突出不同类型的组，如图 3-16 所示。

6. 添加完整的文档

对于每个节点、组，我们都可以在其编辑对话框的描述选项卡下添加更长的文档。添加后，此文档将显示在信息侧边栏中。

在流程采用某种外部 API 时，长文档很有用，可以给其他开发人员提供使用 API 尽可能详细的信息。图 3-17 展示了在节点的详细说明。

3.4　项目化管理流文件

项目化是管理流文件的新方法。Node-RED 的项目文件管理功能提供了更高级的管理功能，使你能够更好地处理流程文件、依赖项和配置。

该项目化管理功能由 Git 存储库支持，这意味着所有文件完全受版本控制，并允许开发人员使用熟悉的工作流程与他人协作。在 Node-RED 0.18 版本中，项目功能处于预览模式。这意味着它必须在设置文件中启用。该项目化管理功能目前在 IBM Cloud 环境中不可用。

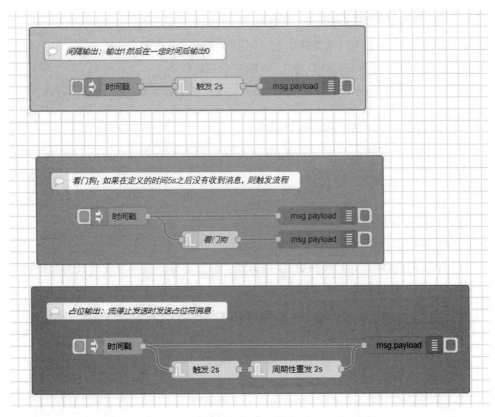

图 3-16　分组节点

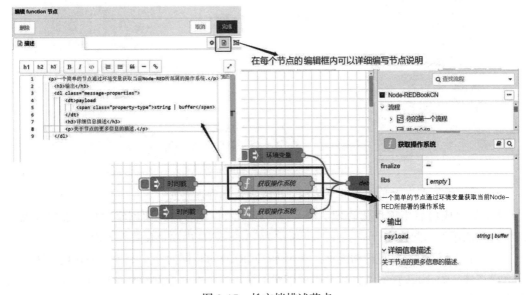

图 3-17　长文档描述节点

3.4.1 开启项目化管理功能

要启用 Node-RED 的项目化管理功能，你需要完成以下步骤。

1）确保正在运行的 Node-RED 为 1.3.0 版本或更高版本。

2）在 Node-RED 的用户目录中，找到名为 .node-red 的文件夹。在该文件夹中，打开名为 settings.js 的文件。

3）在 settings.js 文件中，找到以下代码：

```
projects:{
    enabled:true
}
```

4）将 enabled 属性设置为 true。

5）保存 settings.js 文件并重新启动 Node-RED。

6）在 Web 浏览器中访问 Node-RED 编辑器，根据向导完成项目化管理的初始化工作。图 3-18 所示为项目化管理向导界面。

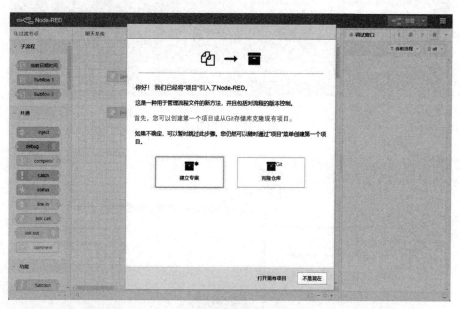

图 3-18 项目化管理向导界面

7）单击编辑器右上角的文件夹图标，进入项目化管理界面。

8）如果成功启用项目化管理功能，你将能在项目化管理界面创建项目、添加流程文件、管理依赖项和配置运行时。图 3-19 所示为 Node-RED 中项目化管理界面。

9）同时开启项目化管理功能后，一个 Node-RED 可以同时在多个项目中切换使用，并且流程文件、package.json 文件以及需要依赖的第三方包都会分别转移到项目文件夹中，如图 3-20 所示。

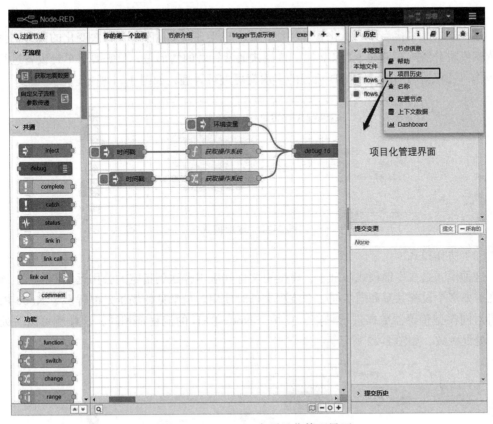

图 3-19　Node-RED 中项目化管理界面

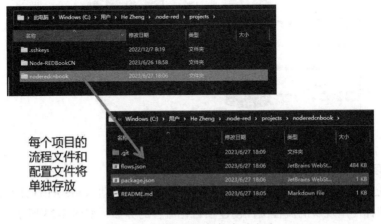

图 3-20　项目流程文件存放方式

1. Node-RED 项目化管理模式

用 Node-RED 的项目化管理功能进行流程文件的版本管理有两种模式。

（1）本地模式

这种模式是直接启用项目化管理功能，在本机上建立 Git 库，将每次变化的流程文件以及依赖模块分版本存储在本地 Git 库。该模式通常针对的情形是，只需要对单台设备进行多人协作，且仅对当前 Node-RED 流程的多次变更进行管理，如图 3-21 所示。

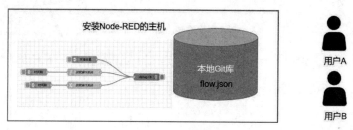

图 3-21　本地模式

（2）协作模式

这种模式是在本地模式基础上，将变更文件和版本推送到指定的公用远端 Git 库。该模式在需要多个设备共享和同步同一个流程文件时使用。最常见的场景是部署多个 Node-RED 主机对同类型传感器数据进行采集，且每个 Node-RED 的流程都相同，这样就可以一处修改，处处一致，如图 3-22 所示。

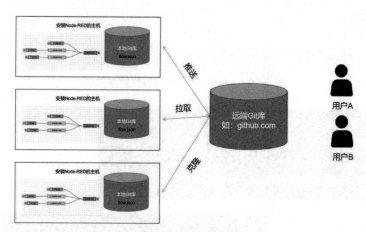

图 3-22　协作模式

2. 创建第一个项目化流程

当按照上一小节配置好项目化管理功能开关，重新启动 Node-RED 并打开编辑器时，你会看到邀请你使用现有的流程文件创建项目化流程的界面，如图 3-23 所示。

界面中有两个选项"建立专案"和"克隆仓库"，分别对应"本地模式"和"协作模式"。

（1）建立专案

选择"建立专案"，则表示在本地 Git 库中建立一个新的项目，单击后出现下一个界面，如图 3-24 所示。

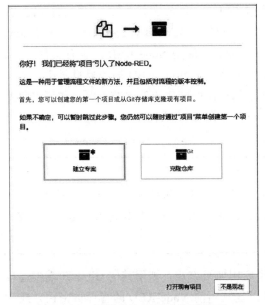

图 3-23 项目化流程创建欢迎界面 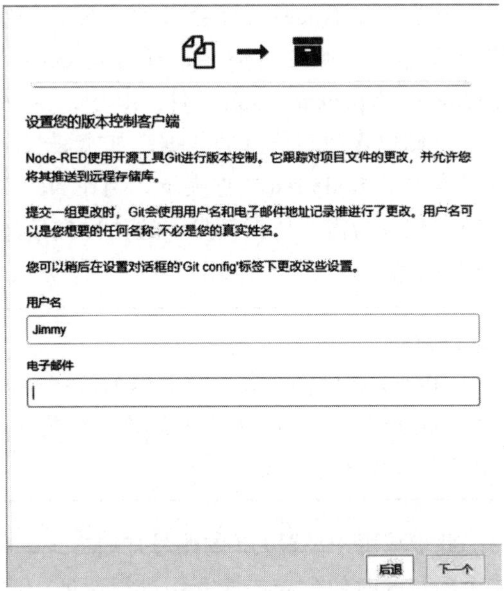 　　　　图 3-24 设置 Git 账户

图 3-24 中的步骤用来设置你使用什么 Git 账户来提交项目文件，此处录入 Git 的有效电子邮件账户和用户名，然后单击"下一个"按钮，进入界面如图 3-25 所示。

在图 3-25 中，你只需要填写项目名和项目描述即可创建一个新的本地 Git 项目。然后单击"下一个"按钮，进入界面如图 3-26 所示。

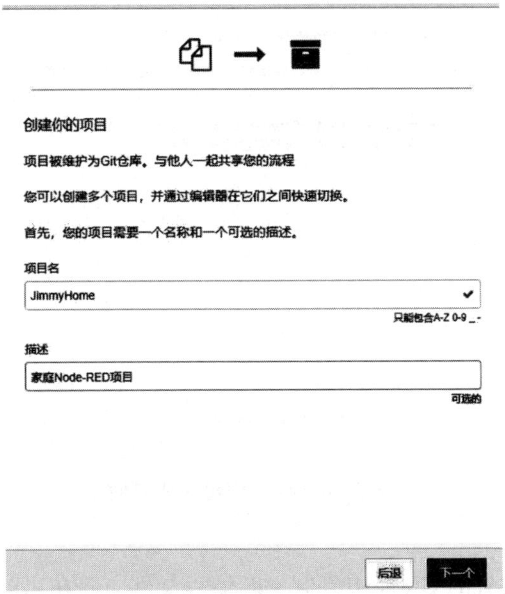

图 3-25 创建本地 Git 项目 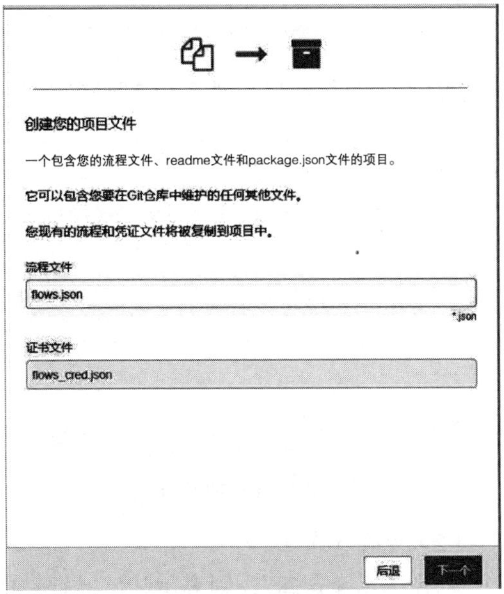 　　　　　　图 3-26 创建流程文件

此步骤中 Node-RED 会自动将现有的流程文件 flows.json 迁移到项目中。如果需要，你可以选择在此处重命名，迁移进 Git 项目的文件除去 flows.json 还有 flows_cred.json、readme 以及 package.json 文件。其中，flows_cred.json 文件是 Node-RED 的配置文件之一，用于存储包含敏感信息的凭据，如密码、API 密钥等。在 Node-RED 的项目目录中，该文件通常位于 .node-red 文件夹下。当在 Node-RED 编辑器中创建或编辑节点时，你可以将某些节点配置为需要凭据信息。这些凭据信息将被存储在 flows_cred.json 文件中，并在运行时被节点使用。

💡 注意：

　　flows_cred.json 文件中存储的凭据信息是加密的，以确保安全。因此，直接编辑该文件并手动添加凭据是不可行的。设置好以后，单击"下一个"按钮进入最后一步设置界面，如图 3-27 所示。

此步骤用于设置 Git 的账号加密方式。如果启用加密方式，则用其他 Git 客户端去连接这个项目的时候也需要该密钥进行认证。你可以复制当前 Node-RED 的管理员密钥，或者指定一个单独的密钥进行加密。设置好以后单击"创建项目"，Git 将使用你设置的项目信息开始创建项目。项目创建成功后出现图 3-28 所示界面，代表所有项目创建工作完成。

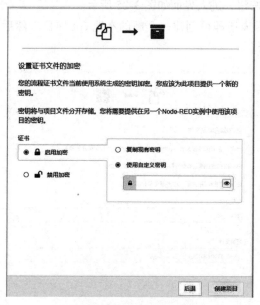

图 3-27　设置加密方式

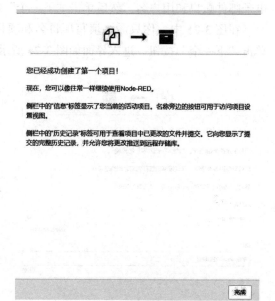

图 3-28　项目创建完成界面

（2）克隆仓库

选择"克隆仓库"，则表示从已经存在的共有的 Git 库中复制一套流程文件，并在当前的 Node-RED 中打开。选择"克隆仓库"后展示界面如图 3-29 所示。

图 3-29　克隆项目界面

此时，你需要填写项目的名称和 Git 仓库的 URL。此 URL 可以使用 https://、ssh:// 或者 file:// 三种协议方式。同时，如果该 Git 仓库存在证书加密密钥，它也需要填写正确。

所有内容都检查无误后，保证网络连接的前提下单击"克隆项目"按钮，Node-RED 会开始自动克隆 Git 仓库的流程文件，完成后出现图 3-30 所示提示。

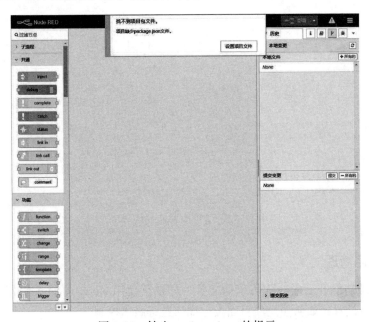

图 3-30　缺少 package.json 的提示

此提示出现的原因是当采用"克隆仓库"项目模式时，首先以 Git 远程的仓库文件为准，此时是一个空仓库克隆过来的效果，缺少 package.json 文件。所以，需要重点注意的是，如果远端创建了一个空 Git 库，第一个克隆的 Node-RED 项目需要将原 Node-RED 目录下的 package.json 文件手动复制到 projects 目录中，如图 3-31 所示。

图 3-31　将 package.json 文件复制到 projects 目录

此时，你可以导入之前备份的 flow 文件或者从零开始设计新的流程。当流程有改变的时候，单击"部署"按钮就可以在项目化管理界面看到每次修改的文件，从此开始有流程文件版本管理的开发过程，如图 3-32 所示。

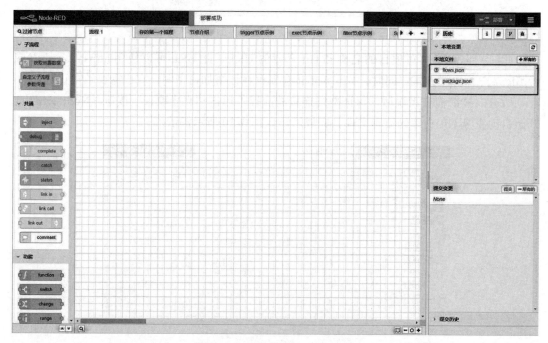

图 3-32　项目部署成功的界面

3.4.2　项目化管理

项目化管理功能开启后，你可以像往常一样继续使用 Node-RED 编辑器。本小节将介绍如何访问项目设置，如何使用项目面板，如何进行版本控制。

1. 访问项目设置

我们可以在 Node-RED 的功能菜单中找到项目设置功能，还可以通过项目设置功能实现新建、删除、配置多个项目。图 3-33 所示为项目设置功能。

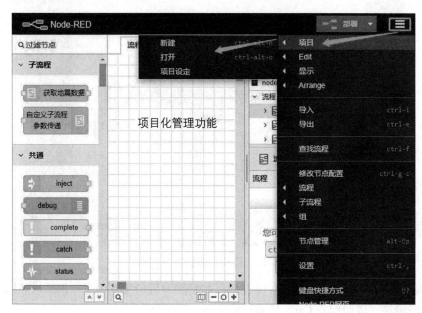

图 3-33　项目设置功能

可以在图 3-34 所示界面新建项目。

图 3-34　新建项目界面

可以在图 3-35 所示界面打开已经存在的项目，并删除非当前项目。

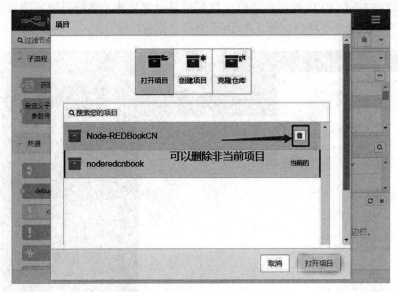

图 3-35　打开和删除项目界面

项目设置是对当前项目进行一些设置，比如修改项目的基本信息（包括描述以及自述文件），查看依赖项，以及配置 Git，界面展示如图 3-36 所示。

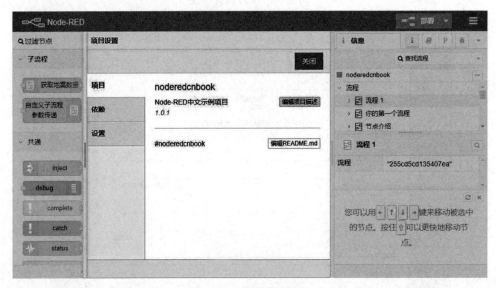

图 3-36　项目设置界面

其中，"依赖"功能可以将当前流程所依赖的节点显示出来，并允许将依赖项添加到 Git 仓库中，操作方式如图 3-37 所示。

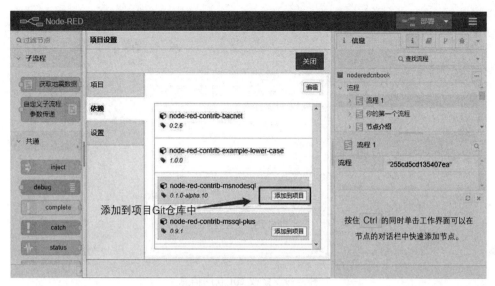

图 3-37　项目"依赖"设置

需要注意的是，将依赖节点添加到项目 Git 仓库中，并不是将节点软件包添加到 Git 仓库，而是在 package.json 文件将依赖节点信息添加到 dependencies 属性中。如果你想与其他人共享项目，那么保持依赖列表为最新很重要，因为这将帮助用户安装必要的模块。图 3-38 展示了添加节点后 package.json 文件的变化，如图 3-38 所示。

图 3-38　项目文件变化跟踪

"设置"功能可以再次修改 Git 仓库等基础信息，如图 3-39 所示。

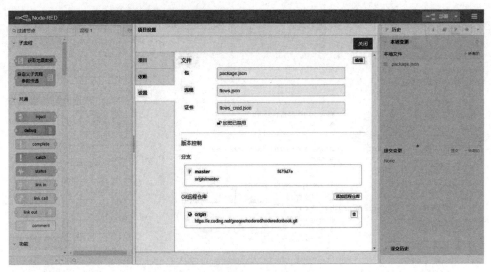

图 3-39　修改 Git 仓库信息

2. 使用项目面板

项目面板在信息侧边栏中，打开后显示当前项目信息，如图 3-40 所示。

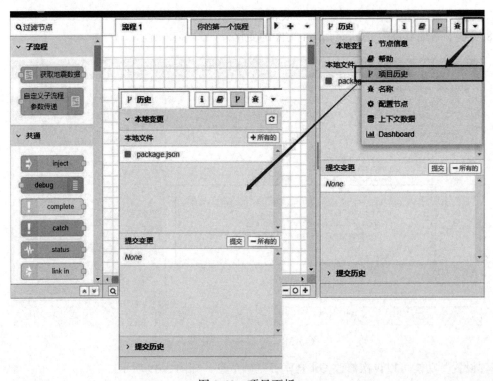

图 3-40　项目面板

项目面板分为本地文件、提交变更、提交历史 3 个区域。

- 本地文件：当前有变化的流程文件和 package.json 文件。
- 提交变更：已经将变更暂存到需要提交的列表中，此时项目流程文件并没有提交。这是 Git 仓库的一个提交流程设计，主要是将一批被修改的文件组合成一个更新文件进行提交，否则流程文件不断被修改会导致过多的更新，不便于管理。
- 提交历史：此处显示已经提交到本地 Git 仓库的更新。

3. 提交更新

当更改流程文件时，项目流程文件都会列在"本地文件"部分。你可以单击文件，以查看更改内容。当将鼠标悬停在文件上时，你会看到一个"+"按钮，单击该按钮将流程文件向下移动到要提交的更改列表，如图 3-41 所示。

当 flows.json 流程文件变化时（重新部署）

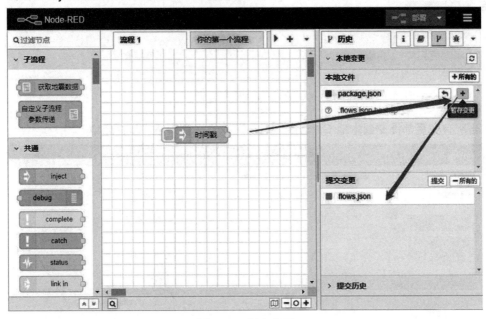

图 3-41　暂存变更

当确定流程文件修改完成后，单击"提交变更"中的"提交"按钮，此时需要填写提交的该版本的描述内容，填写好以后执行提交操作，如图 3-42 所示。

当本地 Git 仓库变更都提交完毕并确认后，可以正式推送到远程 Git 仓库，供其他用户获取使用。此时，单击"提交历史"下的"推送"按钮完成推送操作，如图 3-43 所示。

最终，这次变更提交给了远程 Git 仓库。你可以在远程 Git 仓库中查看到此次更新，如图 3-44 所示。

当确定修改完成以后，执行提交操作

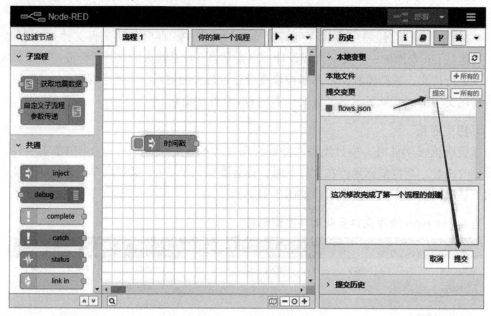

图 3-42 提交变更

当所有变更都提交到本地 Git 仓库以后，可以推送到远程 Git 仓库中

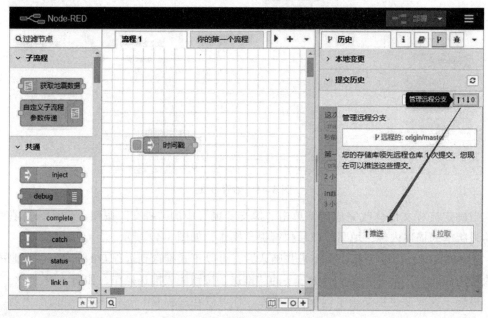

图 3-43 推送到远程 Git 仓库

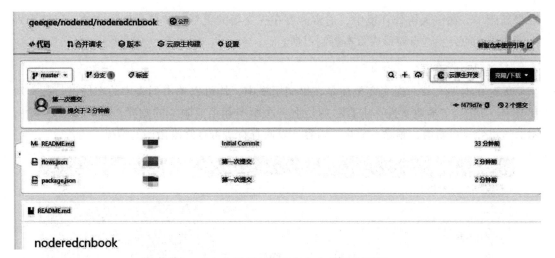

图 3-44　在远程 Git 仓库中查看提交更新

"提交历史"区域列出本地 Git 仓库当前分支中的所有提交。当你创建项目时，Node-RED 会自动将其提交到项目的初始默认 master 分支中。顶部的分支按钮允许你在存储库中拉取、创建分支，如图 3-45 所示。

如果你的本地 Git 仓库配置了远程 Git 仓库，单击"管理远程分支"按钮则显示本地 Git 仓库与远程 Git 仓库的对比情况（本地 Git 仓库提前或落后的提交数）。"管理远程分支"按钮允许你选择要跟踪的远程分支，并将你的更改推送或拉取到远程 Git 仓库的版本中，如图 3-46 所示。

图 3-45　分支处理　　　　　　　图 3-46　管理远程分支

在此情况下，如果远程 Git 仓库的更新领先本地 Git 仓库更新，则通过"拉取"功能获取最新版本。在多人协作环境中，通常需要在提交新的更新前拉取最新的文件，以防和别人形成版本冲突。这点要形成版本控制习惯。

4. 差异对比查看

无论在本地文件、提交变更还是在提交历史中，均可以单击列表中的文件进行版本对比查看。其中，"本地文件"中查看的是上一次版本和当前版本的差异，界面如图3-47所示。这里会显示新增、删除、变化的内容，以便查看是否有修改错误的情况。

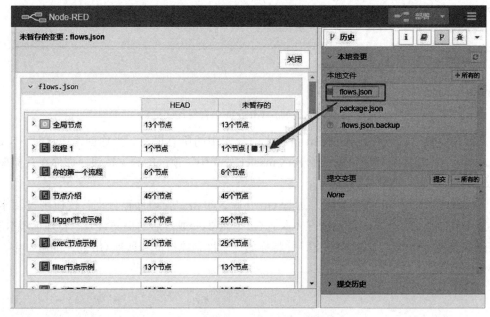

图 3-47　对比差异

自定义节点开发

开发自定义节点是 Node-RED 的一个强大功能。通过自定义节点的开发可以扩展 Node-RED 的功能，以满足特定的需求。以下是一些 Node-RED 自定义节点的重要意义。

- 满足特定需求：Node-RED 的核心节点提供了广泛的功能，但在特定场景下可能无法完全满足用户的需求。通过自定义节点，用户可以根据自己的需求和业务逻辑来创建特定功能的节点，从而实现高度定制化。

- 提升功能扩展性：通过自定义节点，用户可以将新的功能和服务集成到 Node-RED 中。这使得 Node-RED 成为一个强大的工具，可以与各种外部系统、设备和服务进行交互，从而实现更多样化的应用和自动化流程。

- 提升开发效率：自定义节点可以抽象和封装常用的功能，使得复杂的操作可以以节点的形式进行简化和重复使用。这样，用户可以在流程中使用这些自定义节点，减少了重复编写相同逻辑的工作，提高了开发效率。

- 促进共享和社区发展：Node-RED 拥有庞大的社区，用户可以将自己开发的自定义节点分享给其他用户。通过共享自定义节点，可以促进节点的不断丰富和完善，同时可以帮助其他用户解决类似的问题，推动整个社区的发展。

- 提供创新的可能性：自定义节点允许用户根据自己的创意和想法创造全新的功能和流程。这种创新性的扩展使 Node-RED 成为一个灵活且具有创造性的工具，能够满足不同领域的需求。

Node-RED 自定义节点的意义在于扩展了 Node-RED 的功能和应用范围，使用户能够更好地满足需求，并提高开发效率和创新性。通过自定义节点，用户可以定制和拓展 Node-RED，使其适应各种复杂的应用场景和集成需求。目前，公开发布的自定义节点有 4000 多个，覆盖了物联网、协议和硬件的方方面面，成为 Node-RED 最为吸引人的特性之一。

Node-RED 节点管理如图 4-1 所示。

图 4-1　Node-RED 节点管理

下面是关于 Node-RED 自定义节点开发的基本步骤。

- 准备开发环境：首先，确保已经安装了 Node.js 和 Node-RED。你需要使用 Node.js 的包管理器（NPM）来安装和管理 Node-RED 及其相关组件。
- 创建节点目录：在 Node-RED 的用户目录下，创建一个新的目录来存放自定义节点。例如，可以在 ~/.node-red/nodes 目录下创建一个新的子目录。
- 编写节点代码：在自定义节点目录中创建一个 JavaScript 文件和一个 .html 文件，用于编写自定义节点代码。节点代码需要遵循一定的结构和规范，包括导出节点类、定义节点配置、处理输入和输出等。
- 定义节点属性和配置：在节点代码中，你可以定义节点的属性和配置。这些属性和配置可以包括节点的名称、描述、输入 / 输出的数据类型、参数设置等。
- 处理输入和输出：在节点代码中，你需要定义节点的输入和输出逻辑。你可以处理来自其他节点的输入数据，并生成相应的输出数据。这可以通过编写节点类中的方法来实现。
- 测试和调试：完成节点代码后，你可以将自定义节点添加到 Node-RED 的工作区中，并进行测试和调试。你可以使用 Node-RED 的调试功能来检查节点的运行状态和数据流。
- 打包和共享：如果你希望与其他人共享你的自定义节点，可以将节点打包为 NPM 模块，并发布到 NPM 仓库中。这样，其他人就可以通过 NPM 安装和使用你的节点。

以上是关于 Node-RED 自定义节点开发的基本步骤，后面小节将以实例的方式进行详细介绍。同时，创建新节点时需要遵循一些通用原则，这反映了采用核心节点的方法，有助于提供一致的用户体验。这些通用原则如下。

1）目的上具有明确的定义。自定义节点设计的初衷是封装一个明确意义的节点，并且从节点取名上体现其明确的定义。

- 无论底层功能如何，都应该简单易用，隐藏复杂性，避免使用术语或领域特定的知识。
- 能够接受各种类型的消息属性。消息属性可以是字符串、数字、布尔值、对象、数

　　组或空值。当遇到这些属性时，节点应该做正确的处理。

- 在发送方面保持一致性。节点应该记录它们对消息添加的属性，且在行为上保持一致和可预测。

　　2）自定义节点可以位于流的开头、中间或结尾，但不能同时出现在所有位置。

　　3）捕获错误。如果一个节点抛出一个未捕获的错误，Node-RED 将停止整个流程，因为系统的状态不再可知。我们可尽可能通过 catch 节点去捕获错误或通过异步方式去调用一个处理程序来完成对错误信息的记录和后续处理工作。

4.1　创建第一个自定义节点

　　首先，通过一个示例来完成节点创建，以便快速理解各个文件之间如何协同工作。一个自定义节点创建涉及一组文件，它们之间的关系如图 4-2 所示。

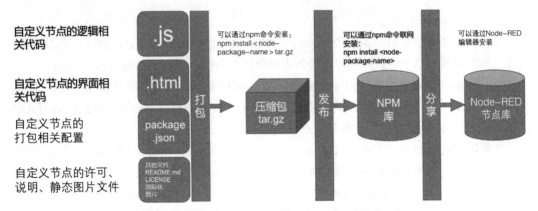

图 4-2　自定义节点相关文件之间的关系

　　相关文件如下。

- 一个定义节点功能的 .js 文件。
- 一个定义节点属性、编辑对话框和帮助文本的 .html 文件。
- 一个 package.json 文件，用于打包为一个 NPM 模块。
- 其他文件，如许可、说明和静态图片文件等。

　　此示例展示如何创建一个将消息的有效负载转换为全小写字符的节点。首先，确保你的系统上安装了 Node.js 的当前 LTS 版本（如有需要，请参阅《Node-RED 物联网应用开发技术详解》）。创建一个目录，你将在其中开发代码。在这里，只是快速开发一个自定义节点，不用纠结每行代码的细节部分，后面章节会详细讲解。首先，在该目录中创建以下文件：

- lower-case.js。
- lower-case.html。
- package.json。

1. lower-case.js

自定义节点的 JavaScript 文件包含该节点的内部运行逻辑和注册到 Node-RED 的方式，在此示例中，代码如下：

```
module.exports=function(RED){
    function LowerCaseNode(config){
        RED.nodes.createNode(this,config);
        var node=this;
        node.on('input',function(msg,send,done){
            msg.payload=msg.payload.toLowerCase();
            node.send(msg);
        });
    }
    RED.nodes.registerType("lower-case",LowerCaseNode);
}
```

该段代码是将节点封装为一个 Node.js 模块。该模块导出一个函数，加载节点时调用该函数。该函数使用单个参数调用。该参数提供模块对 Node-RED 运行时 API 的访问。

LowerCaseNode 节点本身由一个函数定义，当创建节点的新实例时会调用该函数。它传递一个对象，其中包含在流编辑器中设置的特定于节点的属性 config。该函数调用 RED.nodes.createNode 函数来初始化所有节点共享的属性。

在这段特定代码中，节点会通过 node.on（'input', function(msg,send,done){}）来注册一个事件侦听器，当消息到达节点时会调用该事件。在此侦听器中，它将传入的 msg.payload 属性值更改为小写，然后调用 send 函数继续传递消息。最后，LowerCaseNode 函数使用节点名称 lower-case 注册到运行时。如果节点有任何外部模块依赖项，它们必须包含在其 package.json 文件的 dependencies 部分。

2. lower-case.html

节点的 .html 文件用来编写这个节点的界面配置，以及与 JavaScript 文件进行数据互通。以下是这个示例的 HTML 页面内容。

```
<script type="text/javascript">
    RED.nodes.registerType('lower-case',{
        category:'function',
        color:'#a6bbcf',
        defaults:{
            name:{value:""}
        },
        inputs:1,
```

```
        outputs:1,
        icon:"file.png",
        label:function(){
            return this.name||"lower-case";
        }
    });
</script>
<script type="text/html"data-template-name="lower-case">
    <div class="form-row">
        <label for="node-input-name"><i class="fa fa-tag"></i>
        Name</label>
        <input type="text"id="node-input-name"placeholder="Name">
    </div>
</script>
<script type="text/html"data-help-name="lower-case">
    <p> 一个简单的节点，将消息的有效负载转换为全小写字符 </p>
</script>
```

节点的 .html 文件提供以下内容：
- 向编辑器注册的主节点定义。
- 编辑模板。
- 帮助文本。

在此示例中，节点具有单个可编辑属性 name。虽然该属性不是必需的，但是一般都会保留，用来让用户填写这个节点的实例名称，以帮助区分单个流中节点的多个实例。

3. package.json

这是 Node.js 模块用来描述模块内容的标准文件。要生成标准 package.json 文件，你可以使用命令 npm init。此命令会通过一系列提示来帮助创建文件的初始内容。出现命令提示时，将它命名为 node-red-contrib-example-lower-case，其他提示可以使用默认值。标准 package.json 文件生成后，你必须添加一个 node-red 属性，以告诉运行时模块包含哪些节点文件：

```
{
    "name":"node-red-contrib-example-lower-case",
    "version":"1.0.0",
    "description":" 将字母改为小写的节点 ",
    "main":"",
    "node-red":{
      "nodes":{
        "lower-case":"lower-case.js"
```

```
    }
  },
  "author":"",
  "license":"ISC"
}
```

有关如何打包节点的更多信息，包括命名要求和发布节点前应设置的其他属性，请参阅以下内容。

4. 在 Node-RED 中测试创建的节点

创建基本节点后，你可以将其安装到 Node-RED 中。要在本地测试节点模块，可以使用命令 npm install<folder>。这允许你在本地目录中开发节点，并在开发期间将其链接到本地 Node-RED 的目录中。例如，在 Mac OS 或 Linux 上，如果你的节点位于 ~/dev/node-red-contrib-example-lower-case 目录，可执行以下操作：

```
cd~/.node-red
npm install~/dev/node-red-contrib-example-lower-case
```

在 Windows 上，可执行以下操作：

```
cd C:\Users\my_name\.node_red
C:\Users\my_name\.node-red>
npm install d:\dev\node-red-contrib-example-lower-case
up to date in 885ms
```

这将在 ~/.node-red/node_modules 中创建一个指向你的自定义节点源代码目录的符号链接（见图 4-3），以便 Node-RED 在启动时能够发现该节点。只需简单地重新启动 Node-RED，你就可以获取节点文件的任何更改。

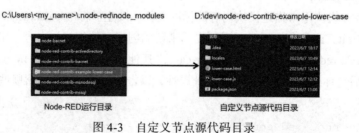

图 4-3　自定义节点源代码目录

💡 注意：

在 Windows 上，需要使用 NPM 5.x 或更高版本。另外，NPM 会自动在你的用户目录的 package.json 文件中添加一个条目来表示自定义的模块。如果你不希望它这样做，请在 npm install 命令中使用 --no-save 选项。配置完成后，重新进入 Node-RED 编辑器，将看到此节点已经装载在左边的节点面板中，如图 4-4 所示。

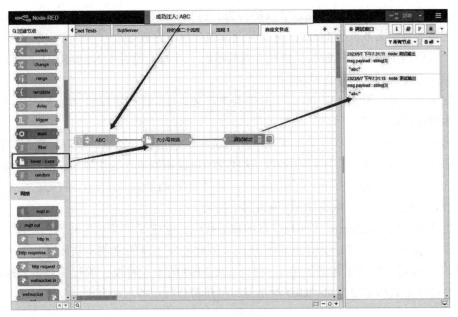

图 4-4　自定义节点安装后的界面

至此，自定义节点已经开发、测试完成。你可以通过以下地址下载该节点代码：

http://www.nodered.org.cn/diynode.zip

接下来，对每一个自定义节点的文件以及开发细节进行讲解。

4.2　JavaScript 文件

在 Node-RED 中，自定义节点的 JavaScript 文件用于实现节点的逻辑。图 4-5 展示了 JavaScript 文件的作用。

图 4-5　自定义节点的 JavaScript 文件

该文件定义了一个 Node-RED 节点的行为，包括节点的输入和输出，以及对输入消息的处理逻辑。自定义节点的 JavaScript 文件通常包含以下内容。

- 引入所需的模块和依赖项：根据节点的需求，可能需要引入 Node-RED 的核心模块、第三方库或其他自定义模块。
- 定义节点类：通常使用 JavaScript 的类来定义节点。该类可以包含构造函数、方法和事件处理程序等。
- 实现节点逻辑：在节点类中实现节点的逻辑，包括输入消息的处理、数据转换、状态管理、错误处理、日志记录等。这些逻辑可以根据节点的功能和需求进行编写。
- 注册节点：在 JavaScript 文件的末尾，通过调用 RED.nodes.registerType 方法来注册节点，使其可以在 Node-RED 编辑器中使用。

自定义节点的 JavaScript 文件是节点的核心代码，它定义了节点的行为和功能。Node-RED 的自定义节点也是基于 FBP 思想设计的，因此在深入学习之前不妨回顾一下《Node-RED 物联网应用开发技术详解》第 1 章中 Node-RED 的十大特性。通过编写 JavaScript 文件，用户可以扩展和定制 Node-RED 的功能，创建符合特定需求的自定义节点。

4.2.1 节点构造器

节点由构造函数定义，构造函数可用于创建节点的新实例。该函数将节点注册到 Node-RED 中，因此可以在流程中部署相应类型的节点时调用它。向该函数传递一个对象，该对象包含流编辑器中设置的属性。

必须做的一件事是调用 RED.nodes.createNode 函数来初始化节点。

```
function LowerCaseNode(config){
    RED.nodes.createNode(this,config);
    // 这里写入该节点的逻辑代码
    var node=this;
    node.on('input',function(msg,send,done){
        msg.payload=msg.payload.toLowerCase();
        node.send(msg);
    });
}
RED.nodes.registerType("lower-case",LowerCaseNode);
```

这段代码的解释如下。

- function LowerCaseNode(config)：这是一个 JavaScript 函数，它定义了一个名为 LowerCaseNode 的节点构造函数。该函数接收一个 config 参数，其中包含节点在编辑器中配置的属性。在此实例中，可以获取 name 属性，如图 4-6 所示。

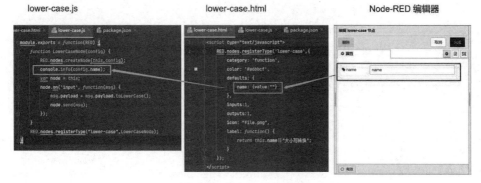

图 4-6　自定义节点名称

- RED.nodes.createNode(this, config)：这是一个用于创建节点实例的函数。它将当前节点实例化，并将其与配置对象 config 和当前上下文（this）关联起来。通过这个函数，节点可以访问 Node-RED 的运行时环境和节点实例的配置属性。
- //：这里写入该节点的逻辑代码。在这个注释之后，你可以编写特定于该节点的代码。这里可以包括事件处理、输入和输出消息的处理、状态管理等节点逻辑。
- RED.nodes.registerType("lower-case", LowerCaseNode)：这一行将节点注册到 Node-RED 中。通过调用 RED.nodes.registerType 方法，传递节点类型的名称（"lower-case"）和节点构造函数（LowerCaseNode），将自定义节点注册为可在 Node-RED 编辑器中使用的节点类型。

4.2.2　接收消息

在节点上注册一个侦听器，以侦听事件。比如，input 事件，该事件可接收来自流程中前一个节点传递的消息。接下来完成后续逻辑处理，具体代码如下：

```
this.on('input',function(msg,send,done){
    msg.payload=msg.payload.toLowerCase();
    node.send(msg);
});
```

如果节点在接收消息时遇到错误，它应该将错误的详细信息传递给 done 函数。这将触发同一选项卡上的任何 catch 节点，从而允许用户构建流来处理错误。同样，如果节点安装在不提供 done 功能的 Node-RED 0.x 中，则需要小心。在这种情况下，你应该使用 node.error：

```
let node=this;
this.on('input',function(msg,send,done){
    // 处理 msg 的逻辑
    // 如果出现错误，向运行时报告错误
    if(err){
```

```
        if(done){
            // Node-RED 1.0 兼容
            done(err);
        }else{
            //Node-RED 0.x兼容
            node.error(err,msg);
        }
    }
});
```

4.2.3 发送消息

如果节点（如 mqtt in、http in、tcp in）位于流的开始并发送消息以响应 Node-RED 以外的事件，它们是等待外部网络给它们发送消息时开始运行。这时应该使用 node 对象的 send 函数：

```
let node=this;
var msg={payload:"外部网络传来的数据"}
node.send(msg);
```

如果节点想要从 input 事件侦听器内部发送以响应收到消息，它应该使用 send 方法完成向后续节点传递的操作，代码如下：

```
let node=this;
this.on('input',function(msg,send,done){
    // 为了最大限度地向后兼容，检查 send 是否存在
    // 如果这个节点安装在 Node-RED 0.x 中，它将需要使用 node.send
    send=send||function(){node.send.apply(node,arguments)};
    msg.payload="hi";
    send(msg);
    if(done){
        done();
    }
});
```

如果 msg 为空，则不发送消息。如果节点发送消息以响应收到消息，它应该重用收到的消息而不是创建新的消息对象。这可确保为流的其余部分保留消息的现有属性。

1. 节点有多个输出

如果节点有多个输出，则可以将一组消息组装成数组传递给 send。数组中的消息按顺序发送到相应的输出中，如图 4-7 所示。

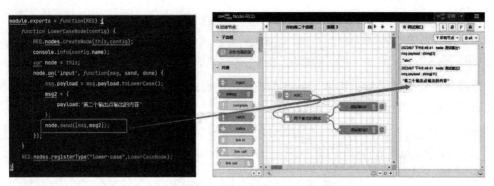

图 4-7　节点有多个输出的代码和实现

代码如下：

```
node.send([msg,msg2]);
```

2. 节点输出多条消息到不同的端口
通过在此数组中传递消息数组，可以将多条消息发送到特定输出点，如图 4-8 所示。

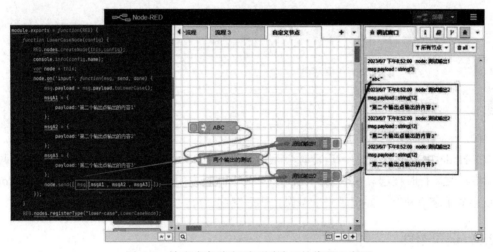

图 4-8　输出多条消息到不同端口的代码和实现

代码如下：

```
node.send([msg,[msgA1,msgA2,msgA3]]);
```

4.2.4　关闭节点

当部署新流程时，现有节点都会关闭。如果现有节点在流程重新部署时需要进行如断开与远程系统连接等操作，应该在 close 事件上注册一个侦听器。

```
this.on('close',function(){
    // 清理状态工作
});
```

如果节点需要做异步工作来完成状态整理，注册的侦听器应该接收一个参数。该参数是所有工作完成时要调用的函数 done。

```
this.on('close',function(done){
    doSomethingWithACallback(function(){
        done();
    });
});
```

如果注册的侦听器接收两个参数，第一个是一个布尔值，指示该节点是否正在关闭，因为它已被完全删除，或者它只是被重新启动。如果节点已被禁用，它也将设置为 true。第二个参数依然是异步工作完成时调用的函数 done。

```
this.on('close',function(removed,done){
    if(removed){
        // 该节点已被禁用或者删除
    }else{
        // 该节点正在重新启动
    }
    done();
});
```

在 Node-RED 0.17 之前，运行时会无限期地等待 done 函数被调用。如果节点未能调用它，将导致运行时挂起。在 Node-RED 0.17 及更高版本中，如果运行时间超过 15s，Node-RED 会显示节点超时，并记录一个错误，然后继续运行。

4.2.5 记录事件

如果节点需要将某些内容记录到控制台，可以使用以下函数之一。此控制台是指 Node-RED 运行的后台控制台，如果你是用命令行启动 Node-RED，则可以在终端窗口看到日志信息，否则需要在日志文件中查找。

```
this.log("发生了某些事情");
//warn 和 error 方法会在重新部署流程的时候在侧边栏调试窗口中输出
this.warn("发生了你应该知道的事情");
this.error("哦不，发生了一些糟糕的事情");
```

后台输出界面如图 4-9 所示。

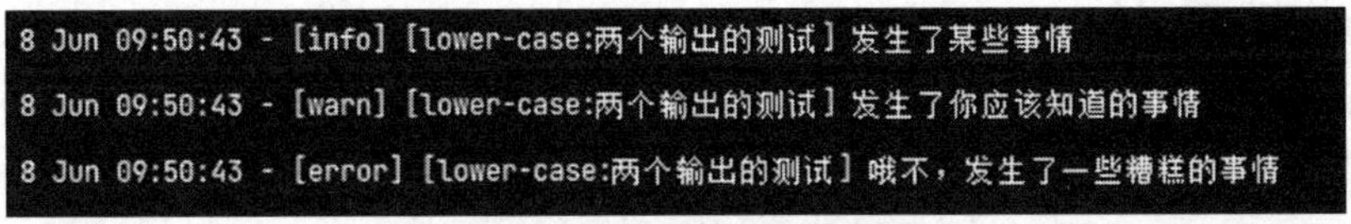

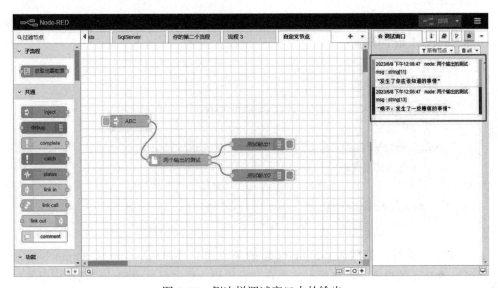

图 4-9　不同类型的日志输出

侧边栏调试窗口中的输出如图 4-10 所示。

图 4-10　侧边栏调试窗口中的输出

4.2.6　自定义节点用户属性预设

在 settings.js 文件中可以配置自定义节点的属性，比如 sample-node 节点的 colour 属性可以按照以下步骤进行设置：

1）在 settings.js 文件中添加一个名为 sampleNodeColour 的属性，并设置为默认值：

```
RED.nodes.registerType("sample",SampleNode,{
    settings:{
        sampleNodeColour:{
            value:"red",
            exportable:true
        }
    }
});
```

其中，属性的命名方式要遵循以下规则。

■ 该名称必须以相应的节点类型为前缀。

■ 该名称必须采用驼峰式大小写。

■ 不得要求用户给节点设置一个合理的默认值。

上述代码中，sampleNodeColour 对象中的 value 属性指定一个默认值 red。exportable 属性告诉 Node-RED 该设置对编辑器可用。在运行过程中，节点随后可以通过 RED. settings.sampleNodeColour 在编辑器中引用设置。如果节点尝试注册不符合命名要求的设置，则会记录错误。

2）在自定义节点的 JavaScript 文件中，可以通过 RED.settings.sampleNodeColour 来引用 sampleNodeColour 的设置：

```
module.exports=function(RED){
    function SampleNode(config){
        RED.nodes.createNode(this,config);
        // 使用设置
        var colour=RED.settings.sampleNodeColour;
        // 节点的其他代码......
    }
    RED.nodes.registerType("sample-node",SampleNode);
};
```

通过这样的设置，类型为 sample-node 的节点可以用 RED.settings.sampleNodeColour 来访问名为 colour 的设置。你可根据需要在节点代码中根据属性设置的值执行相应的逻辑。

4.2.7　节点上下文

节点可以在其上下文对象中存储数据。有关上下文的更多内容，读者可参阅《Node-RED 物联网应用开发技术详解》中的相关内容。

节点可以使用 3 个上下文范围。

● Node：仅对设置值的节点可见。

● Flow：对同一流程中的所有节点可见（或编辑器中的选项卡）。

● Global：对所有节点可见。

与提供预定义变量以访问上下文中的每一个 function 节点不同，自定义节点必须自己访问上下文：

```
//Access the node's context object
var nodeContext=this.context();
var flowContext=this.context().flow;
var globalContext=this.context().global;
```

每一个上下文对象都有 get 和 set 函数。注意：配置节点默认的上下文就是全局上下文。

4.2.8　节点状态

要设置节点的当前状态，需使用 status 函数。例如，mqtt 节点使用以下两个调用来显示节点状态（见图 4-11）。

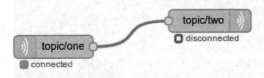

图 4-11　节点状态

```
this.status({fill:"red",shape:"ring",text:"disconnected"});
this.status({fill:"green",shape:"dot",text:"connected"});
```

默认情况下，节点状态信息显示在编辑器中。可以通过在下拉菜单中选择"显示节点状态"选项来禁用和重新启用它。

状态对象包含 3 个属性，即 fill、shape 和 text。前两个属性定义状态图标的外观，第三个属性用于输入短文本（少于 20 个字符，显示在图标旁边）。

- shape 属性可以是 ring、dot。
- fill 属性可以是 red、green、yellow、blue、grey。

shape、fill 的属性图标如图 4-12 所示。

如果状态对象是空对象，{} 则从节点中清除状态条目。

图 4-12　不同状态的属性
图标

4.3　.html 文件

自定义节点的 .html 文件用于定义节点在 Node-RED 编辑器中的外观和用户界面。它包含 HTML 和 JavaScript 代码，用于创建节点的 UI 元素和处理用户交互。自定义节点的 .html 文件内容如图 4-13 所示。

.html 文件通常包括以下配置内容。

- 节点的外观和布局：使用 HTML 元素和 CSS 样式定义节点的外观，如大小、位置、边框等。
- 用户界面元素：定义节点的输入框、下拉菜单、按钮等用户界面组件，以便用户可以配置节点的属性。
- 事件处理：使用 JavaScript 代码监听用户的交互事件，如单击按钮、改变输入框数值等，以便触发相应的动作或更新节点的配置。

通过自定义节点的 .html 文件，你可以创建与节点功能相对应的直观和易于使用的用户界面，使用户能够轻松配置和操作节点。

这些内容分 3 个部分编写在 .html 文件中，每个部分都包含在自己的 <script> 标签中。

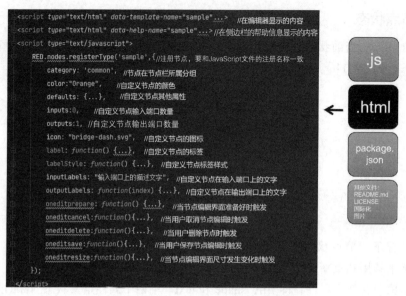

图 4-13　自定义节点的 .html 文件内容

- 注册节点：向编辑器注册的节点的配置信息。节点配置信息包括节点面板类别、可编辑属性 (defaults) 和要使用的图标等内容。这些内容编写在常规的 JavaScript 脚本标记内。
- 编辑对话框：定义节点编辑对话框内容的编辑模板。它在 JavaScript 脚本中定义，类型为 text/html。
- 帮助文本：定义信息侧边栏选项卡中显示的帮助文本。它在 JavaScript 脚本中定义，类型为 text/html。

4.3.1　注册节点

.html 文件编写的第一步是注册节点。要在自定义节点的 .html 文件中注册节点，可以使用以下代码：

```
<script type="text/javascript">
    RED.nodes.registerType('sample',{
        //节点定义
    });
</script>
```

这段代码使用 RED.nodes.registerType 方法注册了一个名为 sample 的自定义节点，这样可以将自定义节点注册到 Node-RED 的运行时中，使其可以在流程编辑器中使用和配置。注意，此处注册的节点名称要和打包在一起的 JavaScript 文件的节点注册的名称一致，这样就可以在 JavaScript 文件中使用节点配置信息中的各种配置数据。注册后，该节点类型在

Node-RED 的节点面板中可见。用户可以在编辑器中拖放和配置节点，如图 4-14 所示。

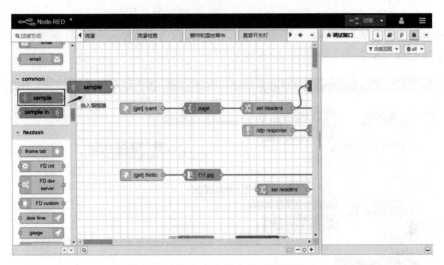

图 4-14　将自定义节点拖曳到面板中

在上面代码的"// 节点定义"位置，我们可以设置节点属性。自定义节点将根据这部分代码来定义节点在 Node-RED 中的行为。节点定义代码包括编辑器所需的有关节点的所有信息。它是一个具有以下属性的对象。

- category：String 类型，节点出现的类别。
- defaults：Object 类型，节点的可编辑属性。
- credentials：Object 类型，节点的凭证属性。
- inputs：Number 类型，节点有多少个输入，要么 0，要么 1。
- outputs：Number 类型，节点有多少个输出，可以是 0 或更多。
- color：String 类型，要使用的背景颜色。
- paletteLabel：String、Function 类型，在节点面板中使用的标签。
- label：String、Function 类型，要在工作区中使用的标签。
- labelStyle：String、Function 类型，应用于标签的样式。
- inputLabels：String、Function 类型，悬停时添加到节点输入端口的可选标签。
- outputLabels：String、Function 类型，悬停时添加到节点输出端口的可选标签。
- icon：String 类型，要使用的图标。
- align：String 类型，图标和标签的对齐方式。
- button：Object 类型，添加一个按钮到节点的边缘。
- oneditprepare：Function 类型，在构建编辑对话框时调用。
- oneditsave：Function 类型，在编辑对话框确定时调用。
- oneditcancel:：Function 类型，在取消编辑对话框时调用。
- oneditdelete：Function 类型，在按下配置节点编辑对话框中的删除按钮时调用。

- oneditresize：Function 类型，在调整编辑对话框大小时调用。
- onpaletteadd：Function 类型，在节点类型添加到节点面板时调用。
- onpaletteremove：Function 类型，当节点类型从节点面板中移除时调用。

以上属性对应的界面展现如图 4-15 所示。

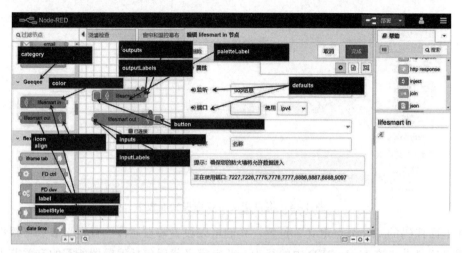

图 4-15　自定义节点属性对应界面

4.3.2　编辑对话框

节点的编辑模板描述了编辑对话框的内容以及样式和交互方式，具体实现如图 4-16 所示。

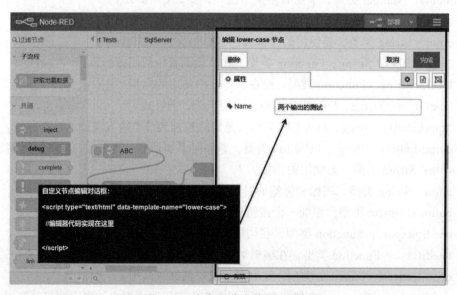

图 4-16　自定义节点编辑对话框

具体代码参考如下：

```
<script type="text/html" data-template-name="lower-case">
    <div class="form-row">
        <label for="node-input-name"><i class="fa fa-tag"></i>Name</
        label>
        <input type="text"id="node-input-name"placeholder="Name">
    </div>
    <div class="form-tips"><b>帮助提示:</b>该节点是将输入的内容变成小
    写输出。</div>
</script>
```

这段代码定义了一个名为 lower-case 的模板，它将在自定义节点的配置面板中使用。该模板包含以下内容。

- 一个表单行 (form-row)：用于输入节点的名称。它包含一个标签 <label>，可显示一个带有标签图标的文本框，并用占位符提示用户输入节点的名称。文本框的 id 属性为 node-input-name。
- 一个表单提示 (form-tips)：用于显示节点的帮助信息。它包含一个粗体的"帮助提示"文本，后面跟着节点的帮助文件内容，如图 4-17 所示。

图 4-17 自定义节点表单提示

这段代码定义了节点配置面板的一部分。通过在 .html 文件中使用此模板，可以将相应的界面元素添加到节点的配置面板中，以便输入节点的名称，并查看有关节点的帮助信息。此处提供了有关编辑对话框的更多信息。打开编辑对话框时，编辑器使用节点的编辑模板填充对话框。其中，最关键的一点是每个 html 输入控件（如 <input>、<select>、<textarea> 等）都需要设置一个 ID 和这个节点的属性对应。ID 设置规则为：node-input- 属性名称。此示例中，属性名为 name，因此这个 input 控件的 id 应该为 node-input-name。

1. 节点编辑对话框的 UI 开发

前面介绍了一个简单输入控件的 UI 代码实现，现在介绍常用的 UI 控件的开发方法。编辑对话框在节点的 .html 文件中的 <script> 标签内提供：

```
<script type="text/html"data-template-name="lower-case">
    <!-- 对话框内容  -->
</script>
```

<script> 标签应该有一个 type=text/html，以帮助大多数文本编辑器提供正确的语法突出显示。当节点加载到编辑器时，<script> 标签还可以防止浏览器将其视为正常的 HTML 内容。标签 data-template-name 应该设置为其编辑对话框的节点名称。

编辑对话框通常由一系列行组成，每行包含一个标签和不同属性的输入：

```
<div class="form-row">
    <label for="node-input-name"><i class="fa fa-tag"></i>Name</label>
    <input type="text"id="node-input-name"placeholder="Name">
</div>
```

上述代码解释如下。

- 每行由 <div class="form-row"> 来创建。
- 接下来是一个 <label> 标签，它包含一个图标和属性名称，后面跟一个 <input>。其中，<i> 标签描述的是图标显示。
- 包含该属性的表单元素的 ID 必须为 node-input-<propertyname>。对于配置节点，ID 必须是 node-config-input-<property-name>。
- <input> 类型可以是 text、string、number 类型，也可以是布尔类型，或者 <select> 等 HTML 表单组件。

Node-RED 提供了一些标准的 UI 小部件，节点可以使用这些小部件来创建更丰富、更一致的用户体验。下面介绍一些常用小组件。

（1）按钮

要将按钮添加到编辑对话框，可使用标准 <button>HTML 元素，并为其指定类 red-ui-button。

- 普通按钮 按钮 HTML 代码实现示例如下：

```
<button type="button"class="red-ui-button">按钮</button>
```

- 小按钮 按钮 HTML 代码实现示例如下：

```
<button type="button"class="red-ui-button red-ui-button-small">按
钮</button>
```

- 切换按钮组 b1 b2 b3 HTML 代码实现示例如下：

```
<span class="button-group">
<button type="button"class="red-ui-button toggle selected my-
button-group">b1</button>
<button type="button"class="red-ui-button toggle my-button-
group">b2</button>
<button type="button"class="red-ui-button toggle my-button-
group">b3</button>
</span>
```

JavaScript 代码示例如下：

```
$(".my-button-group").on("click",function(){
    $(".my-button-group").removeClass("selected");
    $(this).addClass("selected");
})
```

（2）输入框

对于简单的文本输入，<input> 可以使用标准的 HTML 元素，也可以使用 Node-RED 提供的 TypedInput 小部件作为替代。TypedInput 小部件允许用户指定输入的类型及值。例如，如类型属性可以是字符串、数字或布尔值，或者该属性是否用于标识消息、流或全局上下文属性。

TypedInput 小部件原型是一个 jQuery 小部件，需要将代码添加到节点的 oneditprepare 函数中才能添加到页面中。小部件的完整 API 文档 TypedInput 包括可用内置类型的列表，可在访问 https://nodered.org/docs/api/ui/typedInput/ 获得。

- 输入 HTML 代码如下：

```
<input type="text"id="node-input-name">
```

- TypedInput 接收的输入类型为字符串、数字、布尔值的设置方式如下。
HTML 代码：

```
<input type="text"id="node-input-example1">
<input type="hidden"id="node-input-example1-type">
HTML
```

```
$("#node-input-example1").typedInput({
    type:"str",
    types:["str","num","bool"],
    typeField:"#node-input-example1-type"
})
```

● TypedInput 接收的输入类型为 JSON 的设置方式如下。

HTML 代码：

```
<input type="text"id="node-input-example2">
```

JavaScript 代码：

```
$("#node-input-example2").typedInput({
    type:"json",
    types:["json"]
})
```

● TypedInput 接收的输入类型为消息 / 流程上下文 / 全局上下文的设置方式如下。

HTML 代码：

```
<input type="text"id="node-input-example3">
<input type="hidden"id="node-input-example3-type">
```

JavaScript 代码：

```
$("#node-input-example3").typedInput({
    type:"msg",
    types:["msg","flow","global"],
    typeField:"#node-input-example3-type"
})
```

● TypedInput 选择框的实现方式。

HTML 代码：

```
<input type="text"id="node-input-example4">
```

JavaScript 代码：

```
$("#node-input-example4").typedInput({
    types:[
        {
            value:"fruit",
            options:[
                {value:"apple",label:"Apple"},
```

```
                    {value:"banana",label:"Banana"},
                    {value:"cherry",label:"Cherry"},
                ]
            }
        ]
})
```

- TypedInput 多选框的实现方式。

HTML 代码：

```
<input type="text"id="node-input-example5">
```

JavaScript 代码：

```
$("#node-input-example5").typedInput({
    types:[
        {
            value:"fruit",
            multiple:"true",
            options:[
                {value:"apple",label:"Apple"},
                {value:"banana",label:"Banana"},
                {value:"cherry",label:"Cherry"},
            ]
        }
    ]
})
```

（3）文本编辑器

Node-RED 配有基于 ACE 代码的多行文本编辑器，以及通过用户设置启用的 Monaco 编辑器，如图 4-18 所示。

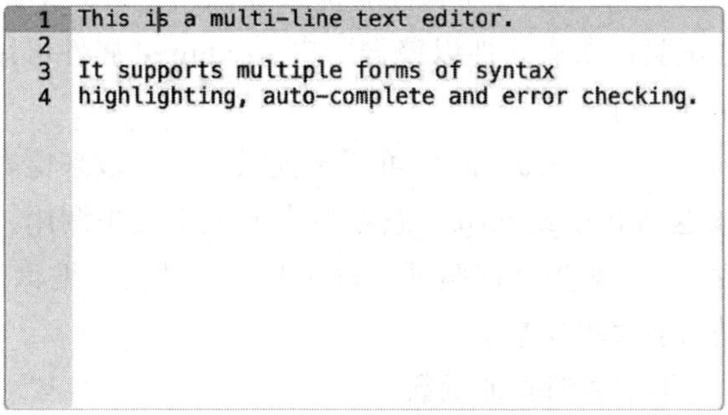

图 4-18　文本编辑器

在以下示例中，我们将编辑的节点属性称为 exampleText。在 HTML 代码中，<div> 为编辑器添加一个占位符。此 div 标签需要设置 CSS 类 node-text-editor。你还需要设置一个 height 的值，以便确定文本编辑器的高度。

```
<div style="height:250px;min-height:150px;"
 class="node-text-editor"id="node-input-example-editor">
</div>
```

在节点的 oneditprepare 函数中，文本编辑器使用 RED.cditor.createEditor 函数进行初始化：

```
this.editor=RED.editor.createEditor({
    id:'node-input-example-editor',
    mode:'ace/mode/text',
    value:this.exampleText
});
```

事件 oneditsave 和事件 oneditcancel 表示在对话框保存和关闭时执行一些操作，比如保存编辑内容等，并确保编辑器从页面中正确关闭，示例代码如下：

```
oneditsave:function(){
    this.exampleText=this.editor.getValue();
    this.editor.destroy();
    delete this.editor;
},
oneditcancel:function(){
    this.editor.destroy();
    delete this.editor;
},
```

2. 属性验证

每个对话框的输入控件都可以增加属性验证来确保用户录入了正确的数据。如果给出了无效值，编辑器会尝试验证所有属性以警告用户。required 属性可用于表示该输入控件的输入值必须为非空和非空字符串。

如果需要更具体的验证，validate 属性可用于提供一个函数来检查值是否有效。该函数实现验证逻辑并且应该返回 true 或 false。它在节点的上下文中调用，意味着 this 对象可用于访问节点的其他属性。this 对象允许验证依赖于其他属性值。编辑节点时，this 对象反映节点的当前配置而不是当前表单元素值。

Node-RED 提供了一组常用的验证函数。

● RED.validators.number()：检查值是否为一个数字。

● RED.validators.regex(re)：检查值是否与提供的正则表达式匹配。

当 validate 值无效或缺失时，输入控件的验证逻辑被触发，相应的输入被红色警告框圈住。

以下示例展示了如何使用这些验证：

```
defaults:{
    prefix:{value:"",validate:RED.validators.number()},
},
```

界面展示如图 4-19 所示。

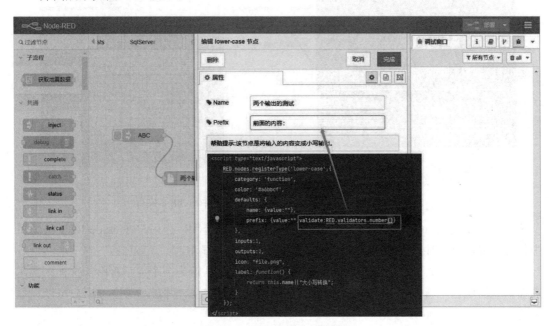

图 4-19　自定义节点输入验证

另外，用户可以使用正则表达式或者自定义方法做验证，示例如下：

```
defaults:{
    prefix:{value:"",validate:RED.validators.number()},
    lowerCaseOnly:{value:"",validate:RED.validators.regex(/[a-
z]+/)},// 这个正则表达式的含义是输入内容为全小写
    custom:{value:"",validate:function(v){
        return v.length>10;//v 代表用户填写的值
    }}
},
```

这个自定义方法验证示例是校验 custom 属性值的长度大于 10，否则为无效。

4.3.3 节点属性

在自定义节点的 HTML 定义中，使用 defaults 对象来定义节点的属性。这个 defaults 对象用于设置节点属性的默认值和其他配置选项。自定义节点 defaults 对象在 JavaScript 文件和 .html 文件中的关系如图 4-20 所示。

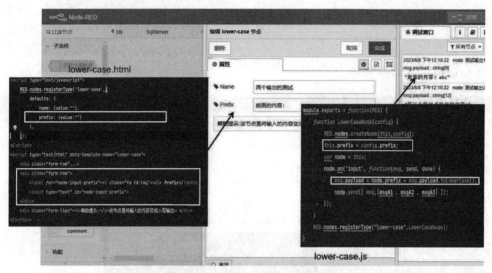

图 4-20　自定义节点 defaults 对象在 JavaScript 文件和 .html 文件中的关系

用户可以在 defaults 对象中定义属性的默认值和配置选项。当用户在 Node-RED 编辑器中创建或编辑节点时，这些默认值和配置选项将被加载和显示。

例如，可以定义一个名为 name 的属性，并设置其默认值为一个空字符串。这样，当用户在编辑器中创建新节点时，name 属性将显示为一个文本框，并显示为空。用户可以根据需要修改该属性的值。

在 4.1 节示例中，该节点有一个名为 name 的属性。在本节中，我们将添加一个名为 prefix 的新属性：

1）向 defaults 对象添加一个新条目：

```
defaults:{
    name:{value:""},
    prefix:{value:""}
},
```

该条目包括 value 将此类型的新节点拖到工作区时使用的默认值。

2）向节点的编辑模板添加条目：

```
<div class="form-row">
    <label for="node-input-prefix"><i class="fa fa-tag"></i>
```

```
        Prefix</label>
        <input type="text"id="node-input-prefix">
 </div>
```

该模板应包含一个设置为 <input> 的元素。按照以下规则设置 ID：

```
node-input-<propertyname>
```

单击节点，查看节点属性编辑器，界面如图 4-21 所示。

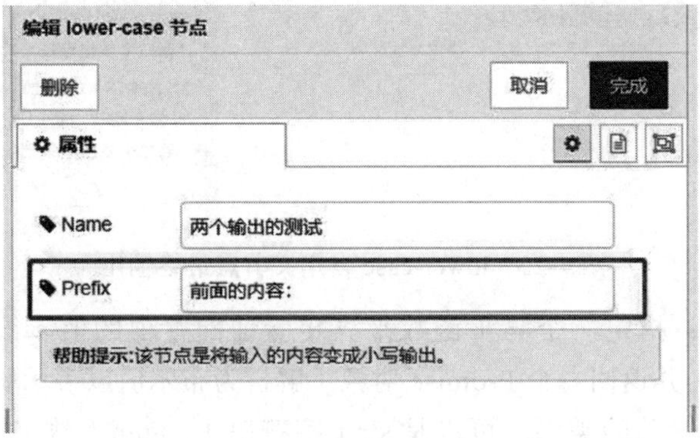

图 4-21　defaults 对象中添加属性

3）使用节点属性：

```
function LowerCaseNode(config){
    RED.nodes.createNode(this,config);
    this.prefix=config.prefix;
    var node=this;
    this.on('input',function(msg){
        msg.payload=node.prefix+msg.payload.toLowerCase();
        node.send(msg);
    });
 }
```

按照上面的代码，输出内容如图 4-22 所示。

上面的示例只是展示了最简单的属性定义。除了基础的 value 配置选项以外，我们还可以为配置项设置不同的默认配置选项。以下是一些常见的配置选项。

- value：设置配置项的默认值。可以是字符串、数字、布尔值、数组或对象。
- required：指定配置项是否为必填项。设置为 true 表示必填，设置为 false 或省略表示可选，默认为可选。
- validate：指定一个函数用于验证配置项的值。该函数接收一个参数（配置项的值）并返回一个布尔值以表示验证结果。

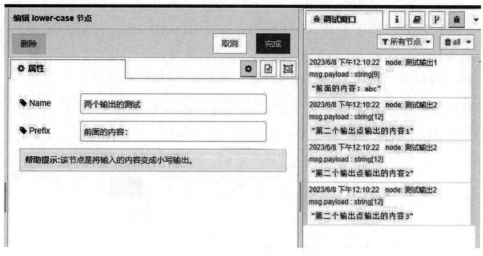

图 4-22 lower-case 自定义节点最终输出

- validateAsync：指定一个异步函数来异步验证配置项的值。该函数接收一个参数（配置项的值）并返回一个 Promise 对象（解析为布尔值以表示验证结果）。
- type：指定配置项的类型，可以是 str（字符串）、num（数字）、bool（布尔值）、json（JSON 对象）、env（环境变量）等。
- label：配置项的标签文本，用于显示在节点的配置界面中。
- tooltip：配置项的工具提示文本，用于提供额外的说明或帮助信息。
- options：针对选择类型的配置项，指定可选的选项列表。可以是一个数组或一个返回数组的函数。
- rows：针对多行文本类型的配置项，指定文本框的行数。
- cols：针对多行文本类型的配置项，指定文本框的列数。

这些配置选项可以根据节点的需要进行组合使用，以实现对节点配置项的默认值和验证行为进行自定义设置。请根据节点的具体需求选择适当的配置选项并为其设置默认值。这里需要注意有一些保留名称不得使用，具体如下。

- 任何单个字符，-x、y、z、d、g、l 已被使用，其他保留供将来使用。
- id、type、wires、inputs、outputs。

4.3.4　帮助文本

节点的帮助文本描述了节点的使用，将显示在编辑器的节点帮助选项中，具体如图 4-23 所示。

选择节点后，帮助文本将显示在信息选项卡中，以对节点的作用提供有意义的描述。它应该确定在传出消息上设置的属性以及在传入消息上设置的属性。将鼠标悬停在节点面板的节点上时，第一个标签的内容将作为工具提示显示给用户。

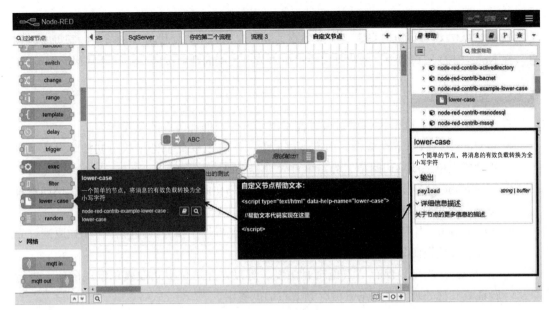

图 4-23　帮助文本

```
<script type="text/html"data-help-name="lower-case">
    <p>一个简单的节点，将消息的有效负载转换为全小写字符 .</p>
    <h3>输出 </h3>
    <dl class="message-properties">
        <dt>payload
            <span class="property-type">string | buffer</span>
        </dt>
        <h3>详细信息描述 </h3>
        <p>关于节点的更多信息描述 .</p>
    </dl>
</script>
```

这段代码是一个 HTML 模板，用于提供节点帮助文本的内容。它包含有关节点的描述、输出和其他详细信息。在这个模板中，data-help-name 属性指定了节点类型的名称 lifesmart in，以便关联帮助文本和节点类型。模板内容如下。

- <p> 标签内的文本是关于节点的一些有用的帮助文本，用于介绍节点的作用和用途，如此示例中描述这个节点的用途 "一个简单的节点，将消息的有效负载转换为全小写字符"。
- <h3> 标签指示下面的内容是关于节点输出的描述。
- <dl> 和 <dt> 标签用于定义消息属性，其中 <dt> 标签内的文本是属性的名称，而 <span> 标签内的文本是属性的类型。
- <h3> 标签指示下面的内容是关于节点详细信息的描述。

● <p> 标签内的文本提供了关于节点的更多信息的描述。

这段 HTML 模板可以与自定义节点类型关联，以便为用户提供有关该节点的帮助文档信息。在 Node-RED 编辑器中，用户可以通过单击节点类型的帮助按钮来访问这些帮助文档。

4.3.5　编辑器事件

在自定义节点的 .html 文件中，可以使用以下事件来处理节点的交互行为。

● oneditprepare: 当节点编辑界面准备好时触发。可以在此事件中执行初始化操作，例如设置表单字段的初始值、绑定事件处理程序等。

● oneditcancel: 当用户取消节点编辑时触发。可以在此事件中执行清理操作，例如重置表单字段的值或取消订阅事件。

● oneditdelete: 当用户删除节点时触发。可以在此事件中执行清理操作，例如取消订阅事件、释放资源等。

● oneditsave: 当用户保存节点编辑时触发。可以在此事件中获取表单字段的值，进行验证或其他处理，并将结果保存到节点的配置中。

● oneditresize: 当节点编辑界面尺寸发生变化时触发。可以在此事件中根据界面尺寸调整布局或元素样式。

4.3.6　节点凭证

在自定义节点中，节点凭证是指用于存储敏感信息或需要保密的配置数据的属性。节点凭证可以包括用户名、密码、API 密钥等。举例，如果需要在节点中输入密码之类的一些需要加密的数据，那么在 HTML 页面中将无法获取用户输入的内容，这样可以防止安全问题发生。

节点凭证的作用是使节点能够安全地访问外部服务或资源，同时保护用户的敏感信息不被泄露。通常，节点凭证是通过 Node-RED 的凭证系统进行管理的。用户可以在 Node-RED 编辑器中为节点配置凭证，然后在节点代码中使用这些凭证来进行认证、授权或其他需要的操作。

自定义节点可以定义需要使用凭证的属性，并将其配置为从节点凭证中获取相应的值。这样，用户在编辑节点时可以为这些属性设置凭证，而不需要直接在节点代码中暴露敏感信息。节点凭证设置如图 4-24 所示。

使用节点凭证可以提高节点的安全性和可维护性，同时使用户能够轻松管理和更新凭证信息。要将凭据添加到节点，可执行以下步骤。

1）向 .html 文件的节点定义中添加一个新 credentials 条目：

```
credentials:{
    username:{type:"text"},
    password:{type:"password"}
},
```

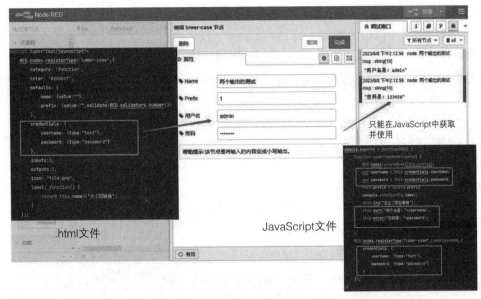

图 4-24　节点凭证设置

2）在 .html 文件中添加节点配置界面的实现代码：

```
<div class="form-row">
    <label for="node-input-username"><i class="fa fa-tag"></i>
    用户名</label>
    <input type="text"id="node-input-username">
</div>
<div class="form-row">
    <label for="node-input-password"><i class="fa fa-tag"></i>
    密码</label>
    <input type="password"id="node-input-password">
</div>
```

请注意，该模板使用与 ID 常规节点属性设置相同的约定规则。

3）在节点的 JavaScript 文件中，增加这个凭证的定义：

```
RED.nodes.registerType("my-node",MyNode,{
    credentials:{
        username:{type:"text"},
        password:{type:"password"}
    }
});
```

上文介绍了节点凭证如何定义，接下来介绍节点凭证如何使用。

1. 访问凭证的使用

（1）在运行时中使用凭证

在运行时中，节点可以使用以下 credentials 属性访问其凭证：

```
function lower-case(config){
    RED.nodes.createNode(this,config);
    var username=this.credentials.username;
    var password=this.credentials.password;
}
```

（2）在编辑器中使用凭证

在编辑器中，节点限制了对其凭证的访问。属性下的任何文本类型都可用凭证方式来处理。但是，password 类型的凭证不可用。

```
oneditprepare: function(){
    //this.credentials.username 可以被使用
    //this.credentials.password 不能被使用
    //this.credentials.has_password 属性通常用于确定用户是否在运行时为
    节点提供了密码
    ...
}
```

2. 高级凭证使用

虽然前文概述的凭证系统可满足大多数情况的需求，但在某些情况下，有必要在凭证中存储比用户提供的值更多的值。例如，对于支持 OAuth 工作流的节点，它必须保留用户永远看不到的服务器分配的令牌。这种情况下需要在 JavaScript 文件中自行进行加解密等操作。

4.3.7 节点外观

自定义节点外观自定义包括图标、背景色、标签。

1. 图标

节点的图标由其定义中的属性指定。属性值类型可以是字符串、函数。如果属性值类型为字符串，则该字符串用作图标的名称。如果属性值类型是函数，该函数将在节点首次加载或编辑后用于计算。该函数返回值作为图标文件名。

```
...
icon:"file.png",
...
```

该图标可以是：

● Node-RED 提供的内置图标。

● 模块提供的自定义图标。

● Font Awesome 4.7 图标。

（1）内置图标

内置图标如图 4-25 所示。

图 4-25　内置图标

（2）自定义图标

icons 节点可以在与它的 .js 和 .html 文件一起调用的目录中提供自己的图标。当在编辑器中查找给定的图标文件名时，这些目录会添加到搜索路径中。因此，图标文件名必须是唯一的。

图标在透明背景上应为白色，纵横比为 2:3，最小尺寸为 40px × 60px。

（3）Font Awesome 4.7 图标

Node-RED 包含全套 Font Awesome 4.7 图标。要指定 Font Awesome 图标，应采用以下形式：

```
...
icon:"font-awesome/fa-automobile",
...
```

2. 背景色

节点背景色是快速区分不同节点类型的主要方式之一。它由 color 节点定义中的属性指定。

```
...
color:"#a6bbcf",
...
```

Node-RED 使用了柔和的节点面板背景色。新节点应尝试找到适合此节点面板的颜色。

图 4-26 所示是一些 Node-RED 内置的常用背景色。

#3FADB5	#87A980	#A6BBCF
#AAAA66	#C0C0C0	#C0DEED
#C7E9C0	#D7D7A0	#D8BFD8
#DAC4B4	#DEB887	#DEBD5C
#E2D96E	#E6E0F8	#E7E7AE
#E9967A	#F3B567	#FDD0A2
#FDF0C2	#FFAAAA	#FFCC66
#FFF0F0	#FFFFFF	

图 4-26　Node-RED 内置的常用背景色

3. 标签

节点有 4 个标签属性，分别为 label、paletteLabel、outputLabel 和 inputLabel。

（1）节点标签

工作区中节点的 label 属性可以是一段静态文本。该属性值类型可以是字符串、函数。如果该属性值类型是字符串，则字符串用作标签名称。如果该属性值类型是函数，该函数将在节点首次加载或编辑后用于计算。该函数返回值作为标签的名称。以下示例显示了如何设置 labe，以获取此属性的值或默认为合理的值。

```
...
label:function(){
    return this.name||"lower-case";
},
...
```

请注意，无法在标签函数中使用凭证属性。

（2）节点面板标签

节点面板标签用在节点出现在面板时显示标签文字，可被 paletteLabel 属性覆盖。与 label 一样，此属性值类型可以是字符串、函数。如果该值类型是函数，节点被添加到节点面板时，函数被执行一次。

（3）标签样式

标签样式也可以使用 labelStyle 属性来动态设置。目前，此属性为要应用的 css 类。如果未指定，它将使用默认 node_label 类。还有一个可以直接使用的标签样式是 node_label_italic，如图 4-27 所示。

图 4-27　自定义节点标签样式

（4）节点标签样式

以下示例显示了如何设置 labelStyle 属性：

```
...
labelStyle: function(){
    return this.name?"node_label_italic":"";
},
...
```

（5）对齐方式

默认情况下，图标和标签在节点中左对齐。对于位于流程末尾的节点，惯例是右对齐内容。可以通过将节点定义中的属性 align 设置为 right 来实现，如图 4-28 所示。

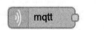

图 4-28　节点标签对齐

```
...
align:'right',
...
```

（6）端口标签

节点可以在其输入和输出端口上提供标签。将鼠标悬停在端口上可以看到这些标签，如图 4-29 所示。

这些端口标签可以由节点的 .html 文件进行静态指定：

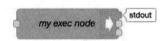

图 4-29　端口标签

```
...
inputLabels:"parameter for input",
outputLabels:["stdout","stderr","rc"],
...
```

也可以由函数生成，传递一个 index 作为参数，从 0 开始进行动态指定：

```
...
outputLabels: function(index){
    return"my port number"+index;
}
...
```

在这两种情况下，用户都可以在端口自定义标签界面设置覆盖节点代码中的标签，如图 4-30 所示。

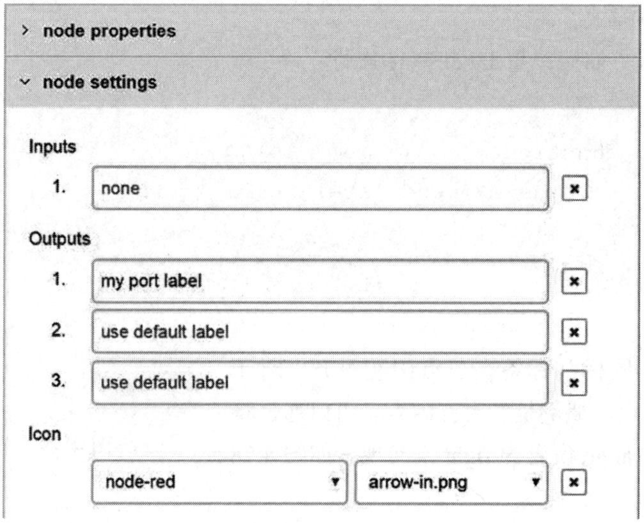

图 4-30 在端口自定义标签界面设置覆盖节点代码中的标签

💡 注意：

标签不是动态生成的，不能通过 msg 属性设置。

4. 按钮

节点左侧或右侧边缘可以有按钮。一般来说，节点上不应该有按钮。inject 和 debug 节点是特殊情况，它们拥有按钮。

节点定义中的 button 属性用于描述按钮的行为。它必须至少提供一个在单击按钮时将被调用的函数。

```
...
button:{
    onclick: function(){
        // 当按钮被单击时调用的函数
    }
}
...
```

button 属性还可以定义一个 enabled 函数，以根据节点的当前配置动态启用和禁用按钮。同样，它可以定义一个 visible 函数来确定按钮是否显示。

```
...
button:{
    enabled:function(){
```

```
        // 根据节点当前的配置，返回按钮是否启用的布尔值
        return !this.changed;
    },
    visible:function(){
        // 根据节点当前的配置，返回按钮是否可见的布尔值
        return this.hasButton;
    },
    onclick: function(){
        // 当按钮被单击时调用的函数
    }
}
...
```

上述代码片段在自定义节点的设置中定义了一个按钮，并指定了以下属性。

- enabled：根据节点当前的配置返回一个布尔值，表示按钮是否启用。在示例中，按钮将根据节点的 changed 属性的取反结果来确定是否启用。
- visible：根据节点当前的配置返回一个布尔值，表示按钮是否可见。在示例中，按钮将根据节点的 hasButton 属性的值来确定是否可见。
- onclick：指定当按钮被单击时要调用的函数。

你也可以根据需要在这些函数中编写自定义的逻辑来确定按钮的启用状态、可见性以及单击事件的处理，实现代码如下：

```
...
defaults:{
    ...
    buttonState:{value:true}
    ...
},
button:{
    toggle:"buttonState",
    onclick:function(){}
}
...
```

4.4　配置节点

在 Node-RED 中，配置节点又叫 Config Node，是一种特殊类型的节点，用于存储配置

信息，以供其他节点在流程中共享和重用。它允许定义一组配置参数，并在整个流程中引用这些参数。其他节点可以使用这些配置参数来配置其行为，从而实现配置的集中管理和重复使用。

通过创建配置节点，你可以将一组常用的配置参数集中在一个地方，并在需要时在流程中多次使用它们。这样可以提高流程的可维护性和可重用性，减少配置的冗余和重复构建。

配置节点通常用于存储连接、API 密钥、数据库等的常用配置参数。当你需要在多个节点中使用相同的配置时，使用配置节点可以简化配置过程，并确保配置的一致性和集中管理。

Node-RED 的节点中有几个常用配置节点，具体如下。

1）mqtt-broker 节点：用于配置 MQTT 代理的连接信息，包括主机、端口、用户名、密码等。

2）mongodb 节点：用于配置 MongoDB 数据库的连接信息，包括主机、端口、数据库名称、身份验证等。

3）mysql 节点：用于配置 MySQL 数据库的连接信息，包括主机、端口、数据库名称、用户名、密码等。

4）file 节点：用于配置文件系统的访问信息，包括文件路径、读写权限等。

5）http request 节点：用于配置 HTTP 请求的 URL、方法、请求头、身份验证等信息。

6）websocket in 节点和 websocket out 节点：用于配置 WebSocket 连接的 URL、子协议等信息。

这些配置节点允许你在整个流程中定义和管理连接信息、数据库配置、文件路径等常用配置参数，以便其他节点可以引用并使用它们。通过使用配置节点，你可以更方便地管理和维护这些配置参数，并确保它们在流程中的一致性和可重用性。配置节点使用方式如图 4-31 所示。

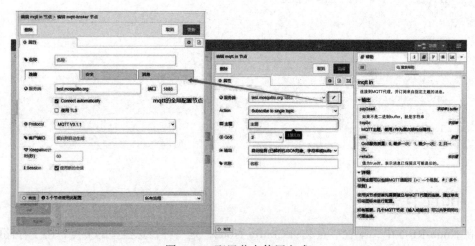

图 4-31 配置节点使用方式

4.4.1　定义配置节点

配置节点的定义方式与其他节点相同，主要有两个区别。

● category 属性设置为 config。

● 编辑模板 <input> 元素的 ID 为 node-config-input-<propertyname>。

配置节点的实例 remote-server.html 和 remote-server.js 内容分别如下。

remote-server.html 实例内容：

```
<script type="text/javascript">
    RED.nodes.registerType('remote-server',{
        category:'config',
        defaults:{
            host:{value:"localhost",required:true},
            port:{value:1234,required:true,validate:RED.validators.
            number()},
        },
        label:function(){
            return this.host+":"+this.port;
        }
    });
</script>
<script type="text/html"data-template-name="remote-server">
    <div class="form-row">
        <label for="node-config-input-host"><i class="fa fa-
        bookmark"></i> Host</label>
        <input type="text" id="node-config-input-host">
    </div>
    <div class="form-row">
        <label for="node-config-input-port"><i class="fa fa-
        bookmark"></i> Port</label>
        <input type="text"id="node-config-input-port">
    </div>
</script>
```

remote-server.js 实例内容：

```
module.exports=function(RED){
    function RemoteServerNode(n){
        RED.nodes.createNode(this,n);
        this.host=n.host;
```

```
        this.port=n.port;
    }
    RED.nodes.registerType("remote-server",RemoteServerNode);
}
```

在此示例中，节点充当配置的简单容器。配置节点的一个常见用途是表示与远程系统的共享连接。配置节点可以负责创建连接并且和使用配置节点的节点共用该连接。在这种情况下，配置节点还应该处理节点停止时断开连接的 close 事件。

4.4.2　使用配置节点

自定义节点通过将类型设置为配置节点并向 defaults 数组添加一个属性来注册此配置节点，代码如下：

```
defaults:{
    server:{value:"",type:"remote-server"},
},
```

与其他属性一样，编辑器会在编辑模板中查找 ID 为 node-input-<propertyname> 的 <input> 元素。与其他属性不同的是，编辑器会将此 <input> 元素替换为一个填充有的配置节点可用实例的 <select> 元素，以及用于打开配置节点编辑对话框的按钮，如图 4-32 所示。

图 4-32　节点配置选择

然后，节点可以使用此配置节点属性在运行时访问配置节点。

```
module.exports=function(RED){
    function MyNode(config){
        RED.nodes.createNode(this,config);
        // 获取配置节点
        this.server=RED.nodes.getNode(config.server);
        if(this.server){
            // 使用 this.server.host 和 this.server.port 执行一些操作
        }else{
            // 没有配置节点被配置
        }
    }
    RED.nodes.registerType("my-node",MyNode);
}
```

4.5　节点帮助文本编写指南

一个受欢迎的自定义节点一定有一个详细且易读的帮助文档。从 Node-RED 2.1.0 开始，帮助文本可以用 Markdown 而不是 HTML 文本格式提供。在这种情况下，type 标签的属性必须是 markdown、text。创建 Markdown 帮助文本时要注意缩进，因为 Markdown 对空格敏感，因此所有行的标签内都不应有前导空格。

本节提供了节点帮助文本编写的介绍。帮助文本的单项内容长度不超过 3 行。第一行显示鼠标悬停在节点面板的节点上时的工具提示。

如果节点有输入，输入部分描述节点将使用的消息的属性。输入部分还可以提供每个属性的预期类型。描述应该是简短易读的，如图 4-33 所示。

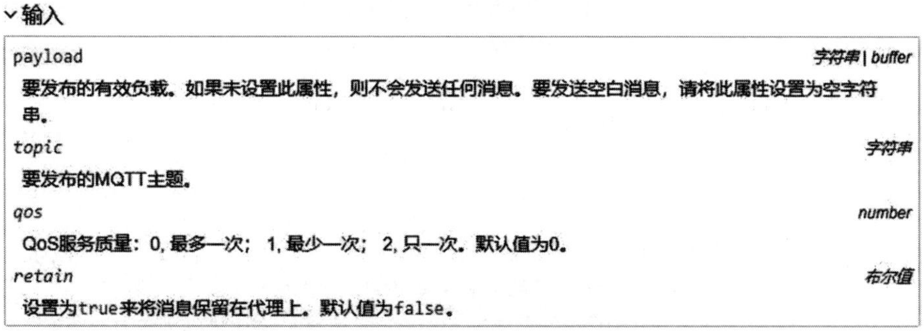

> **∨ 输入**
>
> **payload**　　　　　　　　　　　　　　　　　　　　　　　　　　　*字符串 | buffer*
> 要发布的有效负载。如果未设置此属性，则不会发送任何消息。要发送空白消息，请将此属性设置为空字符串。
>
> **topic**　　　　　　　　　　　　　　　　　　　　　　　　　　　　　*字符串*
> 要发布的MQTT主题。
>
> **qos**　　　　　　　　　　　　　　　　　　　　　　　　　　　　　*number*
> QoS服务质量：0，最多一次；1，最少一次；2，只一次。默认值为0。
>
> **retain**　　　　　　　　　　　　　　　　　　　　　　　　　　　　*布尔值*
> 设置为true来将消息保留在代理上。默认值为false。

图 4-33　节点帮助文档输入部分示例

如果节点有输出，与输入部分一样，此部分描述节点将发送的消息的属性。如果节点有多个输出，则可以为每个输出提供单独的属性列表，如图 4-34 所示。

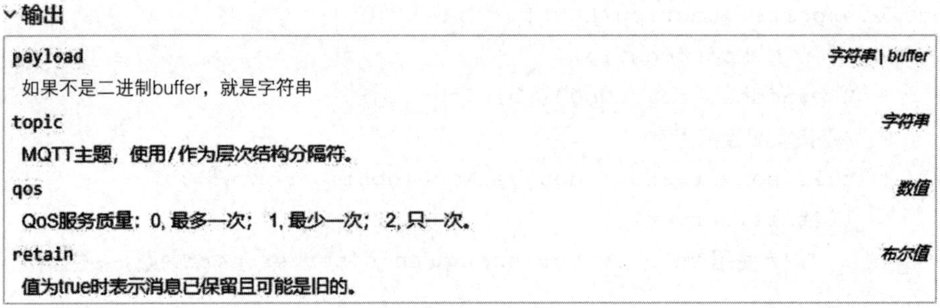

图 4-34 节点帮助文档输出部分示例

上面示例的实现如下：

```html
<script type="text/html"data-help-name="node-type">
    <p>连接到 MQTT 代理并发布消息。</p>
    <h3>输入</h3>
        <dl class="message properties">
            <dt>payload
                <span class="property-type">string|buffer</span>
            </dt>
            <dd>要发布的消息的负载。</dd>
            <dt class="optional">topic <span class="property-type">
            string</span></dt>
            <dd>要发布的 MQTT 主题。</dd>
        </dl>
    <h3>输出</h3>
        <ol class="node-ports">
            <li>标准输出
                <dl class="message-properties">
                    <dt>payload <span class="property-type">string
                    </span></dt>
                    <dd>命令的标准输出。</dd>
                </dl>
            </li>
            <li>标准错误
                <dl class="message-properties">
                    <dt>payload <span class="property-type">string
                    </span></dt>
                    <dd>命令的标准错误。</dd>
                </dl>
```

```
              </li>
           </ol>
       <h3>详情</h3>
           <p><code>msg.payload</code>用作发布消息的负载。
           如果它包含一个对象，将在发送之前将其转换为 JSON 字符串。
           如果它包含一个二进制 Buffer，消息将原样发布。</p>
           <p>可以在节点中配置要使用的主题，如果留空，则可以通过 <code>msg.
           topic</code> 设置。</p>
           <p>同样，可以在节点中配置 QoS 和 Retain 值，如果留空，则可以通过 <code>
           msg.qos</code> 和 <code>msg.retain</code> 分别设置。</p>
       <h3>参考资料</h3>
           <ul>
           <li><a>Twitter  API 文档</a>-<code>msg.tweet</code> 属性的完
           整描述</li>
           <li><a>GitHub</a> - 节点的 GitHub 存储库</li>
           </ul>
</script>
```

4.5.1　帮助文本中的章节标题

每个部分都必须用 <h3> 标签标记。如果详细内容部分需要子标题，必须使用 <h4> 标签。

```
<h3>输入</h3>
...
<h3>详细内容</h3>
...
<h4>小节内容</h4>
...
```

4.5.2　消息属性

消息属性列表用 <dl> 标签标记。该列表必须具有 message-properties 的类属性。列表中的每个项目都由一对 <dt> 和 <dd> 标签组成。每个 <dt> 包含属性名称和一个可选的 <span class="property-type">（其中包含属性的预期类型）。如果该属性是可选的，<dt> 应具有 class 属性 optional。每个 <dd> 都包含属性的简短描述。

```
<dl class="message-properties">
    <dt>payload
```

```
    <span class="property-type">string|buffer</span>
</dt>
<dd> 消息要发布的有效负载。</dd>
<dt class="optional">topic
    <span class="property-type">string</span>
</dt>
<dd> 要发布的 MQTT 主题。</dd>
</dl>
```

4.5.3　多个输出

如果节点有多个输出，每个输出都应该有自己的消息属性列表。这些消息属性列表应包含在 <ol> 的标签中，此标签的 class 为 node-ports。列表中的每一项都应包含对输出的简短描述，在 <ol> 标签下通过 <dl> 标签来表示消息属性列表。

```
<ol class="node-ports">
    <li> 标准输出
        <dl class="message-properties">
            <dt>payload <span class="property-type">string</span>
            </dt>
            <dd> 命令的标准输出。</dd>
        </dl>
    </li>
    <li> 标准错误
        <dl class="message-properties">
            <dt>payload <span class="property-type">string</span>
            </dt>
            <dd> 命令的标准错误输出。</dd>
        </dl>
    </li>
</ol>
```

4.5.4　通用规则

当引用上述消息属性列表之外的消息属性时，它们应该加上前缀 msg.，以让读者清楚它是什么。它们应该包裹在 <code> 标签中：

相应的信息在 <code>msg.payload</code> 中

不应在帮助文本的正文中使用其他样式标签（例如 <b>、<i>）。帮助文本的描述不应假定读者是经验丰富的开发人员或非常熟悉公开的任何节点内容，最重要的是简洁清晰地进行描述。

4.6　单元测试

为了支持单元测试，你可以使用名为 node-red-node-test-helper 的 NPM 模块。test-helper 是一个构建在 Node-RED 运行时上的框架，可以更轻松地测试节点。使用此框架，你可以创建测试流程，然后调试节点属性和输出是否按预期工作。例如，要将单元测试添加到 lower-case 自定义节点，你可以将 test 文件夹添加到节点模块包中，其中包含一个名为 _spec.js 的文件。此例中 test/lower-case_spec.js 文件代码如下：

```
var helper=require("node-red-node-test-helper");
var lowerNode=require("../lower-case.js");
describe('lower-case Node',function(){
afterEach(function(){
    helper.unload();
});
it('应该被加载',function(done){
    var flow=[{
        id:"n1",
        type:"lower-case",
        name:"测试名称"
}];
    helper.load(lowerNode,flow,function(){
      var n1=helper.getNode("n1");
      n1.should.have.property('name','测试名称');
      done();
    });
});

it('应该将有效负载转换为小写',function(done){
    var flow=[{
        id:"n1",
        type:"lower-case",
        name:"测试名称",
        wires:[["n2"]]
      },
```

```
        {
            id:"n2",
            type:"helper"
        }
    ];
    helper.load(lowerNode,flow,function(){
        var n2=helper.getNode("n2");
        var n1=helper.getNode("n1");
        n2.on("input",function(msg){
            msg.should.have.property('payload','uppercase');
            done();
        });
        n1.receive({payload:"UpperCase" });
    });
});
});
```

这段代码用于测试自定义节点的行为和功能。它使用了 node-red-node-test-helper 模块来进行节点的加载和测试。首先，使用 require 语句引入了 node-red-node-test-helper 模块和自定义节点的代码文件。然后，使用 describe 函数定义了一个名为 lower-case Node 的测试套件。该套件中定义了两个测试用例。每个测试用例都使用 it 函数来定义。

第一个测试用例检查节点是否能够成功加载，并验证节点的名称是否正确。它通过创建一个包含节点配置的流程，并使用 helper.load 函数加载该流程。然后，通过 helper.getNode 函数获取节点实例，并验证节点的名称是否与预期相符。

第二个测试用例检查节点是否能够正确将输入消息的有效负载转换为小写形式。它通过创建一个包含节点配置的流程，并使用 helper.load 函数加载该流程。然后，使用 helper.getNode 函数获取节点实例和测试助手实例。接下来，监听助手实例的 input 事件，当助手实例接收到消息时检查消息的有效负载是否为小写形式。最后，通过调用节点实例的 receive 方法向节点发送消息，触发节点的处理逻辑。

在每个测试用例的末尾，使用 done 回调函数通知测试框架测试已完成。在每个测试用例之间使用 afterEach 函数执行一些清理操作（例如卸载节点），以确保测试之间的状态隔离。这段代码可以帮助测试自定义节点的加载、属性设置和功能实现是否正确。

4.7 国际化

Node-RED 之所以受到全球开发人员的喜爱，国际化是很重要的一个原因。每个自定义节点的开发者都应该考虑语言问题。如图 4-35 所示在不同的语言环境中，显示文字会被翻译。

图 4-35 国际化界面对比

一个节点可以被打包为一个合适的模块。模块中可以包含一个 message 目录，以便在编辑器和运行时提供翻译的内容。下面是自定义节点的定义：

```
"name":"my-node-module",
"node-red":{
    "myNode":"myNode/my-node.js"
}
```

模块中可能存在以下消息文件，表示节点经过国际化处理，可以显示多国语言。

```
myNode/locales/__language__/my-node.json
myNode/locales/__language__/my-node.html
```

该 locales 目录必须与节点 .js 文件位于同一目录中。路径中的 __language__ 部分标识相应文件提供的语言。默认情况下，Node-RED 使用 en-US 语言。

4.7.1 消息文件

消息文件是一个 JSON 文件，就是上节的 my-node.json 文件，其中包含节点可能在编辑器中显示或在运行时中记录的任何文本片段。消息文件内容示例如下：

```
{
    "myNode":{
        "message1":"This is my first message",
        "message2":"This is my second message"
    }
}
```

消息文件在特定节点的命名空间加载。对于上示例定义的节点，消息文件存放的目录将使用 my-node-module/myNode 的命名空间。核心节点使用 node-red 命名空间。简单来说，按照规则你不用使用 node-red 的名字开始编写 message 的内容，这样会覆盖 Node-RED 主体的翻译内容。

4.7.2 使用 i18n 消息

运行时和编辑器都为节点提供了从目录中查找消息的功能。此功能已预先确定了节点自己的命名空间，因此不必在消息标识符中包含命名空间。

1. 运行时 function 节点的代码中的国际化

在节点的运行时部分，可以使用 RED._() 函数访问消息，这样在 function 节点的代码中也可以实现多国语言的内容显示。例如：

```
console.log(RED._("myNode.message1"));
```

2. 状态消息的国际化

如果节点向编辑器发送状态消息，应该将 text 设置为消息标识符，如：用 myNode.status.ready 来显示消息状态。这样，状态消息也可以实现多国语言的内容显示。

```
this.status({fill:"green",shape:"dot",text:"myNode.status.ready"});
```

node-red 目录中有许多常用的状态消息。这些状态消息可以通过在消息标识中包含名称空间来使用，不用自己重复建立：

```
this.status({fill:"green",shape:"dot",text:"node-red:common.status.connected"});
```

3. HTML 文件中的国际化

节点模板中提供的任何 HTML 元素都可以指定一个 data-i18n 属性来提供要使用的消息标识，例如：

```
<span data-i18n="myNode.label.name"></span>
```

此代码在中文版本中会转换为最终 HTML 代码进行显示，如：

```
<span><姓名/span>
```

如果要实现 HTML 标签中属性的国际化，则需要用中括号来表示这个要被国际化的属性，例如在 <input> 标签的 data-i18n 属性中放入 [placeholder] 来表示此处需要对 placeholder 属性进行国际化工作，代码如下：

```
<input type="text"data-i18n="[placeholder]myNode.placeholder.setname">
```

除了单独设置一个属性以外，也可以组合这些属性以指定多个词语被替换。例如，同

时设置标题属性和显示的文本:

```
<a href="#"data-i18n="[title]myNode.label.linkTitle;myNode.label.
linkText"></a>
```

此代码在中文版本中会转换为最终 HTML 代码显示,如:

```
<a href="#"title=" 链接标题 "> 链接内容 </a>
```

除了 data-i18n 属性外,所有节点定义函数(例如 oneditprepare)都可以通过 this._() 函数来使用国际化消息,代码如下:

```
oneditprepare:function(){
var user_name=this._('name');// 此处会获取国际化消息,如中文状态下为 ' 姓名 '
}
```

4.8 在编辑器中加载额外资源

节点可能需要在编辑器中加载额外的资源,例如,在节点帮助文本中加载图像或外部 JavaScript 和 CSS 文件。在 Node-RED 早期版本中,节点必须创建自定义 HTTP 管理端点来提供这些资源。对于 Node-RED 1.3 或更高版本,模块根目录中 resources 目录下的所有内容都可以直接使用到编辑器中。

例如,给定以下模块结构:

```
node-red-node-example
  |-resources
  |   |-image.png
  |   \-library.js
  |-example-node.js
  |-example-node.html
  \-package.json
```

默认的 Node-RED 配置会将这些资源文件公开为以下访问方式:

- http://localhost:1880/resources/node-red-node-example/image.png
- http://localhost:1880/resources/node-red-node-example/library.js

---

💡 **注意:**

如果使用模块内的资源文件,则需要在路径内包含 @scope 和模块名称:http://localhost:1880/resources/@scope/node-red-contrib-your-package/somefile

---

在编辑器中加载资源时,节点必须使用相对 URL 而不是绝对 URL。针对上面的示例,

可以使用以下 HTML 在编辑器中加载这些资源：

- <img src="resources/node-red-node-example/image.png"/>。
- <script src="resources/node-red-node-example/library.js">。

请注意，URL 不以"/"开头，如：/resources/node-red-node-example/library.js，这样会被解析成绝对路径。

4.9 将子流程打包为模块

子流程也可以被打包到自定义节点。如果你选择发布自己的子流程，请确保它已经过全面测试。子流程可以打包为 NPM 模块并像其他节点一样分发。安装后，它们将作为常规节点出现在选项板中。用户无法查看或修改子流程中的流。在此阶段，创建子流程模块是一个手动过程，需要手动编辑子流程的 JSON 文件。

4.9.1 创建子流程

任何子流程都可以打包为一个模块。在这样做之前，你需要考虑如何使用它。以下清单是需要考虑的事项。

- 配置：需要在子流程中配置什么。可以定义子流程属性以及提供什么 UI 以通过子流程属性编辑对话框设置这些属性。
- 错误处理：有些错误需要在子流程内部处理，有些错误可能需要从子流程中传递出去，以允许最终用户处理。
- 状态：可以将自定义状态输出添加到可由状态节点处理的子流程中。
- 外观：确保为创建的子流程提供对其功能有意义的图标、颜色和类别。

4.9.2 添加子流程元数据

子流程可以保存额外的元数据。这些元数据可用于定义子流程将被打包到的模块。在子流程模块属性编辑对话框中，你可以设置以下属性。

- Module- npm：包名称
- Node Type：默认为子流程的 ID 属性。与常规节点类型一样，它必须是唯一的，以避免与其他节点发生冲突。
- Version：子流程的版本号。
- Description：子流程的描述。
- License：子流程的许可信息。
- Author：子流程的作者信息。
- Keywords：子流程的查询关键字。

4.9.3　创建模块

- 利用你想给模块命名的名字创建目录。在本例中，我们将使用 node-red-example-subflow 创建目录：

```
$ mkdir node-red-example-subflow
$ cd node-red-example-subflow
```

- 利用 npm init 命令创建 package.json 文件：

```
$ npm init
```

- 添加一个 README.md 文件，因为所有好的模块都必须有一个自述文件。
- 为模块创建一个 JavaScript 包装器。以下为 JavaScript 包装器内容示例：

```
const fs=require("fs");
 const path=require("path");
 module.exports=function(RED){
     const subflowFile=path.join(__dirname,"subflow.json");
     const subflowContents=fs.readFileSync(subflowFile);
     const subflowJSON=JSON.parse(subflowContents);
     RED.nodes.registerSubflow(subflowJSON);
 }
```

上述代码将读取一个名为 subflow.json 的文件的内容，稍后将创建该文件并对其进行解析，然后将其传递给 RED.nodes.registerSubflow 函数。

4.9.4　添加 subflow.json 文件

所有这些都准备就绪后，你现在可以将子流程添加到模块中。

- 在 Node-RED 编辑器中，将子流程的新实例添加到工作区。
- 选择实例后，导出节点并将导出的节点 JSON 文件粘贴到文本编辑器中。如果你在"导出"对话框的 JSON 选项卡上选择"格式化"选项，接下来的步骤会更容易。

JSON 文件的结构是一个节点对象数组。其中，最后一个条目是子流程定义，如下所示：

```
[
    {"id":"Node 1",...},
    {"id":"Node 2",...},
    ...
    {"id":"Node n",...},
    {"id":"Subflow Definition Node",...},
    {"id":"Subflow Instance Node",...}
]
```

- 删除子流程实例节点，即数组中的最后一个条目。
- 将 Subflow Definition Node 移动到文件的顶部，即数组的开头。
- 将子流程定义节点内剩余的节点数组作为名为"flow"的新属性。
- 将调整后的 JSON 文件另存为 subflow.json 文件。

```
{
    "id":"Subflow Definition Node",
    ...
    "flow":[
        {"id":"Node 1",...},
        {"id":"Node 2",...},
        ...
        {"id":"Node n",...}
    ]
}
```

4.9.5　更新 package.json 文件

最后的任务是更新 package.json 文件，以便 Node-RED 知道创建的模块包含什么。添加一个 node-red 部分，其中一个 nodes 部分包含 .js 文件的条目：

```
{
    "name":"node-red-example-subflow",
    ...
    "node-red":{
        "nodes":{
            "example-node":"example.js"
        }
    }
}
```

如果你的子流程使用非默认节点，必须确保 package.json 文件将它们列为依赖项，这将确保节点将与创建的子流程模块一起安装。示例如下：

```
{
    "name":"node-red-example-subflow",
    ...
    "node-red":{
        "nodes":{
            "example-node":"example.js"
```

```
        },
        "dependencies":[
            "node-red-node-random"
        ]
    },
    "dependencies":{
        "node-red-node-random":"1.2.3"
    }
}
```

至此，将子流程打包为模块的操作全部完成，和自定义节点类似。

4.10　打包

自定义节点打包的作用是将节点的相关文件和逻辑封装成一个独立的模块，以便在 Node-RED 中进行共享使用。以下是自定义节点打包的几个主要作用。

- 模块化和复用：通过将节点的代码和资源打包成一个独立的模块，可以实现节点模块化和复用。用户可以轻松安装和使用节点，而无须了解底层的实现细节。
- 共享和发布：打包后的节点模块可以方便地共享和发布给其他 Node-RED 用户。你可以将自己开发的节点分享给其他人，或者从社区中获取其他人开发的节点模块来扩展自己的工作流。
- 版本管理和更新：通过打包的节点模块，你可以更好地管理和更新节点的版本。你可以为节点模块指定版本号，并在需要更新节点时进行版本控制和管理，确保节点的稳定性和可靠性。
- 保护知识产权：通过将节点的源代码打包成模块，你可以更好地保护自己的知识产权。只需提供模块的编译或打包文件，而不必公开源代码，从而保护节点的核心实现。
- 简化部署和安装：打包后的节点模块可以方便地部署和安装到 Node-RED 中。用户只需将模块文件上传到 Node-RED 编辑器或运行时环境，就可以在工作流中使用这些节点，无需手动复制和配置文件。

总之，自定义节点打包使得节点的开发、共享和使用更加便捷和灵活，加快了节点的开发和部署过程，提高了 Node-RED 的扩展性和可用性。

4.10.1　自定义节点命名规则

Node-RED 于 2022 年 1 月 31 日更新了命名要求。以下内容适用于该日期之后首次发布的模块命名。包应该使用作用域名称，例如 @myScope/node-red-sample，@myScope 为作用域名称，这可以是用户范围或组织范围内的作用域。

在作用域名称 @myScope 以下发布的节点不需要进一步满足名称要求。它们可以使用 @myScope/node-red-sample 或只是 @myScope/sample，尽管在名称中包含 node-red 有助于将模块与项目关联起来。

如果你正在派生现有的节点包以提供修复，你可以保留相同的名称，但在自己的作用域 @myScope 下发布。

4.10.2 目录结构

下面是节点包的典型目录结构：

```
├── LICENSE
├── README.md
├── package.json
├── examples
│       ├── example-1.json
│       └── example-2.json
└── sample
    ├── icons
    │   └── my-icon.svg
    ├── sample.html
    └── sample.js
```

对包内使用的目录结构没有严格要求。如果一个包包含多个节点，它们可以都存在于同一个目录中，或者可以分别放在自己的子目录中。示例文件夹必须位于包的根目录中。

4.10.3 在本地测试节点模块

要在本地测试节点模块，可以使用 npm install <folder> 命令。这允许你在本地目录中开发节点，并在开发期间自动链接到本地 Node-RED 中进行运行，也就是说不需要每次修改完代码都进行打包和安装，你可以在此本地目录中直接修改代码，然后重启 Node-RED 即可使用最新更改的自定义节点。

4.10.4 package.json

自定义节点的 package.json 是一个 JSON 文件，用于描述节点模块的元数据和依赖关系。下面是一个自定义节点的 package.json 文件的结构和常见字段示例：

```json
{
  "name":"my-custom-node",
  "version":"1.0.0",
  "description":" 一个 Node-RED 的自定义节点 ",
```

```
  "keywords":[
    "node-red",
    "custom",
    "node"
  ],
  "node-red":{
    "nodes":{
      "my-custom-node":"my-custom-node.js"
    }
  },
  "dependencies":{
    "node-red":"^2.0.0"
  },
  "author":" 作者名称 ",
  "license":"MIT",
  "repository":{
    "type":"git",
    "url":"https://github.com/your-username/my-custom-node.git"
  }
}
```

以下是常见字段的解释。

- name：节点模块的名称，通常采用小写字母和短横线组合的形式。
- version：节点模块的版本号，遵循 Semantic Versioning 规范。
- description：节点模块的描述信息，简要说明节点模块的功能和用途。
- keywords：节点模块的关键词，用于搜索和分类节点模块。
- node-red：包含节点模块的相关配置信息。
  - nodes：指定节点模块的入口文件路径或文件列表。
- dependencies：节点模块的依赖项，列出节点模块所依赖的其他模块及其版本要求。
- author：节点模块的作者姓名或组织名。
- license：节点模块的许可证类型。
- repository：节点模块的源代码仓库信息，指定仓库的类型（如 Git）和 URL。

根据实际需求，你可以在以上示例中修改和添加字段。

4.10.5 自述文件

自定义节点的 README.md 文件又叫自述文件。它是一个文本文件，通常位于节点模块的根目录下，用于提供节点模块的说明文档。README.md 文件的作用如下。

- 介绍节点模块：在 README.md 文件中，你可以提供节点模块的概述和简要说明，介绍节点模块的功能、用途以及解决的问题。这样，其他开发者在使用或浏览你的节点模块时可以快速了解它的基本信息。
- 提供使用说明：你可以在 README.md 文件中提供详细的使用说明，包括节点的输入 / 输出、配置选项的说明、节点属性的解释等。这将帮助其他开发者正确地配置和使用你的节点模块。
- 示例和代码片段：通过在 README.md 文件中提供示例代码和代码片段，你可以展示如何使用你的节点模块，以及一些常见的用法示例。这样，其他开发者可以参考示例代码来更好地理解和使用你的节点。
- 贡献指南：如果你允许其他开发者为你的节点模块做贡献或提出问题，你可以在 README.md 文件中提供贡献指南和联系方式，以便与其他开发者进行交流和合作。
- 其他文档和链接：在 README.md 文件中，你还可以提供其他相关文档、教程、示例工程或相关资源的链接，以便其他开发者进一步了解和学习你的节点模块。

所以，README.md 文件是节点模块的文档中心，它提供了一个集中的位置，使其他开发者能够更好地理解、使用你的节点模块。编写清晰、详细和易于理解的 README.md 文件将对你的节点模块的推广和使用产生积极的影响。该文件应该使用 GitHub 风格的 Markdown 文本语法进行书写。

4.10.6　许可证文件

在自定义节点中，许可证文件用于指定节点模块的许可证类型和相关条款。许可证文件通常命名为 LICENSE 或 LICENSE.txt，位于节点模块的根目录下。

许可证文件的作用如下。

- 许可证类型：许可证文件明确指定了节点模块所使用的许可证类型，例如 MIT License、Apache License、GNU General Public License (GPL) 等。许可证类型描述了节点模块的使用、修改和分发的条件。
- 条件和限制：许可证文件详细描述了节点模块的许可条件和限制。这些条件和限制可以包括许可证的免责声明、作者的版权声明、责任限制、使用约束等。开发者和用户在使用节点模块时需要遵守这些条件和限制。
- 共享代码：许可证文件可以指明节点模块的许可条件，如是否允许其他开发者使用、修改和分发节点模块的源代码。不同类型的许可证具有不同的共享要求，例如某些许可证要求源代码必须以相同的许可证类型共享，而某些许可证可能允许以不同的类型共享源代码。

许可证文件对于节点模块的开源和共享非常重要，它确保了节点模块的合法性和可信度，同时为开发者提供了明确的使用权和限制。选择适合你的节点模块的许可证类型，并在许可证文件中明确说明相关条件和限制，有助于促进开发者社区的合作和共享。

4.10.7　发布到 NPM

将自定义节点发布到 NPM 意味着将该节点模块上传到 NPM（Node Package Manager）的公共或私有仓库，以供其他开发者使用和安装。NPM 是用于 Node.js 和 JavaScript 的包管理器，允许开发者共享和发现各种开源模块、库和工具。

发布自定义节点到 NPM 的步骤如下。

- 创建 NPM 账号：首先，在 NPM 官方网站注册一个账号，以便发布和管理自己的节点模块。
- 初始化节点模块：在自定义节点的项目目录中，使用命令行工具运行 npm init 命令，按照提示填写模块的基本信息，例如名称、版本、描述等。这将生成一个 package.json 文件，该文件记录了节点模块的配置和依赖信息。
- 配置发布选项：在 package.json 文件中，你可以设置一些发布选项，例如指定模块的入口文件、依赖模块的版本范围等；还可以添加许可证信息、作者信息等。
- 构建节点模块：确保节点模块的代码和相关文件准备就绪，可以被其他开发者正确安装和使用。
- 登录 NPM 账号：使用命令行工具登录 NPM 账号，以便能够发布模块。运行 npm login 命令，输入你的 NPM 账号凭据。
- 发布节点模块：在命令行中，使用 npm publish 命令将节点模块上传到 NPM 仓库。然后验证模块的信息和文件，最后完成发布工作，让全球开发者可以自由安装和使用此节点模块。

一旦自定义节点成功发布到 NPM，其他开发者就可以通过运行 npm install 命令来安装你的节点模块，并在他们的项目中使用它。通过将自定义节点发布到 NPM，你可以在 Node.js 和 JavaScript 社区分享你的工作成果，并为其他开发者提供可重用的模块和解决方案。

关于将包发布到 NPM 仓库的指南，可以访问以下链接：

```
https://docs.npmjs.com/cli/v9/using-npm/developers
```

4.10.8　添加到 flows.nodered.org

自定义节点发布到 NPM 以后，便可以添加到 flows.nodered.org。通过将自定义节点添加到 flows.nodered.org，你可以让更多的 Node-RED 用户发现和使用你的节点，为他们提供更多的功能和扩展选项。

自 2020 年 4 月起，Node-RED Flow Library 不再能够使用 node-red 关键字自动索引和更新在 NPM 上发布的节点，必须手动提交请求。

为此，请确保需要发布的节点满足所有包装要求。要向库中添加新节点时单击"+"按钮，如图 4-36 所示。

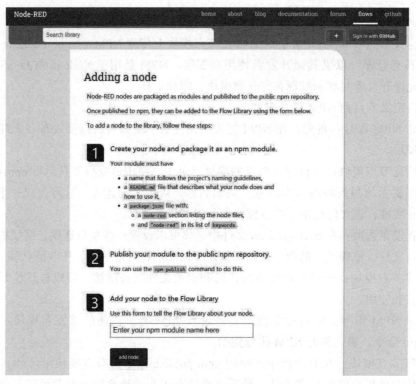

图 4-36 添加到 flows.nodered.org

要更新现有节点，你可以按照与第一次添加到 flows.nodered.org 相同的方式重新提交。要将自定义节点添加到 flows.nodered.org，你需要完成以下步骤。

● 准备节点信息：确保自定义节点满足 flows.nodered.org 的要求和标准。节点模块应有清晰的描述、示例流程、截图等信息，以便其他用户了解和使用。

● 创建 GitHub 存储库：在 GitHub 上创建一个公共存储库，以托管你的自定义节点的代码和相关文件，并确保存储库中包含节点的 README.md 文件（其中包含节点的详细说明和使用说明）。

● 注册账号并提交节点：在 flows.nodered.org 上注册一个账号，然后使用该账号登录。进入 My Nodes 页面，单击 Submit Node 按钮，之后填写节点的详细信息，包括名称、描述、版本号、GitHub 存储库链接等，还需要上传节点的截图和示例流程。

● 审核和发布：提交节点后，flows.nodered.org 的管理员将对节点进行审核。他们将检查节点是否符合要求，并确保节点信息和文件的准确性和完整性。如果通过审核，你的节点将被发布在 flows.nodered.org 上供其他用户使用。

请注意，添加到 flows.nodered.org 可能需要一些时间，因为管理员需要对提交的节点进行审核和处理。一旦节点被接受并发布，其他用户就可以在 flows.nodered.org 上找到和使用你的自定义节点。

将 Node-RED 嵌入用户系统

在大多数情况下，Node-RED 单独运行就可以满足物联网场景的各种需求，但是就像后面的 Node-RED 实战案例一样，大部分真实场景需求还包括用户指定的界面展现需求，或者更多和业务相关的功能需求。在这些真实的场景需求中，Node-RED 往往只能作为后台服务或者物联网引擎，为主应用系统提供服务。因此，将 Node-RED 嵌入另外一个系统运行是很多项目开发的需求之一。本章将讲解如何在 Node.js 环境中对接 Node-RED 以及如何在非 Node.js 环境中调用 Node-RED 的外部接口完成系统集成。

图 5-1　嵌入别的系统的 Node-RED

5.1　Node.js 环境的系统如何对接 Node-RED

假如你的主系统采用 Node.js 环境进行开发，那么 Node-RED 嵌入进去非常容易。将 Node-RED 嵌入进去的意义是无需独立启动 Node-RED，而是通过代码进行启动和停止服务，这样就可以将 Node-RED 和主系统融为一体，变成产品的一部分。要完成这个集成需要在主系统的 package.json 中添加 Node-RED 和 express 为依赖项，如图 5-1 所示。

添加 Node-RED 到应用程序 package.json 中的模块依赖项，代码如下所示：

```
"dependencies":{
    "node-red":"^3.0.2",
    "express":"^4.17.3"
},
```

在介绍具体方法之前，首先需要了解一下 Express。Express 是 Node.js 的一个 Web 服务模块，提供 Node-RED 的 Web 服务。关于该模块具体技术资料，可以访问以下连接：

```
https://expressjs.com/
```

下面是将 Node-RED 嵌入 Web 服务器的示例代码，此示例代码编写在一个名为 myserver.js 的文件中：

```
var http=require('http');
var express=require("express");
var RED=require("node-red");
// 创建一个 Express 应用程序
var app=express();
// 添加一个简单的路由，用于提供静态内容，存储在 public 目录下
app.use("/",express.static("public"));
// 创建一个服务器
var server=http.createServer(app);
// 创建设置对象，其他选项请参考默认的 settings.js 文件
var settings={
    httpAdminRoot:"/red",// 从 /red 提供编辑器界面
    httpNodeRoot:"/api",// 从 /api 提供 http nodes 界面
    userDir:"/home/nol/.nodered/",
    functionGlobalContext:{}// 启用全局上下文
};
// 使用服务器和设置对象初始化运行时
RED.init(server,settings);
app.use(settings.httpAdminRoot,RED.httpAdmin);
app.use(settings.httpNodeRoot,RED.httpNode);
server.listen(8000);
// 启动运行时
RED.start();
```

上述代码创建了一个 Node-RED 的 Express 应用程序，并将其与一个 HTTP 服务器进行了绑定。首先，通过 require 导入了 http、express 和 node-red 模块。然后，创建了一个 Express 应用程序，并通过 app.use() 方法将静态内容服务的路由添加到根路径。接着，创建了一个 HTTP 服务器，并将其与 Express 应用程序进行关联。接着，定义了一个 settings 对象，其中包含了一些配置选项，例如 httpAdminRoot（编辑器界面的根路径）、httpNodeRoot（http nodes 的根路径）、userDir（用户目录）和 functionGlobalContext（全局上下文）等。通过 RED.init(server, settings) 初始化 Node-RED 运行时，并传入了服务器和设置对象。然后，

通过 app.use() 方法分别将编辑器界面和 http nodes 界面添加到对应的路由路径上。最后，调用 server.listen(8000) 启动服务器，在 8000 端口上监听。最后一行代码调用 RED.start() 启动 Node-RED 运行时。

　　使用上述方法来启动 Node-RED 时，settings.js 不会使用 Node-RED 自带的配置文件，会直接使用代码里面指定的配置项。以下配置项都需要你在代码中描述，然后配置到 Express 实例，如果没有配置则按照默认方式运行：

- uiHost
- uiPort
- httpAdminAuth
- httpNodeAuth
- httpStatic
- httpStaticAuth
- https

文件编写完毕后，通过 node 命令来运行此文件：

```
$ node myserver.js
```

你会发现 Node-RED 被成功调用、启动，访问 8000 端口即可看到 Node-RED 编辑器。但是，Node-RED 是作为 myserver 中一个服务启动而已，并不是独立运行。

　　此时，myserver.js 中 RED 对象的方法都可以直接使用，无需通过 HTTP 接口进行调用，如图 5-2 所示。

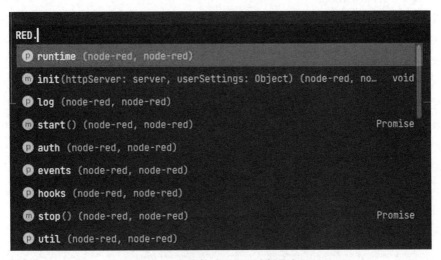

图 5-2　直接使用 RED 对象的方法

　　接下来讲解每个具体可以调用的方法和属性。这样，主系统可以按照自己的逻辑进行 Node-RED 的使用，实现最终的业务系统为客户服务。

对于 RED 对象可以使用的 API，我们根据使用的类型分为 3 类：Runtime API（运行时 API）、Editor API（编辑器 API）、Module API（模块 API），分别用来调用运行时、编辑器、模块的各种功能，如图 5-3 所示。

5.1.1 Runtime API

Runtime API 主要提供运行过程中的各种功能，包括 Hook API、Storage API、Logging API、Context API、Library Store API 等。下面分别介绍这些 API 的使用方法：

1. Hook API

Hook API 提供了一种将自定义代码插入运行时操作的某些关键点的方法。

（1）添加和删除 Hook

添加一个新的 Hook 的方法如下：

图 5-3　主系统可以调用的 3 类 API

```
RED.hooks.add(hookName,handlerFunction)
```

其中，hookName 是为其注册处理程序的 Hook 的名称。我们可以使用 Hook 的类型加自定义名称来标注 Hook，如 onSend.my-hooks。然后，可以使用该标注传入 RED.hooks.remove 方法来删除这个 Hook。

处理程序可以采用可选的第二个参数 handlerFunction，此参数的作用是当处理程序完成其工作时调用的回调函数。

当处理程序执行完成时，这个回调函数必须完成以下其中一项。

● 正常的返回。

● 调用不带参数的回调函数。

● 返回 promise 对象的处理结果。

它对 payload 对象所做的任何修改都将被传递。

如果处理程序想要停止对事件的进一步处理（例如，不希望将消息传递到流程中的下一个节点），它必须满足以下条件：处理程序整体返回 false，或者调用回调函数返回 false，或者返回的 promise 对象的处理结果为 false。

如果处理程序遇到应记录的错误，它必须抛出错误，或者调用带有错误的回调函数，或者返回一个拒绝错误的 promise 对象。

删除 Hook 的方法：

```
RED.hooks.remove(Hook 的名称 )
```

这只能删除使用标签名称注册（如：onSend.my-hooks）的 Hook 程序。要删除有给定标签的所有 Hook，可以使用 *.my-hooks：

```
RED.hooks.remove("*.my-hooks");
```

（2）Hook 可以加入的时间点

Hook 允许将自定义代码添加到节点之间的传递消息中，这个过程叫作 Messaging Hook。图 5-4 展示了整个消息传递过程中 Hook 可以加入的时间点。

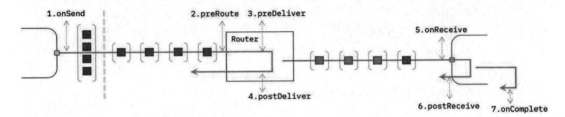

图 5-4　Messaging Hook

消息中一共有 7 个时间点可以加入 Hook。

● onSend：一个节点调用了 Send 方法去发送一条或多条消息的时刻。

● preRoute：一条消息即将被路由到它的目的地的时刻。

● preDeliver：消息即将被传递的时刻。

● postDeliver：消息已发送到目的地的时刻。

● onReceive：消息即将被节点接收的时刻。

● postReceive：消息已被节点接收的时刻。

● onComplete：节点已完成并显示一条消息或为其记录了错误的时刻。

1）onSend：事件发生的时间点，即一个或多个节点调用了 node.send() 的时刻。

Hook 被传递到一个 SendEvents 对象数组。这些对象中的消息正是节点传递给的 msg 内容，这意味着可能存在对同一消息对象的重复引用。这个 Hook 应该和 Send 方法同步执行。如果 Hook 需要做异步操作，它必须克隆并替换接收到的事件中的消息对象。它还必须将 cloneMessage 属性设置为 false，以确保不会对消息进行后续克隆。如果 Hook 返回 false，消息将不会被继续处理。

```
// 示例：同步的 onSend Hook
RED.hooks.add("onSend",(sendEvents)=>{
    console.log(' 正在发送 ${sendEvents.length} 条消息 ');
});
```

上述代码展示了如何使用 RED.hooks.add() 方法添加一个同步的 onSend Hook 函数。当消息发送时，该钩子函数会被触发，然后在控制台打印出发送消息的数量。其中，sendEvents 的对象结构如下：

```
{
    "msg":"<message object>",
```

```
    "source":{
        "id":"<节点 ID>",
        "node":"<节点对象>",
        "port":"<正在发送的端口索引>",
    },
    "destination":{
        "id":"<节点 ID>",
        "node":undefined,
    },
    "cloneMessage":"true|false"
}
```

上述代码展示了一个消息对象结构示例，它包含以下属性。

- msg：消息对象本身。
- source：消息的发送源信息。
  - id：发送节点的 ID。
  - node：发送节点的对象。
  - port：正在发送的端口的索引。
- destination：目标节点信息。
  - id：目标节点的 ID。
  - node：目标节点的对象（如果已知）。
- cloneMessage：一个布尔值，表示是否克隆消息对象。

2）preRoute：事件发生的时间点，即一条消息即将被路由到目的地的时刻。和 onSend 一样，Hook 需要用同步的方式完成工作。如果 Hook 返回 false，消息将不会被继续处理。此时，Hook 函数接收一个 SendEvent 对象。如果需要以异步方式执行 Hook 函数，代码如下：

```
// 示例：异步的 preRoute 钩子函数
RED.hooks.add("preRoute",(sendEvent,done)=>{
    // 由于此钩子函数需要进行异步操作，如果需要，先克隆消息对象
    if(sendEvent.cloneMessage){
        sendEvent.msg=RED.util.cloneMessage(sendEvent.msg);
        sendEvent.cloneMessage=false;
    }
    someAsyncAPI(sendEvent)
        .then(()=>{
            done();
        })
        .catch(err=>{
```

```
                // 发生错误表示停止处理该消息
                done(err);
            });
    });
```

上述代码展示了一个异步的 preRoute 钩子函数的示例。该钩子函数接收两个参数：sendEvent 和 done。sendEvent 是消息发送事件对象。done 是一个回调函数，用于通知钩子函数的完成。在此示例中，首先根据 cloneMessage 属性判断是否需要克隆消息对象。如果需要克隆，使用 RED.util.cloneMessage 方法进行克隆，并将 cloneMessage 设置为 false。然后，调用了 someAsyncAPI 异步方法来处理消息。在异步操作完成后，调用 done 回调函数来通知钩子函数的完成。如果在异步操作中发生了错误，我们可以通过将错误对象传递给 done 回调函数来指示停止处理该消息。其中，sendEvent 的对象结构同 onSend 的对象结构。

3）preDeliver：事件发生的时间点，即一条消息即将送达的时刻。Hook 接收一个 SendEvent 对象，SendEvent.destination.node 则是这条即将到达的消息的 Node 对象。如果需要，将克隆该消息。如果 Hook 返回 false，消息将不会被继续处理。

```
// 示例：preDeliver 钩子函数
RED.hooks.add("preDeliver",(sendEvent)=>{
    console.log( 即将发送到目标节点 ${sendEvent.destination.id});
});
```

上述代码展示了一个 preDeliver 钩子函数的示例。该钩子函数接收一个参数 sendEvent，它包含了将要发送的消息的相关信息。在此示例中，使用 console.log 打印了即将发送到的目标节点的 ID。这个钩子函数可以用于在消息发送前执行一些自定义的操作或记录日志。同时，sendEvent 的对象结构同 onSend 的对象结构。

4）postDeliver：事件发生的时间点，即消息已发送到目标节点的时刻。Hook 函数接收一个 SendEvent 对象。

```
// 示例：preDeliver 钩子函数
RED.hooks.add("preDeliver",(sendEvent)=>{
    console.log( 消息分发至目标节点 ${sendEvent.destination.id});
});
```

上述代码展示了一个 preDeliver 钩子函数的示例。该钩子函数接收一个参数 sendEvent，它包含了将要发送的消息的相关信息。在此示例中，使用 console.log 打印了消息分发至的目标节点的 ID。这个钩子函数可以用于在消息发送前执行一些自定义的操作或记录日志。其中，sendEvent 的对象结构同 onSend 的对象结构。

5）onReceive：事件发生的时间点，即消息即将被节点接收的时刻。Hook 函数接收一个 ReceiveEvent 对象。如果 Hook 返回 false，消息将不会被继续处理。

```
// 示例：onReceive 钩子函数
RED.hooks.add("onReceive",(receiveEvent)=>{
    console.log(将要传递给节点的消息: ${receiveEvent.destination.id});
});
```

上述代码展示了一个 onReceive 钩子函数的示例。该钩子函数接收一个参数 receiveEvent，它包含了将要传递给节点的消息的相关信息。在此示例中，使用 console.log 打印了即将传递给节点的消息的目标节点的 ID。这个钩子函数可以用于在消息传递给节点前执行一些自定义的操作或记录日志。其中，ReceiveEvent 对象结构如下：

```
{
    "msg":"<message object>",
    "destination":{
        "id":"<node-id>",
        "node":"<node-object>",
    }
}
```

6）postReceive：事件发生的时间点，即节点收到消息的时刻。Hook 函数接收一个 ReceiveEvent 对象。

```
// 示例：postReceive 钩子函数
RED.hooks.add("postReceive",(receiveEvent)=>{
    console.log(接收到的消息: ${receiveEvent.msg.payload});
});
```

上述代码展示了一个 postReceive 钩子函数的示例。该钩子函数接收一个参数 receiveEvent，它包含了接收到的消息的相关信息。在此示例中，使用 console.log 打印了接收到的消息的 payload 属性。这个钩子函数可以用于在接收到消息后执行一些自定义的操作或记录日志。其中，receiveEvent 的对象结构同 onSend 的对象结构。

7）onComplete：事件发生的时间点，即节点已完成消息或为其记录错误的时刻。Hook 函数接收一个 CompleteEvent 对象。

```
// 示例：onComplete 钩子函数
RED.hooks.add("onComplete",(completeEvent)=>{
    if(completeEvent.error){
        console.log(消息处理出错: ${completeEvent.error});
    }
});
```

上述代码展示了一个 onComplete 钩子函数的示例。该钩子函数接收一个参数 completeEvent，它包含了节点消息处理完成时的相关信息。在此示例中，检查 completeEvent.error 是否存在，如果存在，则打印出错误信息。这个钩子函数可以用于在消息处理完成后执行一些自定义的操作，如错误处理或日志记录。其中，CompleteEvent 对象结构如下：

```
{
    "msg":"<message object>",
    "node":{
        "id":"<node-id>",
        "node":"<node-object>"
    },
    "error":"<error passed to done,otherwise,undefined>"
}
```

（3）节点安装和卸载时使用 Hook

Hook 允许在节点安装过程中添加自定义代码。节点安装过程中一共有 4 个时间点可以加入 Hook：

- preInstall
- postInstall
- preUninstall
- postUninstall

1）preInstall：事件发生的时间点，即运行 npm install 指令以安装 NPM 模块时。此时，Hook 会接收到 InstallEvent 对象，其中包含有关要安装的模块的信息。

该 Hook 可以修改 InstallEvent 对象，以更改 NPM 的运行方式。例如，args 可以修改数组，以更改传递给 NPM 模块的参数。如果 Hook 返回 false，npm install 指令将被跳过。如果 Hook 抛出错误，安装将完全失败。

```
// 示例：preInstall 钩子函数
RED.hooks.add("preInstall",(installEvent)=>{
    console.log(' 即将安装模块 ${installEvent.module}@${installEvent.
    version}');
});
```

上述代码展示了一个 preInstall 钩子函数的示例。该钩子函数接收一个参数 installEvent，它包含了即将安装的模块的信息。其中，InstallEvent 对象结构如下：

```
{
"module":"<npm 模块名称 >",
"version":"< 要安装的版本 >",
"url":"< 可选的安装来源 URL>",
"dir":"< 要运行安装的目录 >",
```

```
"isExisting":"< 布尔值 > 表示这是一个已知的模块 ",
"isUpgrade":"< 布尔值 > 表示这是一个升级而不是新安装 ",
"args":[" 一个参数数组 "," 将传递给 npm 的参数 "]
}
```

2）postInstall：事件发生的时间点，即 npm install 指令在完成安装模块时。注意，npm install 指令执行失败的情况下是不会调用 Hook 的。此 Hook 可用于执行节点安装后的一些操作，例如在 Electron 环境下运行时，需要重新构建模块：

```
RED.hooks.add("postInstall",(installEvent, done)=>{
    child_process.exec("npm run rebuild"+ installEvent.module,
        {cwd:installEvent.dir},
        (err,stdout,stderr)=>{
            done();
        }
    );
});
```

上述代码中钩子函数的解释如下。

- installEvent 是一个对象，包含有关安装模块的信息，如要安装的模块名称、版本、安装目录等。
- done 是一个回调函数，用于通知 Node-RED 钩子函数已执行完成。

在这个钩子函数中，它使用 child_process.exec 方法执行了一个命令（即 npm run rebuild <module>），其中 <module> 是安装事件中指定的模块名称。该命令会在指定的目录 installEvent.dir 中执行。回调函数 (err, stdout, stderr) => { done(); } 在命令执行完毕后调用 done()，表示钩子函数执行完成。其中，installEvent 的对象结构和 preInstall 的对象结构相同。

3）preUninstall：事件发生的时间点，即在 npm remove 运行之前。Hook 接收一个 uninstallEvent 对象，该对象包含有关要卸载的模块的信息。该 Hook 可以修改 uninstallEvent，以更改 NPM 的运行方式。例如，通过传入 args 数组更改 NPM 的参数，实现在删除 Uninstall 模块时的特殊操作。如果 Hook 返回 false，npm remove 指令将被跳过。如果 Hook 抛出错误，卸载将完全失败。

```
RED.hooks.add("preUninstall",(uninstallEvent)=>{
    console.log(' 准备移除模块 ${uninstallEvent.module}');
});
```

上述代码展示了一个在卸载模块之前触发的钩子函数。该钩子函数会打印出要卸载的模块名称。它用于在执行卸载操作之前执行一些预处理操作或记录信息。其中，UninstallEvent 对象结构如下：

```
{
    "module":"< 要卸载的 npm 模块的名称 >",
    "dir":"< 执行卸载操作的目录 >",
    "args":[" 传递给 npm 命令的参数数组 "]
}
```

4）postUninstall：事件发生的时间点，即 npm remove 指令在完成删除模块时。请注意，如果 npm remove 指令操作失败，该 Hook 仍会调用。如果 Hook 抛出错误，它会被记录下来，但卸载仍然会完整地执行。同时，我们无法在 npm remove 指令完成后回滚。

```
RED.hooks.add("postUninstall",(uninstallEvent)=>{
    console.log(' 删除模块 ${uninstallEvent.module}');
});
```

uninstallEvent 的对象结构同 preInstall 的对象结构。

2. Storage API

此 API 提供了一种可插入的方式来配置 Node-RED 运行时存储数据的位置。Storage API 可以处理的存储内容如下。

● 流程配置信息。
● 流程凭证信息。
● 用户设置。
● 用户会话。
● 节点库信息。

在使用 Storage API 之前，首先要在 Node-RED 进行配置。settings.js 中的属性 storageModule 可用于标识要使用的自定义模块：

```
storageModule:require("my-node-red-storage-plugin")
```

设置好模块以后，我们就可以使用表 5-1 中的接口。

表 5-1　Storage API

API	描述
Storage.init(settings)	初始化存储
Storage.getFlows()	获取一个 Flow 的配置
Storage.saveFlows(flows)	存储一个 Flow 的配置
Storage.getCredentials()	获取一个 Flow 的凭证
Storage.saveCredentials(credentials)	存储一个 Flow 的凭证
Storage.getSettings()	获取用户配置信息
Storage.saveSettings(settings)	保存用户配置信息

（续）

API	描述
Storage.getSessions()	获取用户会话信息
Storage.saveSessions(sessions)	保持用户的会话
Storage.getLibraryEntry(type,name)	获取特殊库的入口
Storage.saveLibraryEntry(type,name,meta,body)	设置特殊库的入口

3. Logging API

Node-RED 使用一个记录器将其输出写入控制台。它还支持使用自定义记录器，以便将输出发送到其他地方。

（1）控制台记录器

可以在设置文件的 logging 属性下配置控制台记录器：

```
// 配置日志输出
logging:{
    // 控制台日志
    console:{
        level:"info",
        metrics:false,
        audit:false
    }
}
```

3 个属性可用于配置控制台记录器的行为。

1）日志级别：要记录的日志级别，从高到低如下。

● Fatal：只记录那些使应用程序无法使用的错误。

● error：记录对于特定请求来说被认为是致命的错误。

● warn：记录非致命问题。

● info：记录应用程序一般运行的信息。

● debug：记录比 info 级别更冗长的信息。

● trace：记录非常详细的日志。

● off：关闭日志记录。

除了 off 以外，每个日志级别都包含更高级别的消息，例如，warn 级别将包含 error 和 fatal 级别的消息。

2）metrics：metrics 设置为 true 时，Node-RED 运行时输出流的执行和内存使用信息。每个节点中接收和发送的事件都输出到日志中。例如，以下日志是从具有 inject 和 debug 节点的流中输出的。

```
9 Mar 13:57:53-[metric]
{"level":99,"nodeid":"8bd04b10.813f58","event":"node.inject.recei
ve","msgid":"86c8212c.4ef45","timestamp":1489067873391}
9 Mar 13:57:53-[metric]
{"level":99,"nodeid":"8bd04b10.813f58","event":"node.inject.send",
"msgid":"86c8212c.4ef45","timestamp":1489067873392}
9 Mar 13:57:53-[metric]
{"level":99,"nodeid":"4146d01.5707f3","event":"node.debug.receive",
"msgid":"86c8212c.4ef45","timestamp":1489067873393}
```

3）audit：audit 设置为 true 时，将记录 Admin HTTP API 访问事件。该事件包括附加信息，例如被访问的端点、IP 地址和时间戳。如果 adminAuth 启用，事件包括有关请求用户的信息，输出内容如下：

```
9 Mar 13:49:42-[audit]
{"event":"library.get.all","type":"flow","level":98,"path":"/library/
flows","ip":"127.0.0.1","timestamp":1489067382686}
9 Mar 14:34:22-[audit]
{"event":"flows.set","type":"full","version":"v2","level":98,"user":
{"username":"admin","permissions":"write"},"path":"/flows","ip":"12
7.0.0.1","timestamp":1489070062519}
```

（2）自定义日志记录模块

我们也可以使用自定义日志记录模块。例如，metrics 输出可能会被发送到一个单独的系统，以监控系统的性能。要使用自定义记录器，请在 settings.js 文件的记录属性中添加以下内容：

```
// 配置日志输出
logging:{
    // 控制台日志
    console:{
        level:"info",
        metrics:false,
        audit:false
    },
    // 自定义日志记录器
    myCustomLogger:{
        level:'debug',
        metrics:true,
        handler:function(settings){
```

```
        // 在日志记录器初始化时调用
        // 返回日志记录函数
        return function(msg){
            console.log(msg.timestamp,msg.event);
        }
    }
  }
}
```

level 的值和日志级别相同。handler 定义自定义日志记录处理程序，它是一个在 Node-RED 启动时调用一次的函数，传递记录器的配置，必须返回一个日志记录函数，支持配置多个自定义记录器。

以下示例添加了一个自定义记录器。该记录器通过 TCP 连接将指标事件发送到 logstash 实例。这是一个简单的示例，没有错误处理或重新连接逻辑，仅供参考。

```
logging:{
    console:{
        level:"info",
        metrics:false,
        audit:false
    },
    logstash:{
        level:'off',
        metrics:true,
        handler:function(conf) {
            var net=require('net');
            var logHost='192.168.99.100';
            var logPort=9563;
            var conn=new net.Socket();
            conn.connect(logPort,logHost)
                .on('connect',function() {
                    console.log("Logger connected");
                })
                .on('error',function(err){
                    // 在真实环境中应尝试重新连接
                    // 然后执行退出此函数的方法
                    process.exit(1);
                });
            // 返回执行实际日志记录的函数
```

```
                  return function(msg){
                      var message={
                          '@tags':['node-red','test'],
                          '@fields':msg,
                          '@timestamp':(new Date(msg.timestamp)).
                          toISOString()
                      };
                      try{
                          conn.write(JSON.stringify(message)+"\n");
                      }catch(err){
                          console.log(err);
                      }
                  };
              }
          }
      }
```

4. Context API

Context API 提供了一种可插入的方式来配置上下文数据的存储位置。默认情况下，Node-RED 使用此 API 的基于内存的实现。Context API 还提供了基于文件的实现。要创建自定义上下文存储，应创建一个实现 Context API 的模块。

（1）配置方法

settings.js 中的属性 contextStorage 可用于配置上下文存储。它是一个具有一个或多个命名上下文存储配置的对象。配置方法如下所示：

```
contextStorage:{
    default:{
        module:"memory",
        config:{
            customOption:'value'
        }
    }
}
```

每个上下文存储配置由两部分组成：一个 module 属性和一个 config 属性。该 module 属性表明了要使用的上下文存储插件的名称，可以是 memory 或 localfilesystem。memory 插件代表上下文存储在内存中，localfilesystem 插件代表上下文存储在文件中，代码如下：

```
contextStorage:{
    default:{
```

```
        module:"memory",
    },
    custom:{
        module:require("my-custom-store")
    }
}
```

文件存储的配置如下：

```
contextStorage:{
    default:{
        module:"localfilesystem",
        config:{
            // 在这里配置
        }
    }
}
```

（2）上下文存储模块 API

一个自定义插件的模块必须暴露出一个函数。当需要一个新的插件实例时，将调用此函数。该函数会传递给创建的插件实例所配置的属性值。这允许运行时拥有多个相同存储插件的实例，每个实例都有自己的配置。下面代码展示了自定义插件导出一个新的配置的过程：

```
var ContextStore=function(config){
    this.config=config;
}
ContextStore.prototype.open=function(){...}
module.exports=function(config){
    return new ContextStore(config);
};
```

ContextStore API 描述如表 5-2 所示。

表 5-2 ContextStore API

API	描述
ContextStore.open()	打开存储准备使用
ContextStore.close()	关闭存储
ContextStore.get(scope, key, callback)	从存储中获取值
ContextStore.set(scope, key, value, callback)	设置值到存储中
ContextStore.keys(scope, callback)	获取存储中所有属性的值

（续）

API	描述
ContextStore.delete(scope)	删除存储中所有指定范围的值
ContextStore.clean(activeNodes)	清空存储

5. Library Store API

Node-RED 编辑器中的导入 / 导出对话框提供了一种将流和节点保存到本地文件库的方法。这个本地文件库由 Storage API 管理，默认存储在 ~/.node-red/lib 文件夹中。

Library Store API 可用于将内容存储在其他位置，而不仅仅是本地文件系统。

Node-RED 提供了一个文件存储插件，以添加存储在本地文件系统中的库，如图 5-5 所示。

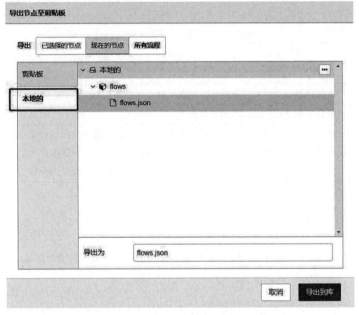

图 5-5　添加存储在本地文件系统中的库

（1）添加文件到本地存储库

编辑你的 Node-RED 设置文件，通常在 ~/.node-red/settings.js 中找到 editorTheme 部分并添加一个 library 部分（如果尚不存在）。在 library 部分添加一个 sources 数组。在该数组中，你可以根据需要添加任意数量的新文件存储源。

```
editorTheme:{
    library:{
        sources:[
            {
                id:"team-collaboration-library",
```

```
                         type:"node-red-library-file-store",
                         path:"/Users/tom/work/team-library/",
                         label:" 团队协作 ",
                         icon:"font-awesome/fa-users"
                     }
                 ]
             },
         }
```

配置对象可以具有以下属性，如表 5-3 所示。

表 5-3　配置对象的属性

属性	描述
id（必填）	唯一的 ID 值，应仅包含字母、数字和符号 - _
type（必须）	必须设置为 node-red-library-file-store
path（必填）	存储库的绝对路径
label	在编辑器中使用的可选标签，如果没有设置内容，则使用 ID
icon	来自 Font Awesome 4.7 的可选图标
types	默认情况下，库将用于存储所有类型的对象。通过将此属性设置为可接受类型的数组，可以指定类型。例如，将配置对象类型指定为流程，可将此属性设置为 ["flows"]
readOnly	要想将库作为只读库，以便只能导入数据，请将此属性设置为 true

（2）创建一个新的存储插件

要实现不同类型的存储支持，需要创建一个新的存储插件。该插件被打包为一个 NPM 模块，并带有一个 package.json 文件。以下为 package.json 文件中的代码：

```
{
    "name":"your-custom-library-store",
    "version":"1.0.0",
    "description":" 一个用于 Node-RED 的自定义库插件 ",
    "keywords":[
        "node-red"
    ],
    "node-red":{
        "plugins":{
            "customstore":"store.js"
        }
    }
}
```

store.js 中的代码如下：

```
module.exports=function(RED){
    // 这必须是库存储类型的唯一标识符
    const PLUGIN_TYPE_ID="node-red-library-custom-store";

    class CustomStorePlugin{
     /**
      *@param{object}config 一个包含实例配置的对象
      */
     constructor(config){
         // 必需的属性
         this.type=PLUGIN_TYPE_ID;
         this.id=config.id;
         this.label=config.label;
     }
     /**
      * 初始化存储库
      */
     async init(){
     }
     /**
      * 从存储库中获取条目
      *@param{string}type 条目类型，例如 "flow"
      *@param{string}path 条目的路径
      *@returns 如果 'path' 解析为单个条目，则返回该条目的内容
      *          如果 'path' 解析为 'directory'，则返回目录内容的列表
      *          如果 'path' 无效，则抛出适当的错误
      */
     async getEntry(type,path){
         throw new Error(" 未实现 ")
     }
     /**
      * 将条目保存到存储库
      *@param{string}type 条目类型，例如 "flow"
      *@param{string}path 条目的路径
      *@param{object}meta 条目的键值对元数据对象
      *@param{string}body 条目的内容
```

```
        */
      async saveEntry(type,path,meta,body){
          throw new Error("未实现")
      }
  }
  // 注册插件
  RED.plugins.registerPlugin(PLUGIN_TYPE_ID,{
      // 这告诉 Node-RED 插件是一个库源插件
      type:"node-red-library-source",
      class:CustomStorePlugin
  })
}
```

5.1.2　Editor API

　　Editor API 是可以在编辑器中供节点和插件使用的 API。Editor API 包括一组可在节点的编辑模板中使用的标准 UI 小部件，具体如下。

- RED.actions：注册自定义操作。
- RED.events：在编辑器中监听事件。
- RED.notify：在编辑器中显示通知。
- RED.sidebar：添加侧边栏标签。

1. RED.actions

　　RED.actions API 可用于在编辑器中注册和调用 Action。Action 是 Node-RED 内部用来实现编辑器操作的集合，调用 RED.actions 即可实现用户想要触发的单个操作，并且可以绑定到键盘快捷键。

RED.actions API

RED.actions.add(name, handler)：注册一个新操作，详见以下代码：

```
RED.actions.add("my-custom-tab:show-custom-tab",function(){
    RED.sidebar.show("my-custom-tab");
});
```

RED.actions.remove(name)：删除一个注册的操作，详见以下代码：

```
RED.actions.remove("my-custom-tab:show-custom-tab")
```

RED.actions.invoke(name, [args...])：使用名称调用一个操作，详见以下代码：

```
RED.actions.invoke("my-custom-tab:show-custom-tab")
```

　　可以将 Node-RED 编辑器定义的快捷键的名字作为参数传入 RED.actions.invoke(name,

[args...]) 调用中，完成对操作功能的调用。这个设计等于允许对 Node-RED 前端编辑器的全部功能通过 API 调用。

编辑器快捷键调用 API 速查如表 5-4 所示。

表 5-4　编辑器快捷键调用 API 速查

功能	功能名称	快捷键	Action
视图工具	放大	Ctrl/ ⌘和 +	core:zoom-in
	缩小	Ctrl/ ⌘和 –	core:zoom-out
	重置	Ctrl/ ⌘和 0	core:zoom-reset
	视图导航器		core:toggle-navigator
	自定义视图	Ctrl/ ⌘和,	core:show-user-settings
流程	增加流		core:add-flow
	编辑流		core:edit-flow
	启用流		core:enable-flow
	禁用流		core:disable-flow
	隐藏流		core:hide-flow
	显示最近隐藏的流		core:show-last-hidden-flow
	隐藏其他流		core:hide-other-flows
	隐藏所有流		core:hide-all-flows
	显示所有流		core:show-all-flows
	删除流		core:remove-flow
	流程列表	Ctrl/ ⌘和 Shift 和 f	core:list-flows
	显示上一个标签	Ctrl/ ⌘和 [	core:show-previous-tab
	显示下一个标签	Ctrl/ ⌘和]	core:show-next-tab
节点	显示所选节点标签		core:show-selected-node-labels
	隐藏所选节点标签		core:hide-selected-node-labels
	启用所选节点		core:enable-selected-nodes
	禁用所选节点		core:disable-selected-nodes
线	删除节点并重连接	Ctrl/ ⌘和 Delete	core:delete-selection-and-reconnect
	拆卸节点		core:detach-selected-nodes
组	选择组	Ctrl/ ⌘和 Shift 和 G	core:group-selection
	复制组风格	Ctrl/ ⌘和 Shift 和 C	core:copy-group-style
	粘贴组风格	Ctrl/ ⌘和 Shift 和 V	core:paste-group-style
	合并节点到组		core:merge-selection-to-group
	撤销组	Ctrl/ ⌘和 Shift 和 U	core:ungroup-selection
	从组中删除节点		core:remove-selection-from-group

（续）

功能	功能名称	快捷键	Action
子流	创建子流		core:create-subflow
	将所选部分转为子流		core:convert-to-subflow
选择	选择所有连接的节点	Alt 和 S 和 C	core:select-connected-nodes
	选择上游节点	Alt 和 S 和 U	core:select-upstream-nodes
	选择下游节点	Alt 和 S 和 D	core:select-downstream-nodes
	选择所有节点	Ctrl/ ⌘和 A	core:select-all-nodes
	复制到剪贴板	Ctrl/ ⌘和 C	core:copy-selection-to-internal-clipboard
	剪切到剪贴板	Ctrl/ ⌘和 X	core:cut-selection-to-internal-clipboard
	从剪贴板粘贴	Ctrl/ ⌘和 V	core:paste-selection-from-internal-clipboard
整理节点	所选内容与网格对齐		core:align-selection-to-grid
	所选内容左对齐	Alt 和 A 和 L	core:align-selection-to-left
	所选内容右对齐	Alt 和 A 和 R	core:align-selection-to-right
	所选内容顶对齐	Alt 和 A 和 T	core:align-selection-to-top
	所选内容底对齐	Alt 和 A 和 B	core:align-selection-to-bottom
	所选内容上下居中	Alt 和 A 和 M	core:align-selection-to-middle
	所选内容左右居中	Alt 和 A 和 C	core:align-selection-to-center
	水平均分所选节点	Alt 和 A 和 H	core:distribute-selection-horizontally
	垂直均分所选节点	Alt 和 A 和 V	core:distribute-selection-vertically
	节点前移一位		core:move-selection-forwards
	节点后移一位		core:move-selection-backwards
	节点移至队首		core:move-selection-to-front
	节点移至队尾		core:move-selection-to-back
导入 / 导出	显示导入对话框	Ctrl/ ⌘和 I	core:show-import-dialog
	显示导入的本地库		core:show-library-import-dialog
	显示导入的示例库		core:show-examples-import-dialog
	显示导出对话框		core:show-export-dialog
	显示导出的本地库		core:show-library-export-dialog
查找	查找流程	Ctrl/ ⌘和 F	core:search
节点面板	显示节点面板	Ctrl/ ⌘和 P	core:toggle-palette
	管理节点面板	Ctrl/ ⌘和 Shift 和 P	core:manage-palette
右侧边栏	显示右侧边栏	Ctrl/ ⌘和 Space	core:toggle-sidebar
	显示信息页	Ctrl/ ⌘和 G 和 I	core:show-info-tab
	显示帮助页	Ctrl/ ⌘和 G 和 H	core:show-help-tab
	显示调试页	Ctrl/ ⌘和 G 和 D	core:show-debug-tab

（续）

功能	功能名称	快捷键	Action
右侧边栏	清除调试信息	Ctrl/ ⌘和 Alt 和 L	core:clear-debug-messages
	激活所选 debug 节点		core:activate-selected-debug-nodes
	激活所有 debug 节点		core:activate-all-debug-nodes
	激活所有流中的 debug 节点		core:activate-all-flow-debug-nodes
	灭活所选 debug 节点		core:deactivate-selected-debug-nodes
	灭活所有 debug 节点		core:deactivate-all-debug-nodes
	灭活所有流中的 debug 节点		core:deactivate-all-flow-debug-nodes
	显示配置节点页	Ctrl/ ⌘和 G 和 C	core:show-config-tab
	显示上下文页	Ctrl/ ⌘和 G 和 X	core:show-context-tab

2. RED.events

可以侦听的编辑器事件，编辑器上的操作都将会触发编辑器事件。

1）RED.events.on(eventName, handlerFunction)：为给定的事件注册一个新的处理程序。

```
RED.events.on("nodes:add",function(node){
    console.log(" 一个节点已添加到工作区！ ")
})
```

2）RED.events.off(eventName, handlerFunction)：删除以前注册的事件处理程序。

```
RED.events.off("nodes:add",function(node){
    console.log(" 一个节点已从工作区移除！ ")
})
```

编辑器相关的事件分为工作区事件、流程事件、面板事件。编辑器工作区相关事件如表 5-5 所示。

表 5-5　编辑器工作区的相关事件

事件	有效负载	描述
deploy		已部署新流程
login	"username"	用户已登录编辑器。如果 adminAuth 未配置，则永远不会发出此事件
view:selection-changed	{<selection object>}	工作区中的当前选择已更改
workspace:change	{old: "<previous-workspace-id>", workspace: "<new-workspace-id>"}	工作区已切换到不同的选项卡
workspace:clear		工作区已被清除（切换项目时会发生这种情况）

（续）

事件	有效负载	描述
workspace:dirty	{dirty:<boolean>}	编辑器的"脏"状态发生了变化。"脏"意味着有"未部署"状态的更改
workspace:hide	{workspace: <workspace-id>}	一个选项卡已被隐藏
workspace:show	{workspace: <workspace-id>}	显示了之前隐藏的选项卡

编辑器工作区中流程配置相关事件如表 5-6 所示。

表 5-6　编辑器工作区中流程配置相关事件

事件	有效负载	描述
flows:add	{<flow object>}	添加了新流程
flows:change	{<flow object>}	流的属性已更改
flows:remove	{<flow object>}	流已被删除
flows:reorder	[<Array of flow ids>]	流程已重新排序
groups:add	{<group object>}	添加了一个新组
groups:change	{<group object>}	组的属性已更改
groups:remove	{<group object>}	已删除群组
links:add	{<link object>}	添加了一个新链接
links:remove	{<link object>}	一个链接已被删除
nodes:add	{<node object>}	添加了一个新节点
nodes:change	{<node object>}	节点的属性已更改
nodes:remove	{<node object>}	一个节点已被删除
nodes:reorder	{z:"<flow-id>", nodes:[<Array of node ids>]}	节点已在流中重新排序
subflows:add	{<subflow object>}	添加了一个新的子流程
subflows:change	{<subflow object>}	子流程的属性已更改
subflows:remove	{<subflow object>}	已删除子流程

编辑器相关面板事件如表 5-7 所示。

表 5-7　编辑器相关面板事件

事件	有效负载	描述
registry:module-updated	{module:"<module-name>", version: "<module-version>"}	模块已更新到新版本
registry:node-set-added	{<node-set object>}	一个新的节点集已添加到调色板
registry:node-set-disabled	{<node-set object>}	节点集已被禁用

（续）

事件	有效负载	描述
registry:node-set-enabled	{<node-set object>}	已启用节点集
registry:node-set-removed	{<node-set object>}	节点集已被删除
registry:node-type-added	"node-type"	一个新节点已添加到调色板
registry:node-type-removed	"node-type"	节点已从调色板中删除
registry:plugin-added	"plugin-id"	已添加插件

5.1.3 Module API

Module API 是为构建 Node-RED 的 NPM 模块提供的 API。这些 API 可用于将 Node-RED 嵌入现有的 Node.js 应用程序。这些 API 不是通过事件或者 Hook 函数来触发，是直接调用 Node-RED 的核心源代码来实现。Node-RED 内部模块描述如表 5-8 所示。

表 5-8　Node-RED 内部模块描述

模块	描述
node-red	将所有内部模块组合在一起并提供 Node-RED 可执行版本的主模块
@node-red/editor-api	为 Node-RED 编辑器提供服务并提供 Admin HTTP API 的 Express 应用程序
@node-red/runtime	Node-RED 的核心运行时
@node-red/util	Node-RED 运行时和编辑器模块的通用实用程序
@node-red/registy	内部节点注册表
@node-red/nodes	默认的核心节点集
@node-red/editor-client	Node-RED 编辑器应用程序的客户端

这些模块可以从 Node-RED 源代码中找到，如图 5-6 所示。

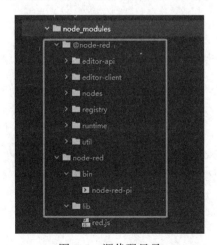

图 5-6　源代码目录

5.2 从外部系统调用 Admin HTTP API

前面介绍了将 Node-RED 嵌入 Node.js 环境中运行的方法。非 Node.js 环境的系统和 Node-RED 集成最常见的方法是通过 Node-RED 提供的 API，如图 5-7 所示。

5.2.1 HTTP 安全认证方式 Authentication

Node-RED 管理 API 需使用 settings.js 文件中的 adminAuth 属性，具体配置参考《Node-RED 物联网应用开发技术详解》第 5 章。如果未设置该属性，任何有 Node-RED 网络访问权限的人都可以访问 Node-RED 管理 API。

图 5-7 外部系统调用 Admin HTTP API

1. 第 1 步：检查身份验证方案

HTTP GET /auth/login 接口返回当前使用的身份验证方案。在 Linux 系统中通过 curl 指令调用此接口的方式如下：

```
curl 示例 (Linux 指令)：
curl http://localhost:1880/auth/login
```

在当前版本的 API 中，返回信息可能有两种。

1）返回 {} 表示这种认证可以不经过任何验证直接使用所有 Admin HTTP API。

```
{}
```

2）返回以下内容，表示 Node-RED 基于凭证进行身份验证。

```
{
  "type":"credentials",
  "prompts":[
    {
      "id":"username",
      "type":"text",
      "label":"Username"
    },
    {
      "id":"password",
      "type":"password",
      "label":"Password"
    }
  ]
}
```

2. 第 2 步：获取访问令牌

HTTP POST /auth/token 接口用于交换访问令牌的用户凭据。此接口需要提供以下参数。

- client_id：标识客户端，目前必须是 node-red-admin 或 node-red-editor。
- grant_type：必须是 password。
- scope：以空格分隔的请求权限列表，目前必须是 * 或 read。
- username：要验证的用户名。
- password：验证密码。

在 Linux 系统中通过 curl 指令调用此接口的示例如下：

```
curl http://localhost:1880/auth/token--data
    'client_id=node-red-admin&grant_type=password&scope=*&userna
    me=admin&password=password'
```

如果成功，响应将包含访问令牌：

```
{
  "access_token":"A_SECRET_TOKEN",
  "expires_in":604800,
  "token_type":"Bearer"
}
```

3. 第 3 步：使用访问令牌

所有后续 API 调用都应在 Authorization 标头中提供此标记。

在 Linux 系统中通过 curl 指令调用 API 的示例如下：

```
curl-H"Authorization:Bearer  A_SECRET_TOKEN"http://localhost:1880/
settings
```

在不再需要令牌时撤销，应将其通过 HTTP POST 发送至 /auth/revoke。

在 Linux 系统中通过 curl 指令调用 API 的示例如下：

```
curl--data'token=A_SECRET_TOKEN'-H"Authorization:Bearer  A_SECRET_
TOKEN"http://localhost:1880/auth/revoke
```

5.2.2　数据结构

由于接口调用传递的对象都是按照统一的数据结构来设计的，因此在介绍 Admin HTTP API 调用之前先介绍涉及的数据结构。同时，你也可以导出一个已经存在的流程，通过查看和对比流程和 json 数据来理解数据结构。

1. 节点

导出的流程中单个节点的 json 数据示例如下：

```
{
    "id":"123",
    "type":"inject",
    "x":0,
    "y":0,
    "z":"456",
    "wires":[...]
}
```

配置描述如表 5-9 所示。

表 5-9　节点配置

字段	描述	字段	描述
id	节点的唯一 ID	z	所属流程、子流程的 ID
type	节点的类型	wires	节点输出连接到的线缆的对象
x,y	绘制流时节点的 x/y 坐标		

💡 注意:

　　如果该节点是一个配置节点，那么它不能有 x,y 或 wires 属性。

2. 子流程

导出的流程中子流程的 json 数据示例如下:

```
{
    "id":"6115be82.9eea4",
    "type":"subflow",
    "name":"Subflow 1",
    "info":"",
    "in":[{
        "x":60,
        "y":40,
        "wires":[{
            "id":"1830cc4e.e7cf34"
        }]
    }],
    "out":[{
        "x":320,
        "y":40,
```

```
      "wires":[{
        "id":"1830cc4e.e7cf34",
        "port":0
      }]
    }],
    "configs":[...],
    "nodes":[...]
}
```

3. 全流程

导出的流程中全流程的 json 数据示例如下：

```
{
    "rev":"abc-123",
    "flows":[
      {
        "id":"1234",
        "type":"inject"
      },
      {
        "id":"5678",
        "type":"debug"
      }
    ]
}
```

4. 流程面板

流程面板配置如下：

```
{
  "id":"1234",
  "label":"常规流程",
  "nodes":[...],
  "configs":[...],
  "subflows":[...]
}
```

配置属性描述如表 5-10 所示。

表 5-10　流程面板配置属性

字段	描述	字段	描述
id	流程的唯一标识 ID	configs	流程中的配置数组
label	流程的标签名称	subflows	流程中的子流程数组，仅在表示 global 流程配置时使用
nodes	流程中的节点数组		

5. 节点模块

节点模块配置如下：

```
{
  "name":"node-module-name",
  "version":"0.0.6",
  "nodes":[...]
}
```

配置属性描述如表 5-11 所示。

表 5-11　节点模块配置属性描述

字段	描述	字段	描述
name	模块的名称	nodes	此模块提供的节点集对象数组
version	模块的版本		

6. 节点集

节点集配置如下：

```
{
  "id":"node-module-name/node-set-name",
  "name":"node-set-name",
  "types":[...],
  "enabled":true,
  "module":"node-module-name",
  "version":"0.0.6"
}
```

配置属性描述如表 5-12 所示。

表 5-12　节点集配置属性描述

字段	描述	字段	描述
name	集合的名称	enabled	当前是否启用此设置
types	此集合提供的节点类型的字符串数组	module	提供集合的模块的名称

5.2.3　错误

所有 API 方法都使用标准 HTTP 响应码来指示执行成功或失败。响应码如表 5-13 所示。

表 5-13　响应码

响应码	原因	响应码	原因
200	成功，结果在响应内容中	404	未找到资源
204	成功，没有更多内容	409	版本不匹配
400	错误请求，请参阅下面的响应格式	500	服务器出现问题
401	未授权		

当返回 400 响应码时，响应主体会包含以下字段：

```
{
  code:"module_already_loaded",
  message:" 模块已经加载 "
}
```

错误描述如下。

- unexpected_error：一个意料之外的问题发生了。
- invalid_request：请求包含无效参数。
- settings_unavailable：存储系统不支持更改设置。
- module_already_loaded：请求的模块已经加载。
- type_in_use：该请求正试图删除、禁用当前正在使用的节点类型。
- invalid_api_version Node-RED-API-Version：该请求在标头中指定了无效的 API 版本。

5.2.4　API 方法

建立了安全的连接后，我们就可以开始真正调用 Admin HTTP 方法。所有 Admin HTTP 方法如表 5-14 所示。

表 5-14　Admin HTTP 方法

方法	描述	方法	描述
GET/auth/login	获取主动认证方案	GET/diagnostics	获取运行时诊断
POST/auth/token	换凭据以获取访问令牌	GET/flows	获取活动流配置
POST/auth/revoke	撤销访问令牌	GET/flows/state	获取活动流的运行时状态
GET/settings	获取运行时设置	POST/flows	设置活动流配置

（续）

方法	描述	方法	描述
POST/flows/state	设置活动流的运行时状态	GET/nodes/:module	获取节点模块的信息
POST/flow	将流添加到活动配置	PUT/nodes/:module	启用、禁用节点模块
GET/flow/:id	获取单独的流配置	DELETE/nodes/:module	删除节点模块
DELETE/flow/:id	删除单个流程配置	GET/nodes/:module/:set	获取节点模块集信息
GET/nodes	获取已安装节点的列表	PUT/nodes/:module/:set	启用、禁用节点集
POST/nodes	安装新的节点模块		

数据采集实战：空气质量监控

物联网自动化场景，遵循获取数据、增加判断逻辑、进行控制三步设计原则。在实际应用中，我们需要在 Node-RED 中进行设置和调整，快速满足客户需求。本章的实战案例完成了一套标准的物联网系统的建设，汇总了包括系统拓扑设计和硬件选型、RS485 设备连接、Modbus 协议对接、MQTT 发布、数据收集和格式调整、前端页面和 Node-RED 之间通信的 WebSocket 协议等要点，最后利用 http 节点组对外提供完整的 API 服务。

6.1　背景和目标

该案例完成了一个真实的传感器数据采集和自定义界面展示全流程，通过空气质量传感器的数据采集可以学习到通用传感器接入的方式。类似的其他应用场景建设也可以参考此案例完成。最终呈现大屏界面如图 6-1 所示。

图 6-1　空气质量监控大屏界面

6.1.1　项目背景

　　某公司新建 2000m² 办公区，设置 6 个采集点，分别精准采集温度、湿度、CO_2、PM2.5、PM10、TOVC 信息，然后根据综合平均数据实时展示到大屏上，同时根据预先设定的场景规则进行空调和新风开关和档位的自动设置，最终通过 RESTful API 提供空气质量数据给公司内部业务系统对接使用。

6.1.2　项目需求分析

- 智能化场地大于 1000m²，6 个位置点根据平面图已经设计完成，6 个点的位置可以分为 3 组，每组两个传感器，每组之间间隔 50m 以上。因此结合现场施工情况，通过 3 个 IoT 网关进行数据收集。
- 项目需要高精度传感器，因此没有采用智能家居的传感器，均采用了工业级的空气传感器，通过 RS485 接口、Modbus 协议进行数据传输。
- 数据收集后进行人屏展示以及场景控制，需要提供 API 对内部业务系统调用，因此需要在内部部署一台 IoT 平台服务器，完成上述功能。
- 由于不是应用于大数据分析，而是大屏展示和场景控制，因此采集频率设置在 1 分钟 1 次。
- 大屏展示界面需要定制化设计，因此无法使用 Node-RED 的 dashboard 节点直接完成，将采用 HTML5 页面通过 WebScoket 连接 Node-RED 来完成。
- 整个系统均在客户内部使用，因此 IoT 平台和 IoT 网关均本地部署并接入客户内部网络。
- 实现空调、照明、新风的定时自动化开关控制。

6.1.3　实战目标

　　此实战案例为有线 Modbus 传感器数据收集的场景，采用了最常见的 Modbus 方式，并且多点位大空间部署，通过 IoT 平台对数据进行加工和使用，具体实战学习内容如下。

- RS485 的传感器接入。
- 多 IoT 网关与 IoT 平台的 MQTT 通信。
- IoT 网关侧多数据的合并整理和发送。
- IoT 平台侧异步多数据的合并整理和发送。
- 前端大屏 HTML5 页面通过 WebSocket 和 IoT 平台通信。
- 创建简单 RESTful API 以提供业务系统使用。

6.2　技术架构

　　技术架构清晰地描述了整个系统的网络结构和连接关系。该实例的技术架构如图 6-2 所示。

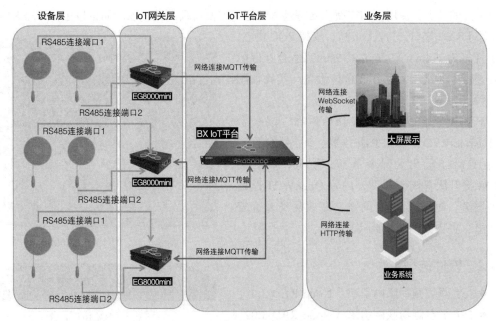

图 6-2　空气质量监控技术架构

设备层的传感器都通过 RS485 连接到 IoT 网关，各 IoT 网关与 IoT 平台 RJ45 网络连接并通过 MQTT 协议传输信息，信息汇聚到 IoT 平台中的 BX 系统，再由 BX 系统通过 WebSocket 向用户提供大屏数据展示，并通过 HTTP 向用户已有的业务系统提供数据。

6.3　技术要求

6.3.1　硬件选型

1）**空气传感器**：RS-MG111-N01-1 多功能空气质量变送器。该款工业级精准空气传感器使用 RS485 传输，可以灵活配置传感模块，后续升级容易，同时温湿度测量单元以瑞士进口，测量准确；PM2.5 和 PM10 数据同时采集，量程为 0~1000μg/m³，分辨率为 1μg/m³，独有双频数据采集及自动标定技术，一致性可达 ±10%；气体单元采用电化学式和催化燃烧式传感器，具有极好的灵敏度和重复性；TVOC 测量单元采用进口高灵敏度的气体检测探头，技术成熟，并且使用高性能信号采集电路，信号稳定，准确度高；同时，支持吊顶和壁挂两种方式。本次实战案例使用 6 台该设备。实物如图 6-3 所示。

图 6-3　RS-MG111-N01-1 多功能空气质量变送器

2）**IoT 网关**：EG8000mini 工业级高性能物联网网关，内置 Node-RED 环境，并且优化了串口采集的节点，使用更加方便；支持远程配置，方便后续调试。该产品接口包括 2 路 RS485 和 1 路 RS232 接口，1 个 Lan 口，支持 POE 供电，大小规格为 118mm×90mm×35mm，适合挂墙隐蔽安装。本实战案例采用 3 台该设备。实物如图 6-4 所示。

3）IoT 平台：选用 BX IoT 平台。该平台内置 Node-RED、MQTT 服务器、时序数据库，支持 HTML5 输出大屏展示 Web 服务，特有的 BXOS 提升服务响应速度，内置 OpenWRT 路由网关服务，可以自组 IP 网络，有效隔离外部安全隐患。实物如图 6-5 所示。

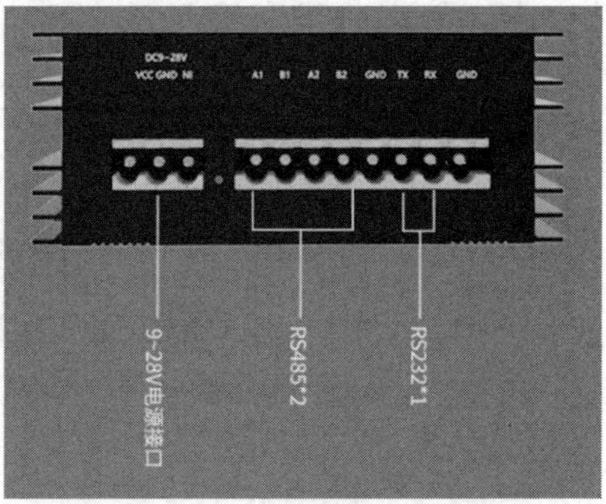

图 6-4　IoT 网关 EG8000mini

6.3.2　软件选型

- IoT 网关侧物联网引擎：Node-RED 3.02。
- IoT 平台侧物联网引擎：Node-RED 3.02。
- IoT 平台侧 MQTT 服务：Mosquitto 2.0.13。
- IoT 平台侧 Web 服务：Node.js 14.20.1 和 Express 模块。
- 业务侧大屏：HTML5 和 WebSocket。

图 6-5　BX IoT 平台

6.4　环境准备

6.4.1　物理连接和接线

设备和 IoT 网关通过 RS485 串口对接，具体可参考 RS-MG111-N01-1 以及 EG8000mini 的使用手册和系统设计拓扑图（见图 6-2）的说明。对接线路示意图如图 6-6 所示。

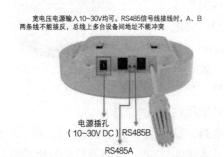
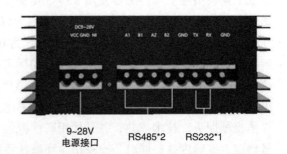

图 6-6　传感器和 IoT 网关 RS485 对接线路示意图

RS485 接口有两线制和四线制两种接线方式，四线制只能实现点对点通信，现很少被采用。两线制接线方式较常用，这种接线方式为总线式拓扑结构，在同一总线上最多可以挂接 32 个节点。

RS485 通信网络中一般采用主从通信方式，即一个主机带多个从机。很多情况下，连接 RS485 通信链路时用一对双绞线将各个接口的 A、B 端连接起来。

在此实战案例中，EG8000mini 有两个 RS485 接口，要接入的传感器为两个，因此不需要串接，每个 RS485 接口接入一个传感器。

现场接线如图 6-7 所示。

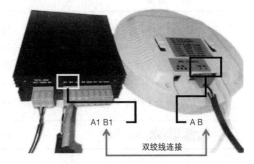

图 6-7　传感器现场接线

6.4.2　网络配置和位置记录

6 个传感器分别通过 RS485 接口接入 IoT 网关后，IoT 网关和 IoT 平台均以 IP 网络对接，在 EG8000mini 网关上接入网线，将其配置到局域网中。最好使用固定 IP 地址，并将 IP 地址用标签贴在设备上，IoT 平台也通过网线接入局域网。全部部署记录如表 6-1 所示，以便系统和软件调试使用。

表 6-1　网络配置和位置记录

设备	物理位置	数字位置
传感器 1	公共办公区 A	IoT 网关 1/1 口 / 位置 5
传感器 2	公共办公区 B	IoT 网关 1/2 口 / 位置 6
传感器 3	中会议室	IoT 网关 2/1 口 / 位置 5
传感器 4	大会议室	IoT 网关 2/2 口 / 位置 6
传感器 5	财务室	IoT 网关 3/1 口 / 位置 5
传感器 6	总经理办公室	IoT 网关 3/2 口 / 位置 6

(续)

设备	物理位置	数字位置
IoT 网关 1	公共办公区	192.168.0.221
IoT 网关 2	会议室区	192.168.0.222
IoT 网关 3	独立办公区	192.168.0.223
IoT 平台	机房	192.168.0.220

通过上述部署，我们确保了各个 IP 之间可以互通，并且 RS485 连接无误。下面进入系统实现过程。

6.5 实现过程

6.5.1 在 IoT 网关中配置传感器的接入

在 Node-RED 中配置传感器流程如图 6-8 所示。

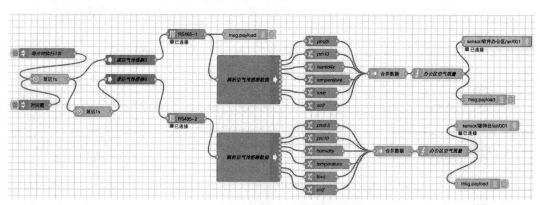

图 6-8 传感器接入的流程示意图

此流程中有 3 个 IoT 网关，每个 IoT 网关通过 RS485 接口接入两台空气传感器进行数据采集和发布。此处详细介绍一个 IoT 网关的流程设计，其余两个设计相同。首先了解空气传感器 RS-MG111-N01-1 采用的 Modbus 协议规定，然后进行节点配置。我们从 RS-MG111-N01-1 产品的说明手册可以获取以下信息。

1. 通信基本参数

通信基本参数如表 6-2 所示。

表 6-2　通信基本参数

编码	8 位二进制	停止位	1 位
数据位	8 位	错误校验	CRC（冗余循环码）
奇偶校验位	无	波特率	出厂默认为 9600bit/s

2. 数据帧格式定义

数据帧格式定义采用 Modbus-RTU 通信规约，具体如下。

- 初始结构 ≥ 4 字节的时间。
- 地址码 = 1B。
- 功能码 = 1B。
- 数据区 = NB。
- 错误校验 = 16 位 CRC 码。
- 结束结构 ≥ 4B。
- 地址码：变送器的地址，在通信网络中是唯一的（出厂默认为 0x01）。
- 功能码：主机所发的功能指令，本变送器只用到功能码 0x03（读取寄存器数据）。
- 数据区：具体通信数据。注意 16bit 数据高字节在前！
- CRC 码：2B 的校验码。

3. 寄存器地址

寄存器地址如表 6-3 所示。

表 6-3　寄存器地址

寄存器地址	PLC 或组态地址	内容	操作	范围及定义说明
0000 H	40001	PM2.5（μg/m³）	只读	实际值
0001 H	40002	PM10（μg/m³）	只读	实际值
0002 H	40003	相对湿度（%RH）	只读	扩大 10 倍上传
0003 H	40004	温度（℃）	只读	扩大 10 倍上传
0004 H	40005	大气压力（kPa）	只读	扩大 10 倍上传
0005 H	40006	光照度（lx）	只读	光照度实际值高位
0006 H	40007			光照度实际值低位
0007 H	40008	TVOC（ppb）	只读	实际值
0008 H	40009	二氧化碳（ppm）	只读	实际值
0009 H	40010	甲醛（ppm）	只读	扩大 100 倍上传
000A H	40011	臭氧（ppm）	只读	扩大 100 倍上传
000B H	40012	氧气（%Vol）	只读	扩大 10 倍上传

（续）

寄存器地址	PLC 或组态地址	内容	操作	范围及定义说明
000C H	40013	硫化氢（ppm）	只读	实际值
000D H	40014	甲烷（%LEL）	只读	实际值
000E H	40015	一氧化碳（ppm）	只读	实际值
000F H	40016	二氧化氮（ppm）	只读	扩大 10 倍上传
0010 H	40017	二氧化硫（ppm）	只读	扩大 10 倍上传
0011 H	40018	氢气（ppm）	只读	实际值
0012 H	40019	氨气（ppm）	只读	实际值
0050 H	40081	PM2.5 校准值	读写	实际值
0051 H	40082	PM10 校准值	读写	实际值
0052 H	40083	湿度校准值	读写	扩大 10 倍上传
0053 H	40084	温度校准值	读写	扩大 10 倍上传
0054 H	40085	大气压力校准值	读写	扩大 10 倍上传

4. Node-RED 所需的参数

从 RS-MG111-N01-1 产品的说明手册可知，Node-RED 会使用到空气传感器获取的一些参数，具体如下。

（1）通信参数

- 波特率：9600bit/s。
- 数据位：8 位。
- 停止位：1 位。
- 校验位：None。

（2）指令参数

- 地址码：5（接线时已经指定）。
- 功能码：FC3 读保持寄存器。

（3）采集数据的 PLC 地址（文档中直接给出了 PLC 地址，因此直接使用，无须转换）

- PM2.5（μg/m³）对应 40001 地址。
- PM10（μg/m³）对应 40002 地址。
- 相对湿度（%RH）对应 40003 地址。
- 温度（℃）对应 40004 地址。
- TVOC（ppb）对应 40008 地址。
- 二氧化碳（ppm）对应 40009 地址。

5. 节点配置

本实战案例采用了型号为 EG8000mini 的 IoT 网关。该网关内置 Node-RED 版本为 2.4.1，同时新增了几个更便捷的 modbus 节点。传感器接入流程中节点配置如表 6-4 所示。

表 6-4　传感器接入流程中节点配置

节点	功能描述	配置参数
modbus 请求	通过设置来生成一条 modbus RTU 指令，设置好以后连接"串口"节点即可发出 RTU 指令	<ul><li>**地址码**：RS485 线路上具体的地址信息</li><li>**功能码**：FC 1 表示读线圈、FC 2 表示读触点、FC 3 表示读保持寄存器、FC 4 表示读输入寄存器、FC 5 表示写单个线圈、FC 6 表示写单个保持寄存器、FC 15 表示写线圈、FC 16 表示写保持寄存器</li><li>**起始地址**：0~65535</li><li>**数量**：从起始地址开始连续读取 / 写入的寄存器数量</li><li>**寄存器解析**：设置此参数可使 modbus in 节点对从站返回的数据进行分割，并将其合并为新数据，然后通过不同通道输出</li></ul>
串口	用于连接硬件接口，本机固定有两个 RS485、一个 RS232 串口，通过这个节点选择连接哪个串口	可以配置参数：波特率、数据位、停止位、校验位
modbus 解析	根据选中的 modbus out 节点对从站返回的数据进行分割，并将其合并为新数据，然后通过不同通道输出	<ul><li>**输入**：从站返回的数据</li><li>**输出**：数量和顺序由选中的"modbus 请求"节点的"寄存器解析"这个配置项决定</li></ul>

这三个节点配合在一起可以完成一路数据的采集。首先增加第一个节点"modbus 请求"并将其命名为"读空气传感器 5"，此流程如图 6-9 所示。

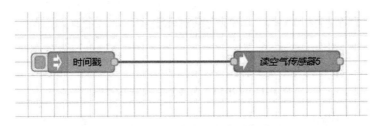

图 6-9　"modbus 请求"节点添加流程

配置依据 6.5.1 节所述内容，地址码为接线时配置的"5"，功能码为设备手册中描述的"FC 3 读保持寄存器"，起始地址和数量分别为 40001 和 10，40001~40010 地址区间正好可以包含 40001 的 PM25、40002 的 PM10、40003 的温度、40004 的湿度、40008 的 TVOC、40009 的二氧化碳的传感数据。具体配置界面如图 6-10 所示。

此节点再连接一个"串口"节点，并将其命名为 RS485-1，如图 6-11 所示。

此"串口"节点按照 6.5.1 节的说明配置，界面如图 6-12 所示。

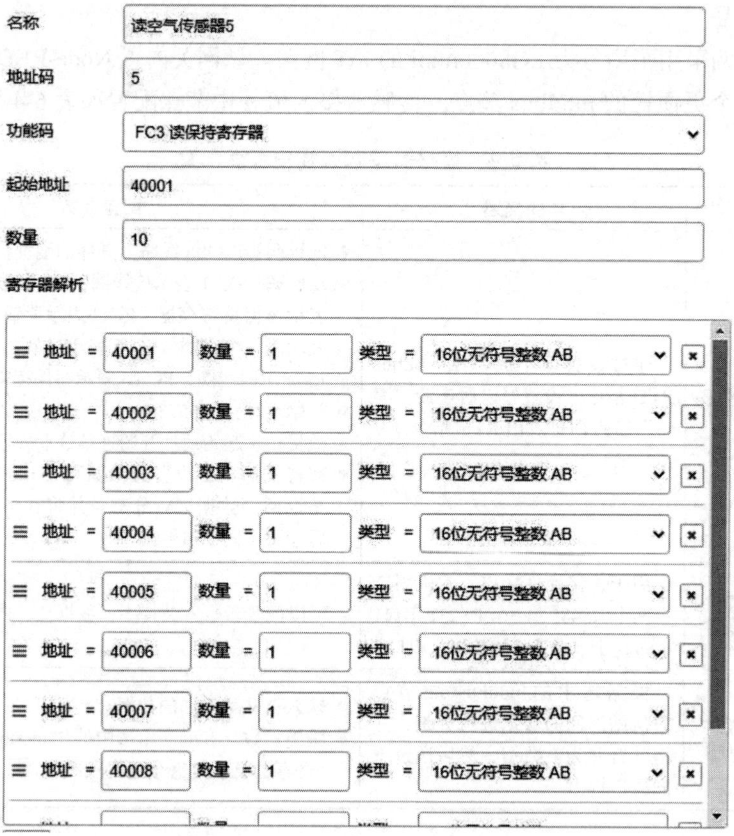

名称
读空气传感器5
地址码
5
功能码
FC3 读保持寄存器
起始地址
40001
数量
10
寄存器解析
地址 = 40001 数量 = 1 类型 = 16位无符号整数 AB
地址 = 40002 数量 = 1 类型 = 16位无符号整数 AB
地址 = 40003 数量 = 1 类型 = 16位无符号整数 AB
地址 = 40004 数量 = 1 类型 = 16位无符号整数 AB
地址 = 40005 数量 = 1 类型 = 16位无符号整数 AB
地址 = 40006 数量 = 1 类型 = 16位无符号整数 AB
地址 = 40007 数量 = 1 类型 = 16位无符号整数 AB
地址 = 40008 数量 = 1 类型 = 16位无符号整数 AB

图 6-10 “modbus 请求”节点配置界面

时间戳
读空气传感器5
RS485-1
已连接

图 6-11 “串口”节点连接流程示意图

属性
名称
RS485接口
RS485-1
参数配置
波特率
数据位
停止位
校验位
9600
8
1
none

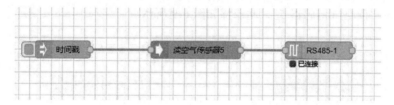

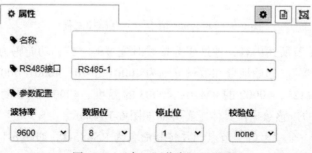

图 6-12 “串口”节点配置界面

此节点再连接一个"modbus 解析"节点，并将其命名为"解析空气传感器数据"，如图 6-13 所示。

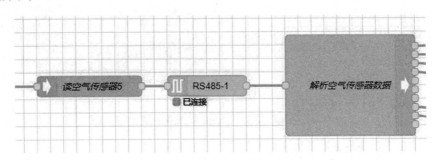

图 6-13　"modbus 解析"节点连接流程示意图

此节点按照 6.5.1 节的说明配置，如图 6-14 所示。

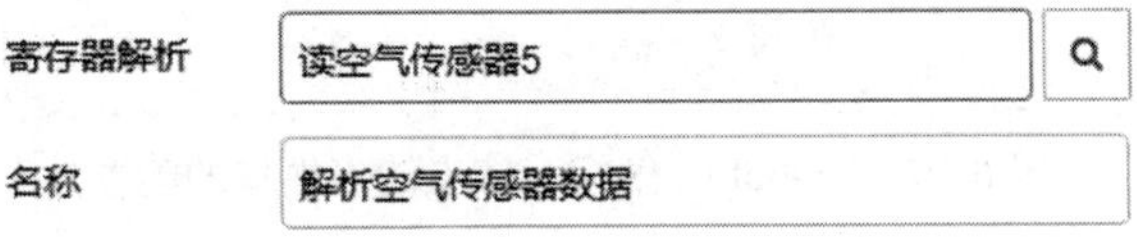

图 6-14　"modbus 解析"节点配置界面

单击"放大镜" Q 按钮，选择之前名为"读空气传感器 5"的"modbus 请求"节点。

至此第一个传感器的数据采集流程已经建立。"modbus 解析"节点会根据"modbus 请求"节点设置的读取寄存器地址数量自动生成节点的输出端口数量并且一一对应数据采集结果，效果如图 6-15 所示。

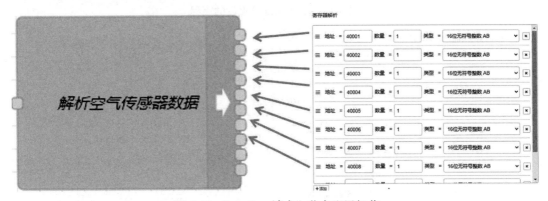

图 6-15　"modbus 请求"节点配置细节

在每个输出后增加一个 change 节点，并将其命名为对应的采集数据的名称，如 pm25 等，如图 6-16 所示。

对"modbus 解析"节点的每个输出端口添加 topic 属性值，如图 6-17 所示。

全部节点都设置好以后，再通过 join 节点进行合并，如图 6-18 所示。

时间戳
读空气传感器5
RS485-1
已连接
解析空气传感器数据
pm25
pm10
humidity
temperature
tovc
co2

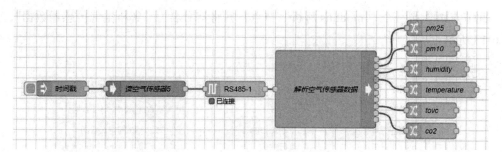

图 6-16 增加 change 节点后的流程

名称
pm25
规则
设定
msg. topic
到
pm25

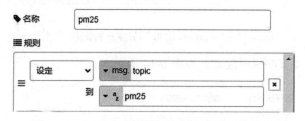

图 6-17 “modbus 解析”节点输出端口的配置

时间戳
读空气传感器5
RS485-1
已连接
解析空气传感器数据
pm25
pm10
humidity
temperature
tovc
co2
合并数据

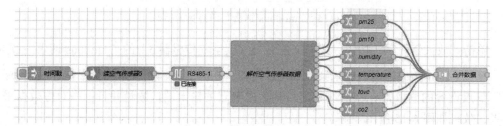

图 6-18 增加 join 节点后的流程

join 节点配置如图 6-19 所示。

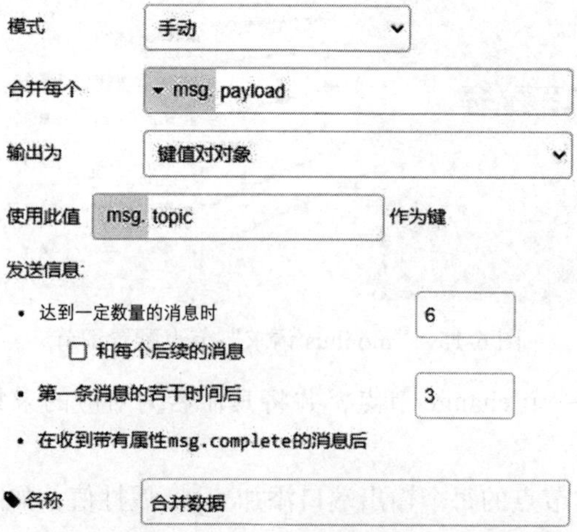

模式
手动
合并每个
msg. payload
输出为
键值对对象
使用此值
msg. topic
作为键
发送信息:
达到一定数量的消息时
6
和每个后续的消息
第一条消息的若干时间后
3
在收到带有属性msg.complete的消息后
名称
合并数据

图 6-19 join 节点配置

设置完成后，收集到的数据将合并为一条 JSON 数据。在“合并数据”节点后增加一个 function 节点，以将采集时间和地址信息补全，流程如图 6-20 所示。

时间戳
读空气传感器5
RS485-1
已连接
解析空气传感器数据
pm25
pm10
humidity
temperature
tovc
co2
合并数据
办公区空气质量

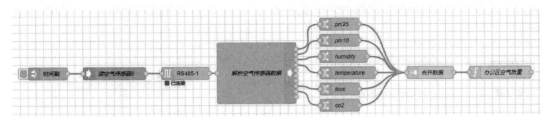

图 6-20　增加 function 节点后的流程

function 节点代码如下：

```
msg.payload.addr=" 软件办公区 "
msg.payload.time=moment().format("YYYY-MM-DD HH:mm:ss");
msg.payload=JSON.stringify(msg.payload)
return msg;
```

最后增加 debug 节点用于结果输出，流程如图 6-21 所示。

时间戳
读空气传感器5
RS485-1
已连接
解析空气传感器数据
pm25
pm10
humidity
temperature
tovc
co2
合并数据
办公区空气质量
msg.payload

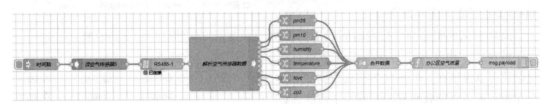

图 6-21　增加 debug 节点后的流程

输出结果如图 6-22 所示。

确认输出结果无误后，添加一个 mqtt out 节点将数据发布到 IoT 平台（平台配置信息在 6.4.2 节介绍）。增加 mqtt out 节点后的流程如图 6-23 所示。

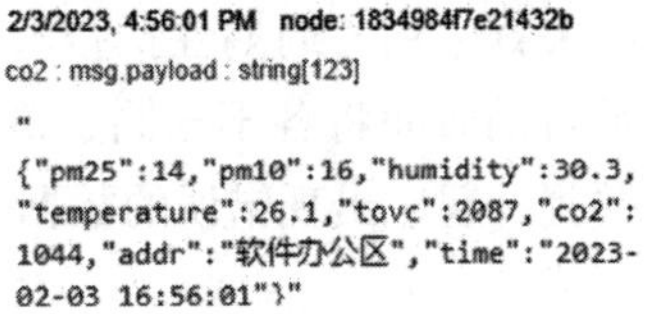

2/3/2023, 4:56:01 PM　node: 1834984f7e21432b
co2 : msg.payload : string[123]
"
{"pm25":14,"pm10":16,"humidity":30.3,"temperature":26.1,"tovc":2087,"co2":1044,"addr":"软件办公区","time":"2023-02-03 16:56:01"}"

图 6-22　输出结果

时间戳
读空气传感器5
RS485-1
已连接
解析空气传感器数据
pm25
pm10
humidity
temperature
tovc
co2
合并数据
办公区空气质量
sensor/软件办公区/air/001
已连接
msg.payload

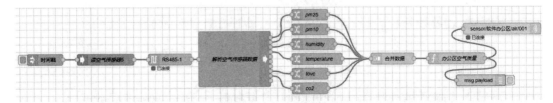

图 6-23　增加 mqtt out 节点后的流程

同时，mqtt out 节点的主题命名规范按照标准方式进行，即 sensor/ 传感器地址 / 传感器类型 / 传感器 ID，最终为“sensor/ 软件办公区 /air/001”。mqtt out 节点的配置如图 6-24 所示。

此时，一个传感器数据采集并发布的全部流程已经完成。用同样的方法设置另外一路传感器数据采集，两路采集通过一个 inject 节点完成启动，并且中间增加一个 delay 节点做延时。此操作为了同时采集两路 RS485 数据的时候，传输没有相互影响而设计，如图 6-25 所示。

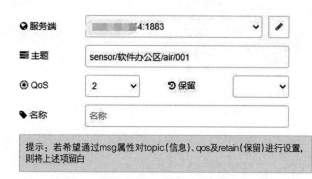

图 6-24　mqtt out 节点的配置

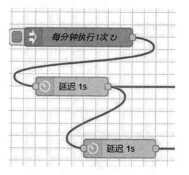

图 6-25　增加 delay 节点

其中，inject 节点的启动模式采用"指定时间段周期性执行"，并指定每分钟采集 1 次。inject 节点设置如图 6-26 所示。

此处重点说明选择"指定时间段周期性执行"的原因。由于多个传感器都在采集数据，此设置可以保证在 IoT 平台端接收数据的时候，会在每分钟正点接收所有 IoT 网关采集的数据，这样进行数据合并就非常准确。如果每个 IoT 网关都采用"周期性执行"，那么数据到达 IoT

图 6-26　inject 节点设置

平台的时间将各不相同，最后合并数据的时候有可能"掐头去尾"地将不同批次的数据合并到一起，出现错误的数据采集结果。最终流程效果如图 6-27 所示。

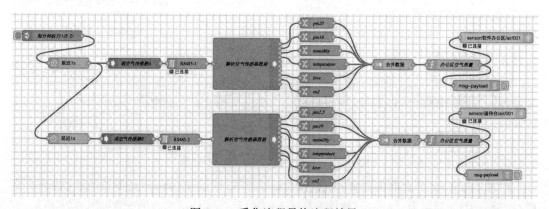

图 6-27　采集流程最终流程效果

用同样的方式完成 3 个 IoT 网关的配置，最终数据将汇聚到 IoT 平台端再进行下一步操作。多个 IoT 网关基于 MQTT 和 IoT 平台通信，如图 6-28 所示。

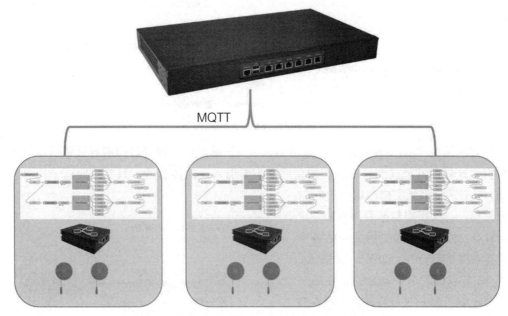

图 6-28　多个 IoT 网关基于 MQTT 和 IoT 平台通信

6.5.2　在 IoT 平台通过 MQTT 接收 IoT 网关采集的数据

IoT 平台端接收传感器数据流程示意图如图 6-29 所示。

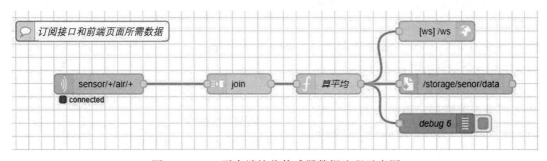

图 6-29　IoT 平台端接收传感器数据流程示意图

IoT 平台采用了极企的 BX IoT，内置 Node-RED 3.0.2。在这个平台上配置数据处理过程，首先增加 mqtt in 节点，如图 6-30 所示。

mqtt in 节点配置如图 6-31 所示。其中，服务端直接配置本地 BX IoT 内置的 MQTT 服务。

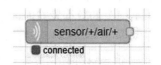

图 6-30　增加 mqtt in 节点

图 6-31　mqtt in 节点配置

　　订阅主题为"sensor/+/air/+"，通过引入"+"通配符，即可订阅所有区域的空气传感器数据。这样的好处显而易见，例如在后期需要引入新的传感器，只要按照这个命名规则添加，IoT 平台都无需修改即可进行新数据采集。订阅所需数据后再增加一个 join 节点，以对各个 IoT 网关中的各个传感器数据进行合并，如图 6-32 所示。

　　join 节点配置为手动合并，在第一条数据收集到 5s 后进行合并，如图 6-33 所示。

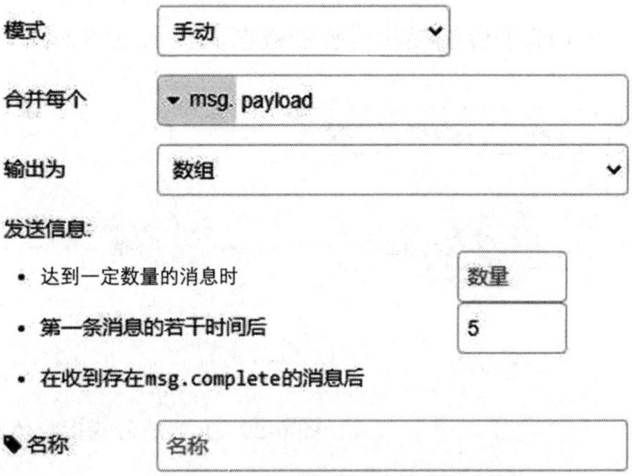

　　这里不采用"达到一定数量的消息时"合并条件，是因为前端空气传感器和 IoT 网关如果出现错误，或者新增传感器等异常情况，都会影响实际传输的数据的数量。比如在此实战案例中，按照前端有 6 个空气传感器来配置，当收集到 6 条数据的时候进行合并，假如此时有一个传感器掉线，那么每次发来的都是 5 条数据，势必会将下一轮的 1 条数据合并打包，造成整个数据的混乱。

　　采用时间作为合并条件的前提是 IoT 网关的数据发布时间也必须为"指定时间段周期性执行"，这样才能保证所有传感器都在每分钟整的时候推送数据，5s 后则可确定所有数据都收集完成，保证数据的完整性。

图 6-32　增加 join 节点的流程

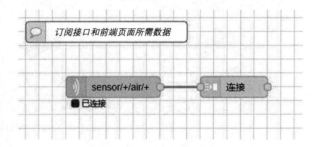

图 6-33　join 节点配置

　　在合并完成以后再增加一个 function 节点，并将其命名为"算平均"，如图 6-34 所示。

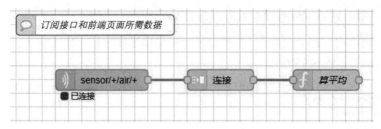

图 6-34　增加 function 节点的流程

此节点是为满足最后大屏展示需求进行数据预处理，因为大屏会实时展示全区范围的空气数据，因此获取每分钟的空气质量数据后，还需要计算出一个综合的平均数据。这就需要 function 节点来完成：

```
var alldata=msg.payload
var avgObj={}
var avgCount={}
alldata.forEach(function(item){
    Object.keys(item).forEach((k)=>{
        if(typeof item[k]!= "number"){
            return false
        }
        if(avgObj[k]==undefined){
            avgObj[k]=0;
            avgCount[k]=0;
        }
        avgObj[k]+=item[k];
        ++avgCount[k];
    });
});
let newData={}
Object.keys(avgObj).forEach((k)=>{
    if(avgCount[k]!=undefined){
        newData[k]=parseFloat(parseFloat(avgObj[k] / avgCount[k]).
        toFixed(2))
    }
})
newData.addr="all"
newData.time=moment().format("YYYY-MM-DD HH:mm:ss");
```

```
msg.payload.push(newData);
return msg;
```

最终输出结果如图 6-35 所示。

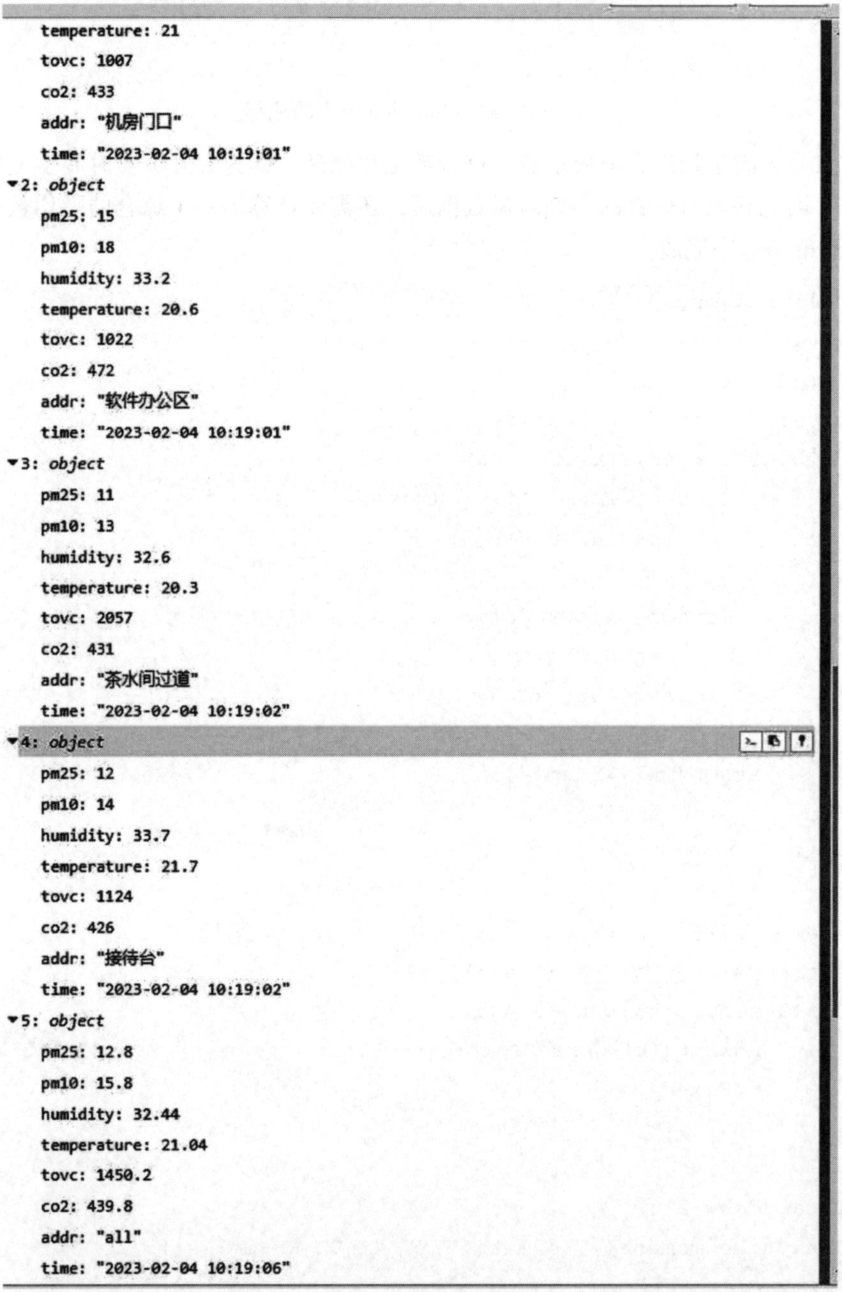

```
    temperature: 21
    tovc: 1007
    co2: 433
    addr: "机房门口"
    time: "2023-02-04 10:19:01"
▼2: object
    pm25: 15
    pm10: 18
    humidity: 33.2
    temperature: 20.6
    tovc: 1022
    co2: 472
    addr: "软件办公区"
    time: "2023-02-04 10:19:01"
▼3: object
    pm25: 11
    pm10: 13
    humidity: 32.6
    temperature: 20.3
    tovc: 2057
    co2: 431
    addr: "茶水间过道"
    time: "2023-02-04 10:19:02"
▼4: object
    pm25: 12
    pm10: 14
    humidity: 33.7
    temperature: 21.7
    tovc: 1124
    co2: 426
    addr: "接待台"
    time: "2023-02-04 10:19:02"
▼5: object
    pm25: 12.8
    pm10: 15.8
    humidity: 32.44
    temperature: 21.04
    tovc: 1450.2
    co2: 439.8
    addr: "all"
    time: "2023-02-04 10:19:06"
```

图 6-35　最终输出结果

6.5.3　在 IoT 平台配置前端界面的 WebSocket 连接

IoT 平台接收到数据以后还需要和前端进行互动，整体结构示意图如图 6-36 所示。

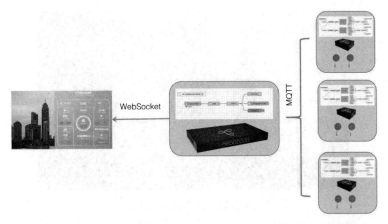

图 6-36　IoT 平台通过 WebSocket 和前端通信整体结构示意图

至此，IoT 网关的数据采集和 IoT 平台的数据收集流程都配置完成，所有空气传感器都将在每一个整点分钟发出数据，最终在 IoT 平台完成合并。

合并整理好的数据需要提供给大屏展示，这里前端通过 WebSocket 连接来实时获取数据，因此增加 websocket out 节点，如图 6-37 所示。

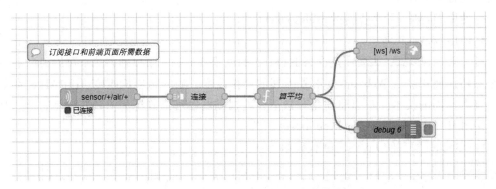

图 6-37　增加 websocket out 节点的流程

websocket out 节点配置如图 6-38 所示。

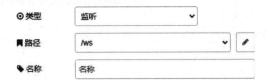

图 6-38　websocket out 节点配置

配置好以后，重新部署流程，即可在前端进行数据连接和获取。

6.5.4 大屏展示界面的实现

最终大屏界面如图 6-39 所示。

图 6-39 最终大屏界面

大屏展示界面是根据用户要求设计的，这里不介绍界面样式的实现，主要对数据连接和获取部分进行介绍。用户可通过在 BX IoT 平台访问以下 IP 地址来访问该大屏界面。

```
http://192.168.0.220/air/screen
```

此界面使用了 HTML5 WebSocket 技术来实现和 BX IoT 平台对接功能，而 HTML5 的代码实现有两个方式。

- 使用 HTML5 原生支持的 WebSocket。
- 使用 socket.io 库。

对于第一种方式，需要使用支持 HTML5 的浏览器；对于第二种方式，可以根据不同的浏览器切换使用除去 WebSocket 以外的其他连接技术，如 AJAX 长连接、IFRAME 等支持老版本浏览器的技术。在当前项目背景下，电视浏览器可以确定为 HTML5 浏览器，因此可以采用 HTML5 原生支持的 WebSocket 服务。

WebSocket 实现的 JavaScript 代码如下：

```javascript
init(){
  var _this=this;
  if(_this.ws=null){
    _this.ws=new WebSocket(url:"ws://192.168.0.220:1880/ws");
    _this.ws.onopen=function(evt){...};
    _this.ws.onmessage=function(evt){...};
    _this.ws.onclose=function(evt){...};
  }
  setTimeout(handler:function(){
    _this.init()
```

```
    },timeout:5000)
},
```

此 init() 方法将 5s 一次循环运行，首先判断 WebSocket 对象 ws 是否存在，如果不存在，则创建一个新的连接。这样做的目的是保证页面一直处于保活状态。由于电视播放内容的时候没有交互操作，如果因为网络问题连接断开是无法通过人工刷新的方法去恢复连接的，因此采用 5s 循环执行的方式可保证网络恢复的时候界面可以自动重新连接。

WebSocket 在 JavaScript 代码中基于事件运行，最主要的 3 个事件如下。

● onopen：当连接成功的时候触发。

● onmessage：当服务端有消息发送过来的时候触发。

● onclose：当连接断掉的时候触发。

onopen 事件代码如下：

```
_this.ws.onopen=function(evt){
    console.info("连接建立成功！")
    _this.ws.send("连接成功！发送初始数据！");
};
```

这部分代码没有实际作用，只是用于在控制台打印连接成功的信息，方便前端调试，同时连接好以后立即发送一条消息，确认通信是否正常，也方便在 Node-RED 中查看连接的消息，如图 6-40 所示。

图 6-40　websocket 节点连接状态

onmessage 事件代码如下：

```
_this.ws.onmessage=function(evt){
    console.info("接收数据:"+evt.data)
    _this.lasttime=moment().format("YYYY-MM-DD HH:mm:ss");
    var returnObj=JSON.parse(evt.data)
    //......其他逻辑和显示逻辑......
    };
```

onmessage 的事件会回传一个参数 evt。这个参数就是收到的数据包，数据包的 data 属性即 Node-RED 后台传入的数据，不过此时还是字符串格式，通过 JSON.parse(evt.data) 后变为 JSON 格式。接收到 JSON 数据以后便可执行前端页面的展示逻辑，数据获取和展示的关系如图 6-41 所示。

onclose 事件代码如下:

```
_this.ws.onclose=function(evt){
    console.info(" 连接关闭 .");
    _this.ws=null;
};
```

图 6-41 数据获取和展示的关系

连接关闭的时候会执行此代码。在这里,一定要将 WebSocket 对象 ws 设置为 null,这样 5s 以后重新执行这个方法的时候才会重新连接。

最终呈现效果如图 6-42 所示。

图 6-42 最终呈现效果

6.5.5　IoT 平台对外接口的实现

BX IoT 平台收到各个传感器的数据以后，除了提供大屏展示以外，还需要提供给业务系统 API，以便业务系统使用。根据本实战案例的客户需求，只需要提供 API 让业务系统能够随时获取最新的一次数据即可，没有对历史数据的查询要求，因此不需要实现数据库存储和历史数据查询。先在"订阅接口和前端页面所需数据"流程中增加一个 write file 节点，将最新的数据存储在文件中，以便调用。流程示意图如图 6-43 所示。

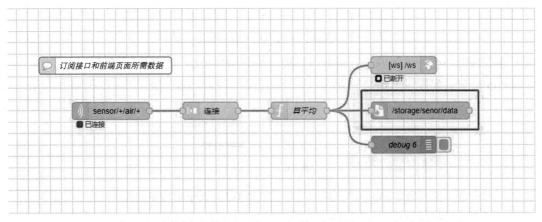

图 6-43　对外接口流程中增加 write file 节点的流程

此节点和 websocket 节点一样，只是将最后一次获取的数据存储在一个文件中。此 write file 节点配置如图 6-44 所示。

图 6-44　write file 节点配置

除了指定文件路径外，需要将"行为"选择为"复写文件"，这样数据将不会累加，只会存储最后一次的数据。

在 BX IoT 平台的 Node-RED 中增加"前端 HTTP 接口处理"流程来实现 API 提供，如图 6-45 所示。

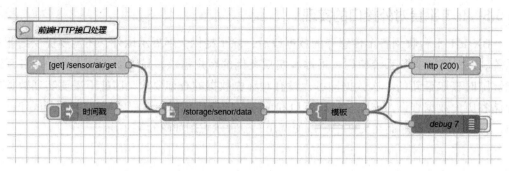

图 6-45　增加"前端 HTTP 接口处理"流程

首先增加一个 http in 节点，设置对外接口的 HTTP 地址，如图 6-46 所示。
http in 节点配置如图 6-47 所示。

图 6-46　增加 http in 节点　　　　图 6-47　http in 节点配置

http in 节点后面增加一个 read file 节点，以读取之前存储文件的内容，如图 6-48 所示。
read file 节点配置如图 6-49 所示。

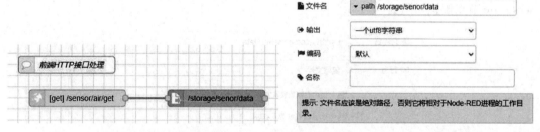

图 6-48　增加 read file 节点的流程　　　　图 6-49　read file 节点配置

读取了文件内容以后，通过"模板"节点将读取的数据以 JSON 格式输出，如图 6-50
所示。

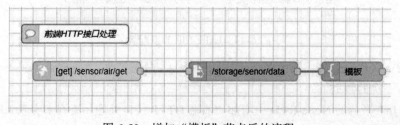

图 6-50　增加"模板"节点后的流程

"模板"节点配置如图 6-51 所示。

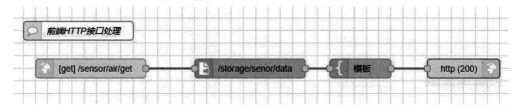

图 6-51　"模板"节点配置

最后增加 http response 节点，返回数据给 API 调用，如图 6-52 所示。

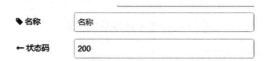

图 6-52　增加 http response 节点后的流程

http response 节点配置如图 6-53 所示。

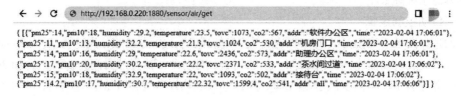

图 6-53　http response 节点配置

这样，通过调用 http://192.168.0.220:1880/sensor/air/get 则可得到回复，如图 6-54 所示。

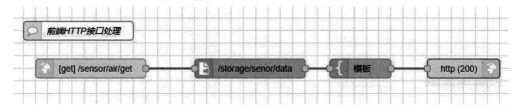

图 6-54　接口调用后的回复

当然，这样是不安全的 API 设计。在本实战案例中，由于是内网使用，这样就可以满足客户需求。如果需要考虑安全，相应增加 SSL 连接并且在 HTTP Header 里增加安全认证信息即可。

6.5.6　IoT 平台场景实现

自动化也是物联网应用的最基本需求。根据用户的需求描述，我们建立了以下流程以实现场景自动化，示意图如图 6-55 所示。

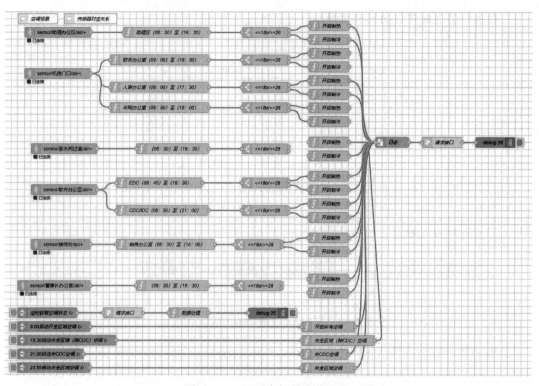

图 6-55　IoT 平台场景实现流程

用户要求的自动化场景分两类。

- 通过空气传感器数据自动调节空调和新风。
- 通过工作日、非工作日的时间设定来自动开关空调和新风。

具体需求描述如下。

空调自动控制逻辑

- 助理办公区。当温度低于 18℃时，空调开启制热，预设 22℃，风速为 A；当温度高于 28℃时，开启制冷，预设 22℃，风速为 A。自动开灯执行的时间为 08:30 至 18:30。
- 财务办公室。当温度低于 18℃时，空调开启制热，预设 26℃，风速为 A；当温度高于 28℃时，开启制冷，空调预设 26℃，风速为 A。自动开灯执行的时间为 09:00 至 18:30。
- 人事办公室。当温度低于 18℃时，空调开启制热，预设 25℃，风速为 A；当温度高于 28℃时，开启制冷，预设 25℃，风速为 A。自动开灯执行的时间为 09:00 至 17:30。

空调、新风的开关控制逻辑

- 新风场景目前设置是，当 TOVC>0.50mg/m³ 或二氧化碳 >600ppm 或 PM2.5>35μg/m³ 或 PM10>50μg/m³ 时，开启所有新风。
- 所有区域空调 08:00 自动开启，18:30 自动关闭，23:59 再次检测，自动关闭。

设置场景实现的 3 个步骤为获取数据、增加判断逻辑、进行控制。按照这个步骤，下面介绍设置过程。首先按照区域订阅一个 MQTT 数据，此时需要引入一个 mqtt in 节点，如图 6-56 所示。

设置订阅主题为"sensor/ 助理办公区 /air/+"，这样只会收集"助理办公区"的数据，然后将数据传给 function 节点进行逻辑判断，如图 6-57 所示。

图 6-56　mqtt in 节点　　　图 6-57　增加 function 节点实现时间区分的流程

function 节点代码如下：

```
msg.payload=msg.payload
let nowtime=moment()
let startime=moment().hour("8").minute("30").second("00")
let endime=moment().hour("18").minute("30").second("00")
let weekday=moment().day()
if(nowtime.isAfter(startime)&& nowtime.isBefore(endime)&&weekday<6){
    return msg
}
```

此代码将会在每周一到周五的 8:30 至 18:30 时间段内运行。

下一步增加一个 switch 节点，对空气数据进行判断，如图 6-58 所示。

图 6-58　增加 switch 节点后的流程

switch 节点配置如图 6-59 所示。

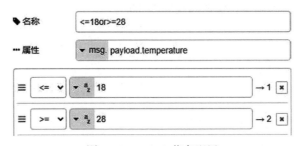

图 6-59　switch 节点配置

判断后进行控制处理，如图 6-60 所示。

通过这种方式，我们可以利用 Node-RED 的低代码快速开发能力，快速实现自动化场景，以及根据用户需求随时修改。这也是 Node-RED 重要的能力体现。

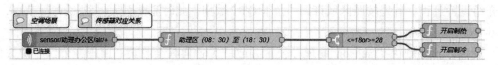

图 6-60　分支判断流程示意图

6.6　案例总结

此实战案例完成了一套标准的物联网系统建设，下面汇总了一些要点。

- 系统拓扑设计和硬件选型：根据物理位置和终端类型选择不同 IoT 网关和 IoT 平台。
- RS485 设备连接：提前设置好地址码，记录在表格，以防冲突。
- Modbus 协议对接：根据对应产品使用手册获取通信参数、地址参数等，如果无特殊说明，地址信息通过对寄存器地址从十六进制转化为十进制后加 40001 获得。
- MQTT 的发布：设计发布的主题，按照 "sensor/ 地理位置 / 传感器类型 / 传感器 ID" 的规范设计。
- MQTT 的使用：MQTT 的发布时间选择 "指定时间段周期性执行"，这样 IoT 平台可以在同一时间点获取全部数据，即便有传感器掉线也不影响其他数据的合并和流程的执行。
- 数据收集和格式调整：数据收集、合并后一般调整为 JSON 格式。
- 前端和 Node-RED 之间采用 WebSocket 协议通信，并且前端加入 "保活" 措施，防止网络和后台服务掉线的影响。
- 利用 HTTP 节点组对外提供完整的 API 服务，根据安全要求可以增加 SSL 或安全密钥的安全设置。
- 物联网自动化场景遵循获取数据、增加判断逻辑、进行控制三步设计原则，在 Node-RED 中进行设置和调整，快速满足客户需求。

智能家居实战：
基于树莓派搭建智能家居场景

智能家居存在的意义是服务于实际生活，目前的单一品牌产品往往不能覆盖真实的需求，因此用 Node-RED 来重新建立智能家居的中心，并通过连接、控制、采集形成联动场景，为智能家居生活 DIY 实现提供可能。本章的实战案例完成了一套智能家居系统的建设，汇总了智能家居产品的选型组合、基于树莓派 4B 实现智能家居中心平台、完成在树莓派 4B 中安装 Node-RED 及 ZigBee2MQTT、完成智能开关和插座的网络连接、完成多功能传感器数据采集、实现自动窗帘控制、实现自动浇灌、实现自动照明采光联动等场景中的技术应用要点，最终通过 Dashboard 实现智能家居系统的综合数据和控制接口展现。

7.1 背景和目标

智能家居是物联网走入我们生活最常见的场景。通常，直接使用标准产品就可以满足大部分需求。当然，面对更加复杂的需求，我们就需要自己搭建控制中心，比如采用各个不同品牌的设备或者传感器来完成智能灌溉，或者按照自己的习惯定义联动场景等。因此，本章的实战案例将通过在树莓派上搭建 Node-RED，完成智能家居中心平台的构建，如图 7-1 所示。

7.1.1 项目背景

用户 100m² 的居住场景采用多种品牌智能家居设备，部署了小米照明开关、小米智能插座、云起温湿度光线感应器、极企窗帘控制器。虽然各个品牌的智能家居产品都有 IoT

网关，并且有自己的控制软件，但是相互不通，无法完成联动，比如：日落自动关闭窗帘并打开照明灯，花园自动灌溉等。实现这些场景需要配置更多品牌的智能设备，形成自己的本地智能控制中心而不经过厂商的云端。

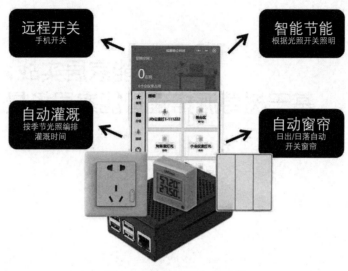

图 7-1　智能家居中心平台

7.1.2　项目需求分析

- 用户场景中，照明采用小米智能开关和智能插座实现，电动窗帘控制采用极企的窗帘控制器实现，自动灌溉采用极企的通断控制器实现，光感传感器采用云起 LifeSmart 的无线多功能传感器实现。
- 小米系列产品有自己的 IoT 网关，此 IoT 网关最新的版本不支持本地通信接口，因此改为采用 ZigBee 3.0 协议直接控制设备。
- 窗帘控制器、通断控制器可以通过极企中控的 UDP 标准进行集成。
- 光感传感器可以通过云起 LifeSmart 的 UDP 标准进行集成。
- 通过树莓派 4B 实现智能家居中心平台。
- 联动跨品牌设备，日落关闭窗帘并打开照明，日出打开窗帘，日间在光照度低于100lx 时打开照明，在光照度高于 100lx 时关闭照明。
- 根据季节自动浇灌花园。
- 防止异常长时间浇灌花园。

7.1.3　实战目标

- 建立基于树莓派和 Node-RED 的智能家居中心平台。
- 树莓派 Node-RED 接入 ZigBee 3.0 的小米设备，通过 ZigBee 的 USB 扩展设备和

ZigBee2MQTT 软件完成小米设备接入。
- 树莓派 Node-RED 接入极企 IoT 网关的 UDP 通信。
- 树莓派 Node-RED 接入云起 IoT 网关的 UDP 通信。
- 实现日出 / 日落时控制窗帘开合、花园自动浇灌等用户需求。
- 制作家庭 Dashboard 展示。

7.2　技术架构

技术架构清晰地描述了整个系统的网络结构和连接关系，该案例的技术架构如图 7-2 所示。

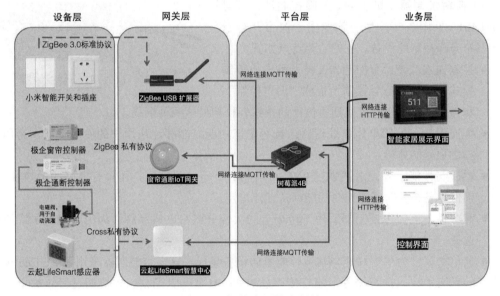

图 7-2　智能家居技术架构

此案例中，前端设备（包括开关、插座、窗帘控制器、光感传感器等）是无线通信设备，通过各自的 IoT 网关接入平台，因此平台层可以直接采用树莓派设备实现。家庭没有专业的机房，因此采用小巧的树莓派设备作为 IoT 平台可以方便地放置在任何有网线接入的地方，并且整个场景的逻辑控制以及展示功能都较为简单，均可以在树莓派上的 Node-RED 中完成。

7.3　技术要求

7.3.1　硬件选型

1）**智能开关**：Aqara 智能墙壁开关 D1（单相线三键版），型号为 QBKG26LM，如图 7-3

所示。此开关支持单相线接入，方便直接替换为传统照明开关。该开关支持标准 ZigBee 3.0 协议。

2）**智能插座**：Aqara 墙壁插座（ZigBee 版），型号为 QBCZ11LM，如图 7-4 所示。此插座支持 10A/2500W，可满足各种电器的供电需求，并且支持标准 ZigBee 3.0 协议。

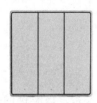

图 7-3　Aqara 智能墙壁开关 D1（单相线三键版）　　图 7-4　Aqara 墙壁插座（ZigBee 版）

3）**窗帘控制器**：极企 IoT 升降控制器，型号为 WL401（见图 7-5），是一款专用于窗帘开合及投影幕布升降控制的设备。它的主要特点如下。

图 7-5　极企 IoT 升降控制器

- **控制模式**：该窗帘控制器支持两种电机控制模式，即脉冲信号控制（也称"弱电控制"）和强电控制。用户可以通过侧面的按钮轻松切换这两种模式。
- **智能设计**：采用单片微处理器，具有记忆功能，能够记住用户的使用习惯，为用户提供更好的体验。
- **材质与性能**：外壳由高强度 PVC 材料制成，不仅耐高温，还具有良好的散热性能，确保设备在长时间工作时仍能保持性能稳定。
- **兼容性**：该窗帘控制器适用于市场上的大部分窗帘电机品牌，为用户提供了广泛的选择。
- **通信协议**：为了更好地与其他智能家居设备集成，该窗帘控制器采用了 ZigBee 规范的私有协议。这意味着不能直接通过 Node-RED 与其通信，需要通过极企的中央控制器（IoT 网关）进行通信和集成。

4）**通断控制器**：极企 IoT 通断控制器，型号为 WL201，如图 7-6 所示。此控制器干接点输出 220V/3A；负载 <3A、220VAC 或 3A、30VDC；常开输出，触发后输出端闭合，闭合时间 3s 左右，然后恢复常开状态；执行器的输出端是不分极性的，仅是一个干接点接口，通

图 7-6　极企 IoT 通断控制器

信协议为 ZigBee 私有协议，因此 Node-RED 无法直接与其通信，需要通过极企的中央控制器（IoT 网关）进行通信和集成。可直接使用该通断控制器对接电磁阀来控制自来水开关，实现浇灌自动化系统。

5）**窗帘通断 IoT 网关**：配合窗帘控制器和通断控制器使用。在 100m^2 空间，多个窗帘控制器共用一个 IoT 网关即可。极企窗帘通断 IoT 网关（带网口版）型号为 IoT-A，如

图 7-7 所示。该设备通过网线连接并通过 UDP 进行通信，厂商提供完整的 UDP 接口标准文档。

6）**光感传感器：** 云起 LifeSmart 的多功能环境感应器，型号为 LS063WH（见图 7-8），可以在 –5~45℃工作。由于该传感器是通过纽扣电池供电的（最长工作时间为 1 年），因此无须连接线路进行供电。此设备可以摆放在任意位置进行数据采集，它采集的环境数据有温度、湿度、光照度。该传感器通过云起 LifeSmart 私有协议 Cross 和中央控制器（IoT 网关）通信，因此无法直接获取传感器数据，需要通过中央控制器完成通信和集成。

图 7-7　极企窗帘通断 IoT 网关（带网口版）　　图 7-8　云起 LifeSmart 的多功能环境感应器

7）**光感传感器 IoT 网关：** 该设备配合云起 LifeSmart 的多功能环境感应器使用，采用私有协议 Cross 和传感器、云起 LifeSmart 的其他设备通信。本案例中该产品名称为 LifeSmart 智慧中心，型号为 LS082WH，如图 7-9 所示。该设备通过网线连接并通过 UDP 进行通信，厂商提供完整的 UDP 接口标准文档。

8）**ZigBee USB 扩展设备：** 此设备用于在树莓派上扩展 ZigBee 3.0 信号，用于连接标准的 ZigBee 3.0 设备，在本项目中就是连接小米开关和插座设备。该设备选择极企 ZigBee 3.0 USB Dongle，型号为 bx-ZigBee3（见图 7-10）。该设备内置固件支持 ZigBee2MQTT 软件，通过 MQTT 协议对标准 ZigBee 3.0 设备进行组网和控制，方便 Node-RED 的集成。

图 7-9　云起 LifeSmart 光感传感器 IoT 网关　　图 7-10　极企 ZigBee 3.0 USB 扩展设备

9）**IoT 平台：** 基于树莓派 4B 2G 版本配合标准外壳组合成通用 IoT 平台，如图 7-11 所示。

7.3.2　软件选型

- IoT 平台侧物联网引擎：Node-RED 3.02。

图 7-11　通用 IoT 平台

- IoT 平台侧 ZigBee 扩展：ZigBee2MQTT。此软件支持将符合 ZigBee 3.0 标准的设备接入后通过 MQTT 进行设备控制和传感器数据采集。目前，支持 ZigBee2MQTT 的设备数量已经超过 2000，包括各种常用的品牌（如小米、涂鸦等）。ZigBee2MQTT 是 Node-RED 使用 ZigBee 通信的最佳拍档。

- IoT 平台侧 MQTT 服务：Mosquitto 2.0.13。
- IoT 平台侧场景服务：Node-RED 3.02。
- 业务侧：Node-RED 3.02 Dashboard。

7.4 环境准备

7.4.1 软件环境安装

1. 在树莓派 4B 中安装 Node-RED 环境

在树莓派 4B 中安装 Node-RED 可以参考《Node-RED 物联网应用开发技术详解》的 2.4 节。首先访问以下地址安装树莓派镜像安装软件 Raspberry Pi Imager。

```
https://www.raspberrypi.com/software/
```

安装以后进行 SD 卡制作，如图 7-12 所示。

图 7-12　Raspberry Pi SD 卡制作界面

操作系统选择 "Raspberry Pi OS Lite(64-bit)"，如图 7-13 所示。

然后选择要烧录到的 U 盘，如图 7-14 所示。

最后单击 "烧录" 直到完成。注意，此时 SD 卡不能直接拔出，需要正常卸载后拔出，如图 7-15 所示。

Raspbian 系统默认 SSH 服务为关闭状态，最简单的开启方法是在内存卡根目录下建一个名为 ssh 的文件，存入树莓派系统，重启系统就会开启 SSH 服务了，如图 7-16 所示。

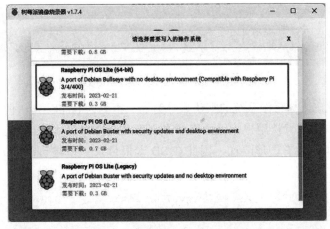

图 7-13　选择要写入的操作系统

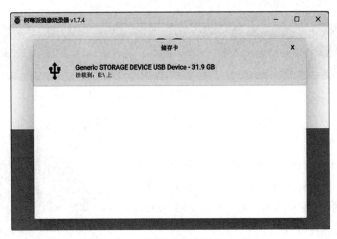

图 7-14　选择要烧录到的 U 盘

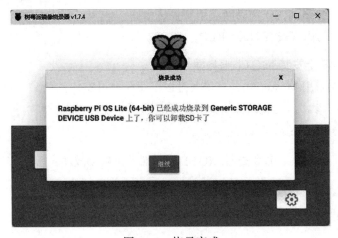

图 7-15　烧录完成

start4x.elf	2023/1/6 11:16	ELF 文件	2,929 KB
vl805.bin	2023/2/21 4:08	BIN 文件	98 KB
vl805.sig	2023/2/21 4:08	SIG 文件	1 KB
ssh	2023/3/9 6:54	文件	0 KB

图 7-16 在树莓派中开启 SSH 服务

另外，初始状态下树莓派系统的默认账号为 pi，密码为 raspberry，但是 2022 年 4 月以后的树莓派系统取消了默认用户，因此需要先创建一个用户后才能连接。由于安装的树莓派系统是 Lite 版本，没有图形界面，因此在 SD 卡根目录下创建 userconf 文件，并在其中输入：

```
pi:$6$Q7yQqYO94B9fI9jn$trNI8/yvcZ8WYleaYKN5qlrzQ3AhZXLZtcNkYJlSH1
6xGloh2ZiM4KeAay8GSBoQ09LZI/wMOxM3qeou7uZXq.
```

文件创建后如图 7-17 所示。

start4db.elf	2023/1/6 11:16	ELF 文件	3,660 KB
start4x.elf	2023/1/6 11:16	ELF 文件	2,929 KB
userconf	2023/3/9 7:11	文件	1 KB

图 7-17 手动创建 userconf 文件

SD 卡制作好以后，把 SD 卡插入树莓派，然后在树莓派上插入网线上电运行，如图 7-18 所示。

接下来，通过直接在树莓派系统上接入显示器和鼠标、键盘，登录 Raspberry Pi OS，或者通过路由器查找该树莓派系统接入的 IP 地址后，使用 SSH 工具（如 PuTTy）远程登录树莓派。

登录成功后，界面如图 7-19 所示。

此时，按照《Node-RED 物联网应用开发技术详解》中第 2 章介绍的内容安装 Node-RED。

图 7-18 树莓派系统安装好后上电运行

2. 在树莓派 4B 上安装 MQTT 服务端

MQTT 服务端采用 Mosquitto，直接通过以下命令即可安装：

```
$ sudo apt-get update
$ sudo apt-get install mosquitto
```

安装完成后，通过以下命令查看 MQTT 服务端是否启动成功：

```
$ netstat -ncpl
```

如果正常启动，可以看到 1883 端口，如图 7-20 所示。

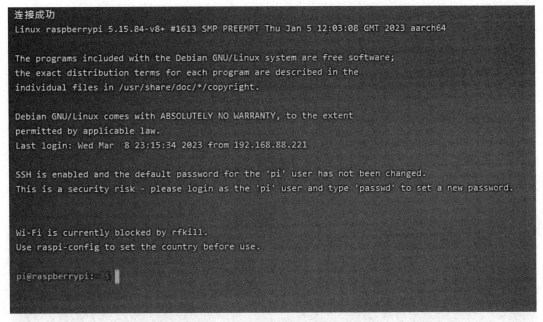

图 7-19　登录树莓派设备成功后的界面

```
Active Internet connections (only servers)
Proto Recv-Q Send-Q Local Address          Foreign Address        State       PID/Program name
tcp       0      0 0.0.0.0:9999            0.0.0.0:*              LISTEN      571/node /opt/zigbe
tcp       0      0 0.0.0.0:1880            0.0.0.0:*              LISTEN      565/node-red
tcp       0      0 127.0.0.1:1883          0.0.0.0:*              LISTEN      -
tcp       0      0 0.0.0.0:22              0.0.0.0:*              LISTEN      -
tcp6      0      0 :::22                   :::*                   LISTEN      -
tcp6      0      0 ::1:1883                :::*                   LISTEN      -
udp       0      0 0.0.0.0:68              0.0.0.0:*
udp       0      0 0.0.0.0:5353            0.0.0.0:*
udp       0      0 0.0.0.0:37393           0.0.0.0:*
udp6      0      0 :::5353                 :::*
udp6      0      0 :::546                  :::*
udp6      0      0 :::54881                :::*
raw6      0      0 :::58                   :::*                   7
```

图 7-20　查看开启的端口

3. 在树莓派 4B 上安装 ZigBee2MQTT 模块和 ZigBee 扩展设备

在树莓派上安装 ZigBee2MQTT 模块，步骤如下：

```
# 创建一个名为 ZigBee2mqtt 的目录并将用户设置为所有者
sudo mkdir/opt/ZigBee2mqtt
sudo chown-R ${USER}:/opt/ZigBee2mqtt
# 克隆 ZigBee2MQTT 仓库到刚创建的目录
```

```
git clone--depth 1 https://github.com/Koenkk/ZigBee2mqtt.git /opt/
ZigBee2mqtt
# 以用户 "pi" 的身份安装依赖项
cd/opt/ZigBee2mqtt
npm ci
```

安装完成后，界面如图 7-21 所示。

```
pi@raspberrypi:/lib/systemd/system $ git clone --depth 1 https://github.com/Koenkk/zigbee2mqtt.git /opt/zigbee2mqtt
Cloning into '/opt/zigbee2mqtt'...
remote: Enumerating objects: 136, done.
remote: Counting objects: 100% (136/136), done.
remote: Compressing objects: 100% (130/130), done.
remote: Total 136 (delta 6), reused 46 (delta 2), pack-reused 0
Receiving objects: 100% (136/136), 497.32 KiB | 1.50 MiB/s, done.
Resolving deltas: 100% (6/6), done.
pi@raspberrypi:/lib/systemd/system $ cd /opt/zigbee2mqtt
pi@raspberrypi:/opt/zigbee2mqtt $ npm ci

added 750 packages, and audited 751 packages in 1m

68 packages are looking for funding
  run `npm fund` for details

found 0 vulnerabilities
```

图 7-21　安装完 ZigBee2MQTT 模块后的界面

安装完成后，将 ZigBee USB 扩展设备插入树莓派的 USB，如图 7-22 所示。

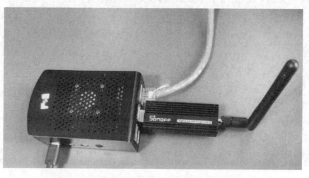

图 7-22　插入 ZigBee USB 扩展设备

插入 ZigBee USB 扩展设备后，输入 dmesg 命令查找设备信息：

```
$ sudo dmesg
...
usbcore:registered new interface driver ch341
usbserial:USB Serial support registered for ch341-uart
ch341 3-1:1.0:ch341-uart converter detected
```

```
usb 3-1:ch341-uart converter now attached to ttyUSB0
```

从上面输出的内容可以看到，适配器已被识别并安装在 ttyUSB0 上。

此时，修改 ZigBee2MQTT 配置文件：

```
$ vi/opt/ZigBee2mqtt/data/configuration.yaml
```

这是一个 Home Assistant 的配置文件，用于集成 MQTT 发现。集成中包含一些基本配置，如是否允许新设备加入、前端端口号以及 MQTT 服务器的相关信息，代码如下：

```
#Home Assistant 集成（MQTT 发现）
homeassistant:false
# 允许加入新设备
permit_join:true
frontend:
  port:9999
#MQTT 设置
mqtt:
  # 配置 ZigBee2MQTT 的 MQTT 消息的基础主题
  base_topic:ZigBee2mqtt
  #MQTT 服务器地址
  server:'mqtt:/localhost'
  #MQTT 服务器身份验证信息：
  #user:my_user
  #password:my_password
# 串口设置
serial:
  #Location of CC2531 USB sniffer
  port:/dev/ttyUSB0
```

然后，启动 ZigBee2MQTT 模块：

```
$ cd/opt/ZigBee2mqtt
$ npm start
```

启动完成后，可以通过 9999 端口访问 ZigBee2MQTT 模块的管理界面，如图 7-23 所示。

接下来，安装 Node-RED 的 zigbee2mqtt 节点支持，首先在 Node-RED 编辑器中依次单击"菜单"→"节点管理"，输入 node-red-contrib-zigbee2mqtt 查找，如图 7-24 所示。

安装成功后出现图 7-25 所示的界面，如果出现安装错误可以重复安装。

此时，编辑器左边会出现 zigbee2mqtt 节点组，如图 7-26 所示。

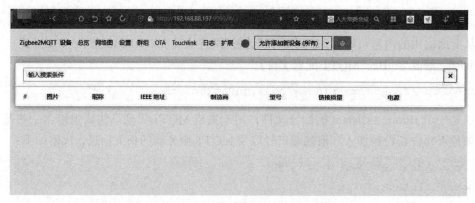

图 7-23 ZigBee2MQTT 模块的管理界面

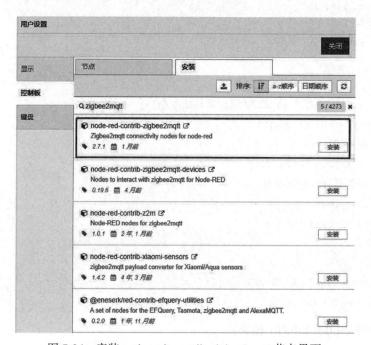

图 7-24 安装 node-red-contrib-zigbee2mqtt 节点界面

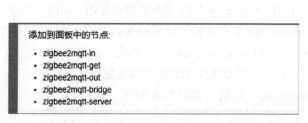

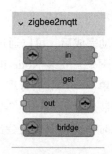

图 7-25 node-red-contrib-zigbee2mqtt 节点安装成功提示界面　图 7-26 zigbee2mqtt 节点组

4. 安装 LifeSmart 自定义节点

和 LifeSmart 的网关通信需要首先安装 lifesmart 自定义节点，自定义节点安装代码如下：

```
$ cd/home/pi/.node-red/nodes
$ wget http://www.nodered.org.cn/geeqee_lifesmart.zip
```

然后，解压文件：

```
$ unzip geeqee_lifesmart.zip
```

解压后重启 Node-RED，自定义节点将自动安装到 Node-RED 编辑器中，如图 7-27 所示。

至此，环境和软件模块都准备好了。接下来开始物理连接的准备工作。

图 7-27　lifesmart
节点组

7.4.2　物理连接和组网

1. 小米开关和插座组网

对于小米开关，按照安装手册进行接线。接线完成后，小米开关即可控制照明电路，如图 7-28 所示。

安装好开关后，长按组网键，当蓝光闪烁的时候进入组网模式。此时，查看 ZigBee2-MQTT 管理界面会自动发现此开发设备，并注册到树莓派 4B 中，如图 7-29 所示。

图 7-28　小米开关接线效果

图 7-29　在 ZigBee2MQTT 中发现小米开关

小米智能插座的组网也类似，先按照说明进行接线，如图 7-30 所示。

接线完成后，长按组网键，直到蓝光闪烁。此时，ZigBee2MQTT 会发现此插座，如图 7-31 所示。

图 7-30　小米智能插座接线

图 7-31　在 ZigBee2MQTT 中发现小米智能插座

然后，单击编辑按钮，修改昵称，以便后续使用，如图 7-32 所示。

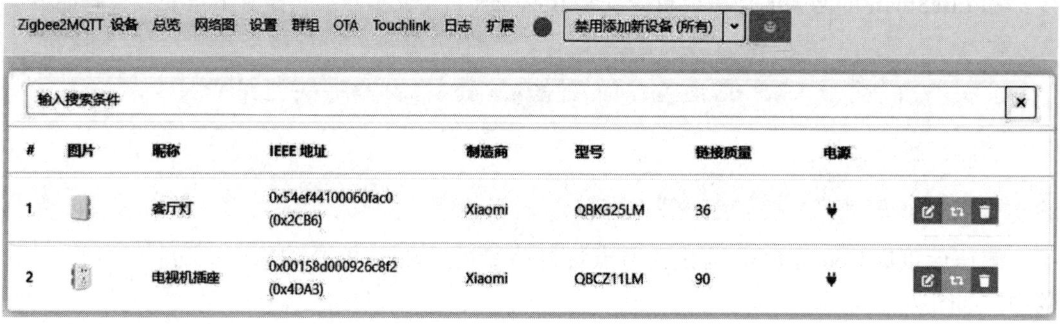

Zigbee2MQTT 设备 总览 网络图 设置 群组 OTA Touchlink 日志 扩展
禁用添加新设备 (所有)
输入搜索条件
图片 昵称 IEEE 地址 制造商 型号 链接质量 电源
1 客厅灯 0x54ef44100060fac0 (0x2CB6) Xiaomi QBKG25LM 36
2 电视机插座 0x00158d000926c8f2 (0x4DA3) Xiaomi QBCZ11LM 90

图 7-32 修改被发现的设备名称

按照上述方法将所有小米开关和插座都组网完成。

2. 窗帘通断 IoT 网关接入网络

窗帘通断 IoT 网关接入本地有线网络，插入电源则自动启动，如图 7-33 所示。

3. 窗帘升降控制器组网

先按照使用手册将窗帘升降控制器和窗帘电机进行对接，如图 7-34 所示。

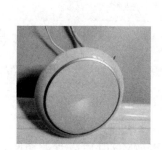

图 7-33 窗帘通断 IoT 网关接入网络

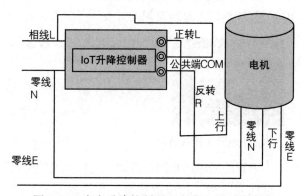

四线电机接法（幕布或窗帘）
相线L
零线N
零线E
IoT升降控制器
正转L
公共端COM
反转R
电机
上行
零线N
下行
零线E

图 7-34 窗帘升降控制器和窗帘电机对接线路

对接好以后，在窗帘通断 IoT 网关 App 上单击“加入设备”功能项，并填入该设备的 Mac 地址，如图 7-35 所示。

4. LifeSmart 智慧中心接入

LifeSmart 智慧中心按照使用手册说明进行接线，如图 7-36 所示。

智慧中心连接好网线、接通电源 8~10s 后，网口灯开始亮起并闪烁。15s 左右智慧中心面板上的指示灯开始闪烁（表示正在连接网络），直至常亮（表示成功连接）。

图 7-35　窗帘通断 IoT 网关 App 的接入设备界面

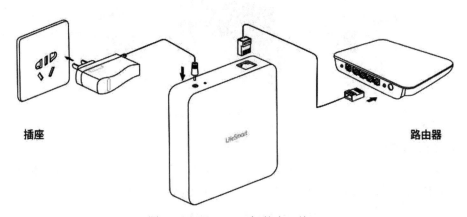

图 7-36　LifeSmart 智慧中心接入

5. 光感传感器组网

LifeSmart 多功能环境感应器需要与智慧中心配对，才能加入智能控制网络。配置好智慧中心后，在 LifeSmart 的 App 中单击首页右上角的"＋"按钮，单击"添加新设备"，选择"多功能环境感应器"，进入配对环节，如图 7-37 所示。

撕下多功能环境感应器电池上的绝缘贴纸，按住背面黑色按键 5s 以上，直至指示灯闪烁，进入配对状态，如图 7-38 所示。

多功能环境感应器开始自动连接并完成配对。

6. 电磁阀对接通断器

电磁阀和通断器按照电源线路中相线、零线的对应关系进行对接。对接后，采用窗帘升降控制器加入网关的方式让通断器加入窗帘通断 IoT 网关，如图 7-39 所示。

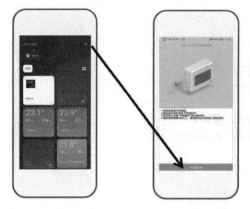

图 7-37 通过 LifeSmart 的 App 进行传感器配对

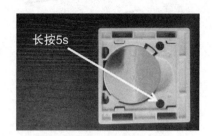

图 7-38 传感器配对方式

图 7-39 电磁阀对接通断器示意

7. 部署浇灌装置

电磁阀安装完成以后，通过 Node-RED 控制水的通断。此时，我们还需要部署浇灌装置，实现最终的自动灌溉场景。部署过程如图 7-40~ 图 7-43 所示。

图 7-40 水龙头接电磁阀并分水阀

图 7-41 喷头安装

图 7-42　浇灌管道分支

图 7-43　浇灌主管道部署

7.4.3　网络配置和位置记录

6 个传感器分别用 RS485 接入 IoT 网关后，IoT 网关和 IoT 平台均以 IP 网络对接，在 EG8000mini 网关上接入网线，将其配置到局域网中。最好固定下 IP 地址，并将 IP 地址标签贴在设备上，IoT 平台也通过网线接入局域网。全部部署记录在表 7-1 中，以便系统和软件调试时使用。

表 7-1　部署记录

设备	物理位置	IP 地址
窗帘通断 IoT 网关	客厅中部贴墙网线口附近	192.168.88.170
LifeSmart 智慧中心	客厅中部吊顶	192.168.88.223
树莓派 4B	弱电箱	192.168.88.197
光感传感器	阳台	7352（此数字为传感器 ID），可以通过传感器外壳上的标识获取

至此，我们已经完成环境的准备，确保了各个 IP 之间可以互通。各开关、插座、光感传感器组网无误后，我们可以进入下一步——系统的实现过程。

7.5 实现过程

首先对照明、窗帘、灌溉分别进行设计，实现手动的分组开关控制，然后对传感器数据进行采集，最后设计自动化场景。

7.5.1 照明控制

访问 http://192.168.88.197:9999/ 进入 ZigBee2MQTT 管理界面，如图 7-44 所示。

#	图片	昵称	IEEE 地址
1		客厅灯	0x54ef44100060fac0 (0x2CB6)
2		电视机插座	0x00158d000926c8f2 (0x4DA3)

图 7-44　ZigBee2MQTT 管理界面

单击"客厅灯"，进入设备详情界面，如图 7-45 所示。

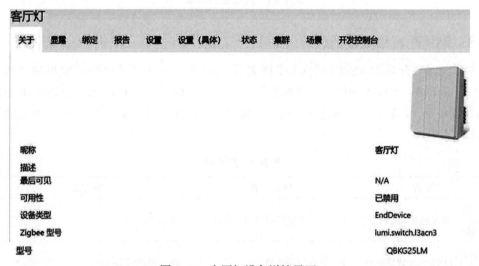

客厅灯									
关于	显露	绑定	报告	设置	设置（具体）	状态	集群	场景	开发控制台

昵称　　　　　　　　　　　　　　　　　　　　　　　　客厅灯

描述

最后可见　　　　　　　　　　　　　　　　　　　　　　N/A

可用性　　　　　　　　　　　　　　　　　　　　　　　已禁用

设备类型　　　　　　　　　　　　　　　　　　　　　　EndDevice

Zigbee 型号　　　　　　　　　　　　　　　　　　　　lumi.switch.l3acn3

型号　　　　　　　　　　　　　　　　　　　　　　　　QBKG25LM

图 7-45　客厅灯设备详情界面

单击"型号"，进入设备接口说明文档。在说明文档中，可以找到控制语句的规范，如图 7-46 所示。

Switch (right endpoint)

The current state of this switch is in the published state under the `state_right` property (value is `ON` or `OFF`). To control this switch publish a message to topic `zigbee2mqtt/FRIENDLY_NAME/set` with payload `{"state_right": "ON"}`, `{"state_right": "OFF"}` or `{"state_right": "TOGGLE"}`. To read the current state of this switch publish a message to topic `zigbee2mqtt/FRIENDLY_NAME/get` with payload `{"state_right": ""}`.

图 7-46　ZigBee2MQTT 设备接口说明文档

本示例中接的是右键，所以找右键的控制语句：

```
{"state_right":"ON"} 开
{"state_right":"OFF"} 关
{"state_right":"TOGGLE"} 切换
```

现在在 Node-RED 中创建照明控制流程，首先拖入 bridge 节点，如图 7-47 所示。
bridge 节点配置如图 7-48 所示。

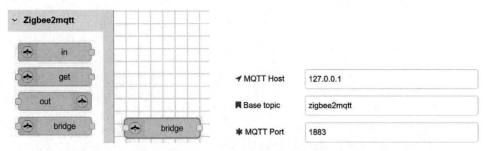

图 7-47　拖入 bridge 节点　　　　　　　图 7-48　bridge 节点配置

拖入后，bridge 节点会自动监听设备信息，如图 7-49 所示。

接下来实现开关灯流程。拖入两个 inject 节点，再拖入 zigbee2mqtt out 节点，连线如图 7-50 所示。

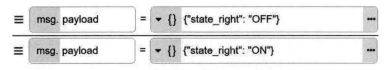

图 7-49　bridge 节点监听状态 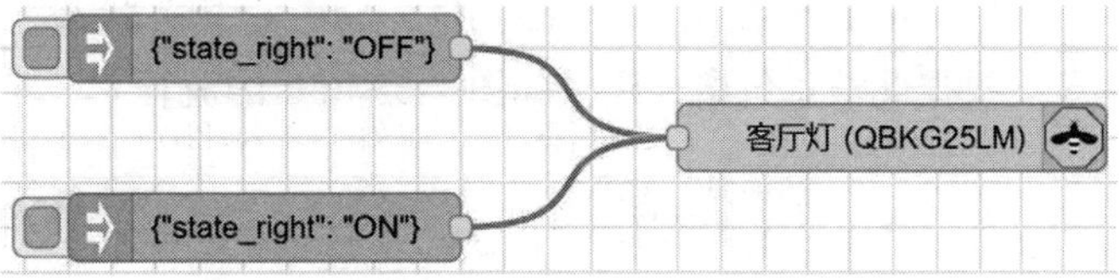　　　　　　图 7-50　开关灯流程示意

在两个 inject 节点中分别将开关指令赋值给 payload 属性，如图 7-51 所示。

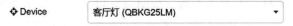

图 7-51　在 inject 节点中配置开关灯指令

在 zigbee2mqtt out 节点配置中，Device 项选"客厅灯（QBKG25LM）"，如图 7-52 所示。

❖ Device　客厅灯 (QBKG25LM) ▼

图 7-52　zigbee2mqtt out 节点配置

现在，利用 Node-RED 已经可以控制该灯。分别单击两个 inject 的头部执行按钮，会看见灯灭或灯亮。这说明，照明控制已实现。

7.5.2 窗帘 / 浇灌控制

根据窗帘通断 IoT 网关的使用手册，控制指令是通过向网关 10010 端口发送 UDP 消息包实现的。该使用手册对消息包格式的规定如下：

```
{"request":{
    "version":1,
    "serial_id":150,
    "from":"00000001",
    "to":"306E5163",
    "request_id":3002,
    "password":"172168",
    "ack":1,
    "arguments":
      [
        {"id":156,"state":"00000000"},
        {"id":155,"state":"FFFFFFFF"}
      ]
    }
}
```

其中，id 是要控制的设备的 ID，state 是开关状态，00000000 表示关，FFFFFFFF 表示开。根据此消息包格式建立如图 7-53 所示的流程。

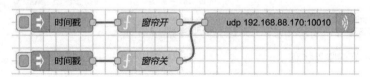

图 7-53　窗帘控制流程示意

其中，"窗帘开"节点实现代码如下：

```
msg.payload='{"request":{"version":1,"serial_id":150,"from":"0000
0001","to":"306E5163","request_id":3002,"password":"172168","ack":
1,"arguments":[{"id":100,"state":"000000FA"}]}}';
return msg;
```

根据窗帘通断 IoT 网关的使用手册，控制指令以字符串形式被传送给设备，因此在 function 节点将控制消息包以字符串形式赋值给 msg.payload。根据厂商提供的文档，窗帘开的状态是 000000FA，关的状态是 000000FB。

udp out 节点配置如图 7-54 所示。

图 7-54 udp out 节点配置

单击 inject 节点头部按钮触发流程，发现窗帘开合已可控。

浇灌的控制与窗帘的控制相似，只是浇灌开的状态是 FFFFFFFF，关的状态是 00000000。所以，"浇灌开"节点设置如下：

```
msg.payload='{"request":{"version":1,"serial_id":150,"from":"0000
0001","to":"306E5163","request_id":3002,"password":"172168","ack":
1,"arguments":[{"id":117,"state":"FFFFFFFF"}]}}';
return msg;
```

7.5.3 传感器数据采集

多功能光照传感器置于阳台，便于自然光和温湿度数据采集。具体实现将采用 LifeSmart 自定义节点完成，7.4.1 节已经介绍过 LifeSmart 自定义节点的安装，这里直接使用。传感器数据采集需要 3 个不同的流程完成。前两个流程用于数据采集，第三个流程用于数据解析和存储。图 7-55 所示为数据采集流程。

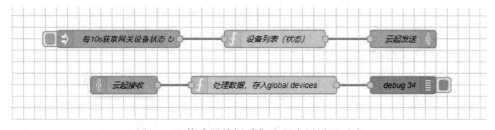

图 7-55 传感器数据采集流程全局设置示意

第一个流程是发送查询设备状态指令，其中"设备列表（状态）"节点的实现代码如下：

```
let gateways=global.get("gateways")
if (!gateways){
    gateways={}
}
let msgArr=[]
let newMsg={}
newMsg.ip="192.168.88.170";
newMsg.action="devices";
```

```
msgArr.push(newMsg)
return [msgArr];
```

代码的核心逻辑是向云起网关（IP 地址为 192.168.88.170）发送查询设备状态的指令，
设置为每 10s 发送一次，云起网关返回的数据会被第二个流程接收，第二个流程通过"云
起接收"节点获取实时的云起所有设备的状态数据，获取后通过"处理数据"节点将数据
存入 global.devices。function 节点实现代码如下：

```
let data=JSON.parse(msg.payload)
if (data.ip&&data.id){
    let gateways=global.get("gateways")
    if (!gateways){
        gateways={}
    }
    gateways[data.id]=data
    global.set("gateways",gateways)
}else if(data.agtid&&data.msg){
    let devices=global.get("devices")
    if (!devices){
        devices={}
    }
    devices[data.agtid]=data.msg
    global.set("devices",devices)
}
msg.payload=data
return msg;
```

此时，全局的 device 属性中将永远保存最新的设备状态信息，包括设备的传感器数据。
然后通过图 7-56 所示的流程解析出最新的空气温湿度和光照数据，完成整个传感器的数据
采集流程。

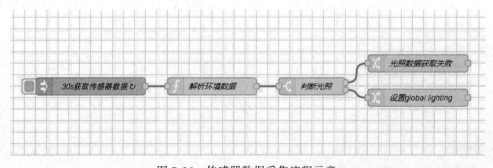

图 7-56　传感器数据采集流程示意

在上面的流程中，"解析环境数据"节点通过 me 的属性获取 ID 为 7352 的传感器，然后获取其中的光照数据。注意，多功能传感器的数据获取是通过 LifeSmart 网关完成的。通过查看 LifeSmart 的使用文档，我们可获取数据采集指令，如图 7-57 所示。

6.6.3 环境感应器

Devtype/Cls	IO idx	IO 名称	读取属性值描述	RW	下发控制命令描述
SL_SC_THL SL_SC_BE	T	环境温度	v 值表示温度值， 单位: °C	R	
	H	环境湿度	v 值表示湿度值， 单位: %	R	
	Z	光照强度	v 值表示光照值， 单位: lx	R	
	V	电量	v 为电池电量， 范围(0-100)单位(%)	R	

图 7-57　环境感应器使用手册截图

其中，"解析环境数据"节点的实现代码如下：

```
let devices=global.get("devices")
msg.payload={}
msg.payload.data=[]
if(devices){
    Object.keys(devices).forEach(function(agtId){
        devices[agtId].forEach(function(device){
            if(device.devtype.indexOf("SL_SC_BE")!=-1){
                let d={}
                d.stat=device.stat
                d.temperature=device.data.T.v+'℃ '
                d.humidity=device.data.H.v+'%'
                d.lighting=device.data.Z.v
                d.area=device.name
                msg.payload.data.push(d)
            }
        });
    });
}
return msg;
```

数据解析后，还需要做一个逻辑判断，如果获取的数据中 lighting（光照）值为 0，则表示数据传输异常，或者传输失败。如果有真实的值，则可以将其存入 global.lighting 中，供后续流程使用。

7.5.4　照明、采光自动联动场景

照明、采光自动联动场景是根据日出 / 日落及自然光照情况实施自动补减光的措施，包括开关窗帘和开关灯。

1. 早晨唤醒灯

早晨唤醒灯是通过定时开关小米照明实现的，流程示意如图 7-58 所示。

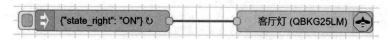

图 7-58　早晨唤醒灯流程示意

inject 节点除了赋值 payload 为对象 {"state_right":"ON"} 外，还设置为"指定时间重复执行"，设置方式如图 7-59 所示。

图 7-59　inject 节点的定时设置

如果需要控制的灯较多，需要加入 delay 节点来控制指令发出的速率，否则可能会导致指令传输丢包而出现控制不灵的情况。

2. 日间根据自然光照情况开关灯

此场景从定时执行升级为传感器触发，流程示意如图 7-60 所示。

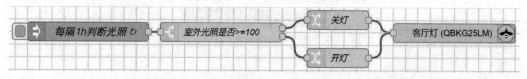

图 7-60　日间根据自然光照情况开关灯流程示意

在该流程中，inject 节点设置为"指定时间段周期性执行"，时间段指定为 7:00 至 21:00，每隔 60min 周期性执行，配置界面如图 7-61 所示。

接下来，用 switch 节点实现流程条件分支，如图 7-62 所示。

图 7-61　根据自然光照情况触发客厅灯开关的 inject 节点设置

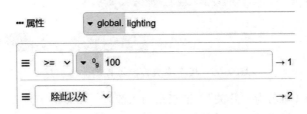

图 7-62　根据自然光照情况触发客厅灯开关的 switch 节点设置

判断的条件是 global.lighting，当它大于或等于 100 时，走 1 号出口，否则走 2 号出口。global.lighting 值是前面传感器数据采集中获取的实时数据。

switch 节点 1 号出口连接的节点是"关灯"，这是一个 change 节点，目的是将关灯指令赋给 payload，如图 7-63 所示。

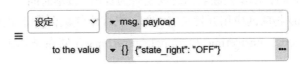

图 7-63　根据自然光照情况触发关灯的 change 节点的设置

switch 节点 2 号出口连接的节点是"开灯"，也是一个 change 节点，目的是将开灯指令赋给 payload，如图 7-64 所示。

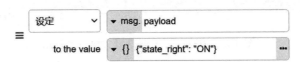

图 7-64　根据自然光照情况触发开灯的 change 节点的设置

最后是 7.5.1 节已经用过的 zigbee2mqtt out 节点。

如果是白天，先用 7.5.1 节的照明控制流程将灯打开，然后单击图 7-60 的流程中的 inject 头部按钮触发流程，本流程的执行结果是将灯关掉。

本流程不需要人为触发，它会在 7:00 至 21:00 每隔 60min 自动运行一次，判断 global.lighting 是否大于或等于 100，如果是，则关灯，否则开灯，如此循环。

这里为了便于读者理解整体设计原理，尽量简化数据，将灯的数量减为 1，实际使用场景中，不可能只有一个灯，而且实际需求往往是根据自然光照逐步增强或衰减而逐步减少或增加光源。这就需要设计稍微复杂一点的流程，但整个设计思路和实现过程是一样的。

3. 根据日出/日落开关窗帘

由于窗帘控制和浇灌控制都使用极企的控制器实现，都使用 UDP 通信发送数据包，都使用 10010 端口，因此这里可以设计指令发送为通用流程，以便窗帘和浇灌控制都可调用，如图 7-65 所示。

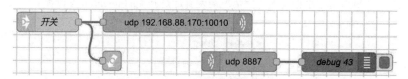

图 7-65　极企中央控制器控制流程示意

用一个 link in（命名为"开关"）节点来引入流程，link in 节点直接将 payload 传给 udp out 节点，发送到 IP 地址为 192.168.88.170（见 7.4.3 节）的 10010 端口。

由于调用开关窗帘的流程中使用 link call 节点，因此本流程中还需加一个 link out 节点给 link call 节点返回信息，否则 link call 节点会报 time out 错误。

link out 节点的 Mode（模式）选 Return to calling link node（返回调用节点）。

接下来介绍如何根据日出/日落开关窗帘。开关窗帘的控制前面已经实现，这里的关键是取得日出/日落时间，以及判断当前时间是否为日出/日落时间。

在《Node-RED 物联网应用开发技术详解》第 8 章气象台设计实例中曾获取过日出/日落时间，当时将 global.sunrisetime 和 global.sunsettime 存储在全局上下文中，这样方便在其他流程中复用。

根据日出/日落开关窗帘流程示意如图 7-66 所示。

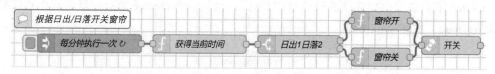

图 7-66　根据日出/日落开关窗帘流程示意

根据以上设计，流程会每分钟执行一次，以获取当前时间，并将当前时间与日出/日落时间比较，等于日出时间走 1 号出口，等于日落时间走 2 号出口。

其中，inject 节点设置为每隔 1 分钟自动重复执行，如图 7-67 所示。

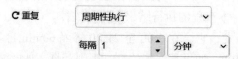

图 7-67　根据日出/日落开关窗帘的 inject 节点设置

function 节点的实现代码如下：

```
msg.payload=moment().format("HH:mm");
return msg;
```

在 function 节点的"Setup"中添加 moment 模块，如图 7-68 所示。

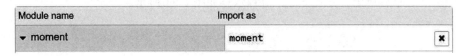

图 7-68　添加 moment 模块的设置

如果 switch 节点设置 msg.payload == global.sunrisetime，则走端口 1；如果 msg.payload == global.sunsettime，则走端口 2，如图 7-69 所示。

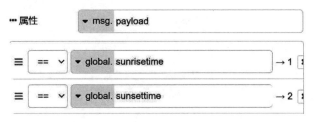

图 7-69　根据日出 / 日落开关窗帘的 switch 节点设置

接下来介绍 7.5.2 节已经实现的"窗帘开"和"窗帘关"。"窗帘开"节点实现代码如下：

```
msg.payload='{"request":{"version":1,"serial_id":150,"from":"0000
0001","to":"306E5163","request_id":3002,"password":"172168","ack":
1,"arguments":[{"id":100,"state":"000000FA"}]}}';
return msg;
```

"窗帘关"节点实现代码如下：

```
msg.payload='{"request":{"version":1,"serial_id":150,"from":"0000
0001","to":"306E5163","request_id":3002,"password":"172168","ack":
1,"arguments":[{"id":100,"state":"000000FB"}]}}';
return msg;
```

最后用 link call 节点调用指令发送流程，如图 7-70 所示。

link call 节点设置中可以选择流程中所有已存在的 link in 节点，由于我们只用了一个 link in 节点（它的名字叫"开关"），所以这里自动选中了。

至此，流程设计完成，部署后会自动执行。日出时，窗帘会自动打开；日落时，窗帘会自动关闭。

当然，这里是最简化的设计。我们还可以联动光照数据，如当光照超过 800lx 时，关

图 7-70　用 link call 节点调用
指令发送流程设置

闭部分窗帘。另外，实际使用中，应该是日落关闭窗帘的同时打开部分照明，而日出打开窗帘的同时可能需要关掉部分照明。这些都需要使用者在实际使用过程中形成真实的需求，再设计 Node-RED 流程以实现，且每个家庭都有自己的使用习惯，不能一概而论。

4. 入睡熄灯

入睡熄灯和早晨唤醒灯方式类似，流程示意如图 7-71 所示。

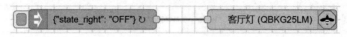

图 7-71　入睡熄灯流程示意

inject 节点除了赋值 payload 为对象 {"state_right":"OFF"} 外，还设置为指定时间重复执行，如图 7-72 所示。

图 7-72　入睡熄灯流程中 inject 节点设置

7.5.5　花园浇灌

1. 按季节调整浇灌时间

用 Node-RED 的核心节点实现按季节自动调整浇灌时间稍显麻烦，有更简便的方法。在"菜单"→"节点管理"中，搜索第三方贡献的节点。输入条件"cron"搜索，在搜索得到的列表中，选用节点 node-red-contrib-cron-plus，单击"安装"按钮。安装后，将节点从节点面板中拖入编辑区，如图 7-73 所示。

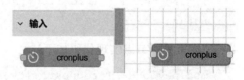

图 7-73　添加 cronplus 节点

然后拖入 trigger 节点和 link call 节点，流程示意如图 7-74 所示。

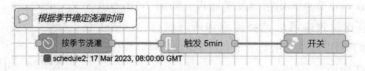

图 7-74　根据季节确定浇灌时间流程示意

这个流程的关键在于 cronplus 节点的设置。在学习 cronplus 节点设置之前，不得不先提到 Linux 的 Cron。Cron 是 Linux 中执行计划任务的服务，Cron 服务器可以根据配置文件约定的时间来执行特定的任务。配置文件用 cron 表达式来写。cron 表达式是一个以 5 个空格隔开的字符串，分为 6 个域（或者是以 6 个空格隔开，分为 7 个域），每一个域代表一个含义。cron 表达式有如下两种语法格式：Seconds Minutes Hours DayofMonth Month DayofWeek Year（7 个域）或 Seconds Minutes Hours DayofMonth Month DayofWeek（6 个域）。

每一个域的含义如表 7-2 所示。

表 7-2 cron 语法中域的含义

域	Seconds	Minutes	Hours	DayofMonth	Month	DayofWeek	Year
含义	秒	分	时	日	月	星期	年
有效值	, - * / 0~59	, - * / 0~59	, - * / 0~23	, - * / ? L W C 1~31	, - * / 1~12 JAN~DEC	, - * / ? L C # 1~7 SUN~SAT	, - * / 1970~2099

需要注意的是，在 DayofWeek 域中，1 表示星期天，2 表示星期一，依此类推。Year 域是可以不写的。

每个域中除了整数之外，还可写一些特殊字符。这些特殊字符的含义如下。

- *：表示任意值，假如在 Minutes 域使用 *，表示每分钟都会触发事件。
- ?：表示该域不起作用，只能用在 DayofMonth 和 DayofWeek 两个域中，因为 DayofMonth 和 DayofWeek 会相互影响，如果不希望它们相互影响，则一个用 "?"。例如想在每月 20 日触发调度，不管 20 日是星期几，只能写成 0 0 10 20 * ?，其中最后一位只能用 "?" 不能用 "*"，如果使用 "*"，表示不管星期几都会触发，实际上并不是这样。
- -：表示范围，例如在 Minutes 域使用 5-20，表示从第 5 到 20 分钟每分钟触发一次。
- /：表示 "每"，"/" 前面是开始值，后面是增值，比如 0/5 表示从 0 分开始的每 5 分钟。
- ,：表示枚举，例如在 Minutes 域使用 5,20，意味着在第 5 和第 20 分钟分别触发一次。
- L：表示最后，只能出现在 DayofWeek 和 DayofMonth 域，如果在 DayofWeek 域使用 5L，表示最后一个周四触发。
- W：表示有效工作日（周一到周五），只能出现在 DayofMonth 域，系统将在离指定日期的最近有效工作日触发事件。例如，在 DayofMonth 域使用 5W，如果第 5 日是周六，则在周五（即第 4 日）触发。如果第 5 日是周日，则在第 6 日（即周一）触发；如果第 5 日在周一到周五之中，则在第 5 日触发。另外，W 的最近寻找不会跨月。
- LW：这两个字符可以连用，表示在某个月最后一个工作日，即最后一个非周六、周日的日期。
- #：表示 "第"，用于确定第几个星期几，只能出现在 DayofWeek 域。例如 4#2 表示某月的第二个星期三。其中，一周的第 1 天是从星期日开始，因此 4 代表周三。

举几个例子：

0 15 10 ? * MON-FRI 表示周一到周五每天上午 10:15。

0 15 10 ? * 6L 2002-2006 表示 2002—2006 年的每个月的最后一个星期五上午 10:15。

"0 0/5 14 * * ?" 表示每天下午 2 点到下午 2:55 期间的每 5 分钟。

"0 0-5 14 * * ?" 表示每天下午 2 点到下午 2:05 期间的每 1 分钟。

"0 10,44 14 ? 3 WED" 表示每年 3 月的星期三下午 2:10 和 2:44。

"0 15 10 ? 11 5#4" 表示 11 月的第四个星期四上午 10:15。

现在，我们可以进行 cronplus 节点的设置了。cronplus 节点对 cron 语法做了一点改良，即将周一到周日的数字表示改为 1~7，更符合大家的使用习惯，如图 7-75 所示。

图 7-75　在 cronplus 节点中配置 cron 表达式

在本实例中，cronplus 节点中设置了 3 个 cron 语句，如表 7-3 所示。

表 7-3　按季节调整灌溉时间的 cronplus 节点的设置

0 0 12 ? NOV,DEC,JAN,FEB 2	11、12、1、2 月每周二中午 12 点
0 0 8 ? MAR,APR,MAY,OCT 2,5	3、4、5、10 月每周二、五上午 8 点
0 0 6 * JUN,JUL,AUG,SEP *	6、7、8、9 月每天早晨 6 点

这就是本实例中定制的浇灌计划，夏季每天在早晨 6 点浇水，春秋季一周浇水两次，冬季一周一次，在中午 12 点浇水。实测环境是屋顶花园，定位在成都，实测 6 年，所有植物长得郁郁葱葱。

从图 7-74 的流程中可以看到，浇灌系统开关操作通过 trigger 节点来完成。trigger 节点设置界面如图 7-76 所示。

trigger 节点的"发送"代码如下：

```
{"request":{"version":1,"serial_id":150,"from":"00000001","to":"30
6E5163","request_id":3002,"password":"172168","ack":1,"arguments":
[{"id":117,"state":"ffffffff"},{"id":118,"state":"ffffffff"}]}}
```

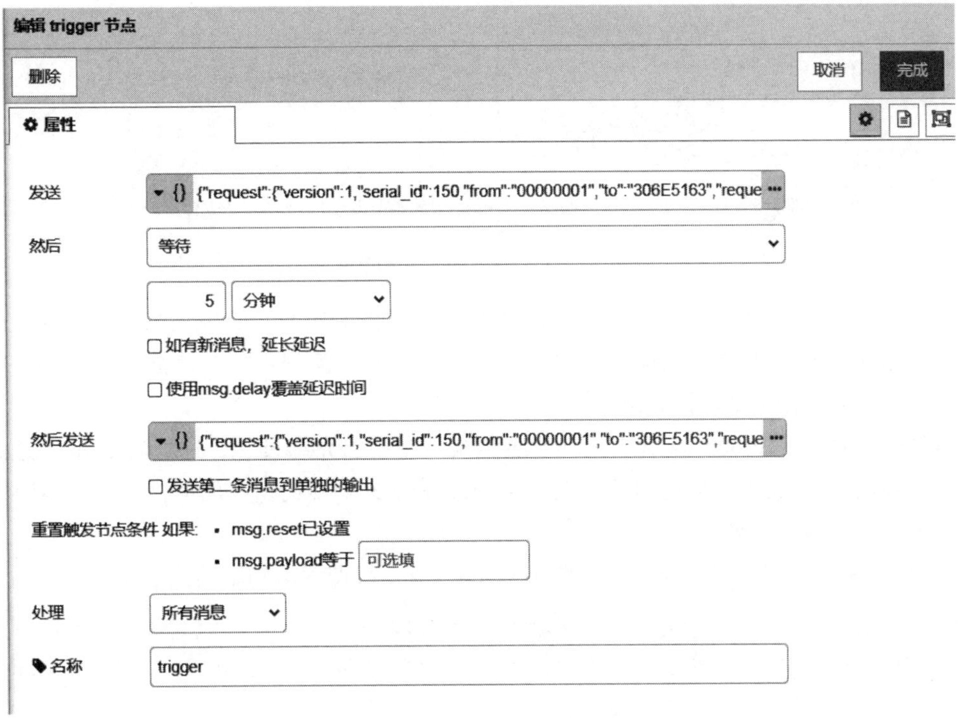

图 7-76　trigger 节点设置界面

trigger 节点的"然后发送"代码如下：

```
{"request":{"version":1,"serial_id":150,"from":"00000001","to":"30
6E5163","request_id":3002,"password":"172168","ack":1,"arguments":
[{"id":117,"state":"00000000"},{"id":118,"state":"00000000"}]}}
```

现在，流程设置已经全部完成。你可能不方便马上测试该流程，因为你写流程的时间可能不是夏季的早晨 6 点，但是你可以把时间点改在最接近当前的时间，看看它是否在指定的时间点打开浇灌，并在指定的时间点关闭浇灌。

衷心祝愿你的花园或者阳台在自动浇灌系统的看护下，能生机勃勃，繁花似锦。此刻初夏，笔者花园的绣球正盛，这完全是自动浇灌的功劳，实际效果如图 7-77 所示。

图 7-77　自动浇灌的实际效果

2. 自检和错误处理

花园浇灌最怕的是异常状况（如停电致使系统失灵）而导致水漫金山的场景出现，因此自检和错误处理机制必不可少。自检流程如图 7-78 所示。

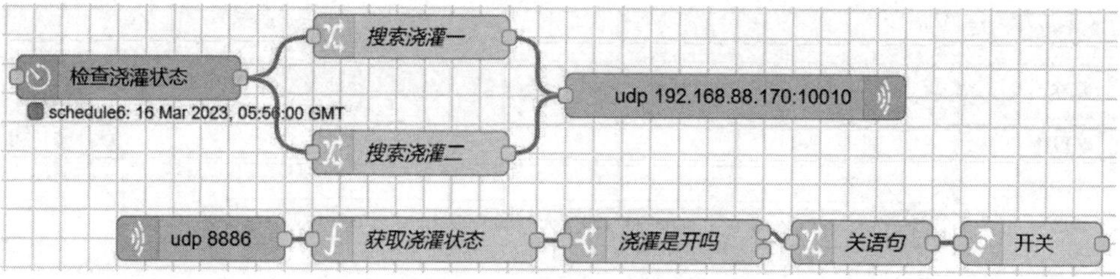

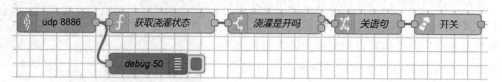

图 7-78　自动灌溉的自检流程示意

这个自检流程的设计思路是，每分钟检查一次浇灌器状态，如果状态是开，则发送关闭命令。这个流程的关键点是检查时间的设计，因为检查流程不能与浇灌流程相冲突，所以检查的时间要与浇灌的时间错开。

这里同样使用了 cronplus 节点，cron 表达式的写法已介绍过了，这里的 cron 表达式恰恰与上一节的 cron 表达式是逆向的。上一节 cron 表达式覆盖的所有时间段恰恰在本节 cron表达式覆盖的时间段之外。

"搜索浇灌一"和"搜索浇灌二"两个 change 节点将搜索语句赋值给 payload：

```
{"request":{"version":1,"serial_id":123,"from":"306E5163","to":
"306E5163","request_id":4001,"password":"172168","ack":1,"argumen
ts":117}}
```

```
{"request":{"version":1,"serial_id":123,"from":"306E5163","to":
"306E5163","request_id":4001,"password":"172168","ack":1,"argumen
ts":118}}
```

搜索命令发送后，通过端口 8886 返回消息。可以在 udp in 节点后面加一个 debug 节点，以便查看返回信息的格式。返回浇灌控制器状态的流程如图 7-79 所示。

图 7-79　返回浇灌控制器状态的流程

返回的是一个 JSON 字符串，如图 7-80 所示。

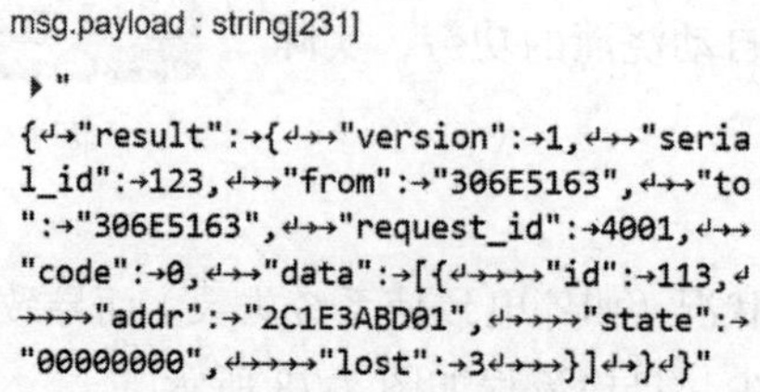

```
msg.payload : string[231]
▶ "
{↵→"result":→{↵→→"version":→1,↵→→"seria
l_id":→123,↵→→"from":→"306E5163",↵→→"to
":→"306E5163",↵→→"request_id":→4001,↵→
"code":→0,↵→→"data":→[{↵→→→"id":→113,
→→→"addr":→"2C1E3ABD01",↵→→→"state":→
"00000000",↵→→→"lost":→3↵→→}]↵→}↵}"
```

图 7-80　浇灌控制器状态返回的是 JSON 字符串

所以，后面的 function 节点需要把传来的 payload 转成 JSON 格式再使用：

```
msg.payload=JSON.parse(msg.payload);
msg.mystate=msg.payload.result.data[0].state;
return msg;
```

后面的逻辑就很简单了。用一个 switch 节点判断 msg.mystate 是 00000000 还是 FFFFFFFF，如果是 FFFFFFFF，就用一个 change 节点将关语句赋值给 payload，再发给 UDP 服务。

有项目经验的程序员会一眼发现，这个检查流程存在问题：它与浇灌流程太密切相关了！如果修改了浇灌计划，必须同时修改这个检查流程，这就令工作量大大增加了。也许图 7-81 所示的流程更适合修改浇灌计划并调整检查流程。读者可以自己试着实现该流程，这里就不赘述了。

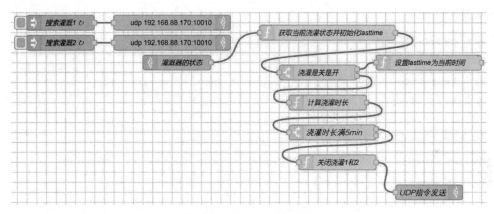

图 7-81　优化的自检流程

7.5.6　家庭 Dashboard 展示

最后，通过 Node-RED 的 dashboard 节点将家庭智能家居各个设备的状态展示出来，界面如图 7-82 所示。

图 7-82　家庭 Dashboard 展示界面

Dashboard 界面可以在平板上显示，主要是为了方便查看家中的各个物联网系统是否在正常工作。家庭 Dashboard 展示流程如图 7-83 所示。

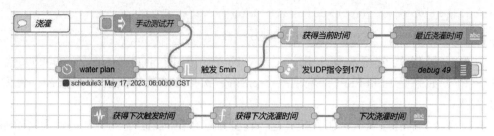

图 7-83　家庭 Dashboard 展示流程示意

在浇灌流程中，在 trigger 节点后增加一个 function 节点和一个 dashboard 节点，并连线。按照该流程的设计，每次发浇灌指令的同时触发这个新增的 function 节点。该 function 节点实现代码如下：

```
var mydate={};
moment.locale('en');
mydate.y=moment().format("YYYY");
mydate.m=moment().format("MMM");
mydate.d=moment().format("DD");
mydate.t=moment().format("HH:mm");
msg.payload=""+mydate.m+" "+mydate.d+","+mydate.y+","+mydate.t;
return msg;
```

function 节点获取当前时间，并按显示格式要求组织字符串，赋给 payload。后面的 dashboard 节点直接显示 payload。

接下来获取下次浇灌的时间。用一个 status 节点来侦听 cronplus 节点，当 cronplus 节点的状态发生变化时触发 status 节点。当 cronplus 节点执行一个任务后，会把下一个任务执行时间作为 msg.status.text 的值。因此，status 节点后面的 function 节点实现代码是这样的：

```
msg.payload=msg.status.text.substring(11,30);
return msg;
```

由于只需要显示下次浇灌时间的年、月、日、时、分，所以用 msg.status.text.substring（11,30）来截取原字符串。同样，后面的 dashboard 节点会直接显示 payload。

7.6　案例总结

本章的实战案例完成了一套智能家居系统的建设，要点如下。

- 根据家庭智能场景的需求，进行不同品牌的智能家居产品的选型。
- 基于树莓派 4B 实现智能化家居的中心平台，以调度不同品牌的设备。
- 完成在树莓派 4B 中安装 Node-RED。
- 完成在树莓派 4B 中安装 ZigBee2MQTT。
- 完成小米智能开关和插座的网络连接，实现智能照明自动控制。
- 完成云起多功能传感器数据采集。
- 完成极企窗帘控制器的网络连接，实现窗帘自动控制。
- 完成极企通断控制器的连接，实现自动浇灌。
- 实现照明、采光自动联动。
- 实现自动浇灌。
- 实现家庭 Dashboard 展示。

智能家居最终是面向实际生活场景的，单一品牌产品往往不能满足真实的需求，因此用 Node-RED 来重新建立智能家居中心平台，通过连接、控制、采集流程形成联动场景，可以为真正的智能家居生活提供 DIY 的可能。

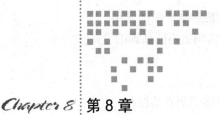

智能办公实战：会议室中控

智能会议室是一种基于先进技术和智能化设备的现代化会议室解决方案。它结合了物联网、人工智能、云计算和其他相关技术，旨在提升会议便利性和用户体验。

智能会议室通常具有以下功能。

- 自动化设备控制：智能会议室通过集成智能开关、传感器和控制系统，可以自动控制灯光、温度、窗帘等，提供一个舒适的会议环境。
- 会议预订和管理：智能会议室可以通过在线预订系统实现会议室的预订和管理。用户可以通过移动设备或电脑轻松查看可用时间、预订会议室，并管理会议相关信息。
- 视听设备集成：智能会议室通常配备高清晰度显示屏、音频设备、投影仪等，可以无缝集成视频会议系统，方便远程会议和多媒体演示。
- 智能语音助手：智能会议室可以配备语音助手，如智能音箱或语音控制设备，允许用户通过语音指令控制会议室设备、安排日程、查询信息等。
- 互联网连接和共享功能：智能会议室提供稳定的互联网连接，使与会者可以轻松地共享文件、展示内容、访问云存储和在线资源。
- 数据分析和统计：智能会议室可以收集和分析会议室的使用数据，例如会议时间、与会人数等，为企业提供决策支持和资源管理。

智能会议室的引入可以简化会议管理流程，提升与会者的体验和参与度。它为现代企业提供了一种更智能、便利的会议场景，促进了团队协作和创新。

8.1 背景和目标

Node-RED 可以作为智能会议室的集成平台，用于连接和控制各种智能设备和系统。通过使用 Node-RED，我们可以轻松实现智能会议室的智能化和自动化。

以下是 Node-RED 在智能会议室中的应用场景。

- 设备控制和集成：Node-RED 可以与各种智能设备集成，包括灯光控制设备、温度调节设备、音频设备、投影仪等。通过编写自定义流程，可以实现设备的自动化控制和协调。
- 会议室预订和管理：Node-RED 可以与会议室预订系统集成，通过接收预订信息来触发相应的操作，如准备会议室、调整设备设置等；还可以实现会议室资源的可视化管理和实时监控。
- 视频会议系统和多媒体设备集成：Node-RED 可以与视频会议系统和多媒体设备集成，通过流程编排实现远程会议的自动化控制、布局调整、内容共享等功能。
- 数据分析和统计：Node-RED 可以收集智能会议室的使用数据，如会议持续时间、与会人数等，并将其存储、分析和可视化展示。这些数据可以用于评估会议效率、资源利用率等。
- 用户界面和交互体验：Node-RED 可以通过可视化的节点编排和交互设计，提供直观、简洁的操作界面。

Node-RED 的灵活性和可扩展性使其成为智能会议室实现自动化和集成的理想工具。它简化了设备和系统之间的连接和交互，并提供了定制化的解决方案，满足不同智能会议室的需求。

此实战案例主要完成会议室的设备控制和集成，并通过中控平板进行操控，实现照明、窗帘、门禁以及大屏的控制和联动。图 8-1 为整体实现示意图。

图 8-1 整体实现示意图

8.1.1 项目背景

该项目实际场地如图 8-2 所示。

该项目目标是完成会议室的智能化改造，将照明、窗帘、门禁、电动幕布、空调等物联网设备和会议室大屏、投影仪、音视频矩阵等串口设备以及腾讯会议等网络软件系统进行统一的控制和管理，避免一个会议室使用多个遥控器、多个控制设备，全部集成到一个 Pad 上操作；统一会议室的操作流程，降低会议系统的操作复杂度；减少会议 IT 人员的支撑时间，构建会议室智能使用的流程和文化；同时提供"一键开会""一键离场"的综合场景，提升会议室形象和人性化程度。

图 8-2 实际场地

由于每个会议室实际使用的设备各不相同，智能会议室需要具备现场快速调试和配置的能力，不同品牌、不同接入方式的设备都可以配置到中控 Pad 上使用，无需进行代码开发。

同时，每个控制操作都要及时响应，响应时间小于 0.5s，并且不受企业网络和互联网络的影响，独立、安全、高效地实现统一控制管理。控制终端如图 8-3 所示。

图 8-3 控制终端

8.1.2 项目需求分析

- 会议室内需要控制的设备分为 3 类，分别为智能家居设备、串口设备、软件对接设备。
- 会议室整体面积为 30m²，无需考虑综合布线。智能家居类型设备直接无线通信，串口设备直接用串口线和 IoT 平台对接，IoT 平台可以直接部署在会议室内（和两个大屏设备同位置）。
- 选型智能家居产品来完成会议室照明、窗帘、电动幕布、门禁、空调的控制。

- 会议室大屏、投影仪、音视频矩阵、摄像头等通过连接串口 RS232 来完成集成控制。
- 会议室空气传感器通过 RS485 进行对接。
- 通过 HTML5 完成统一控制界面的开发。
- 会议室控制要独立 IP 网络，和企业网络分开，不受企业网络影响。

8.1.3　实战目标

- 配置动态 Node-RED 流程，以适应不同品牌设备。
- 对接 RS232 口进行设备控制。
- 对接 RS485 口进行数据采集。
- 物联网和 IP 网络本地组网。
- Node-RED 使用 WebSocket 和 HTML5 控制界面进行交互。

8.2　技术架构

技术架构清晰地描述了整个系统的网络结构和连接关系。该实战案例的技术架构如图 8-4 所示。

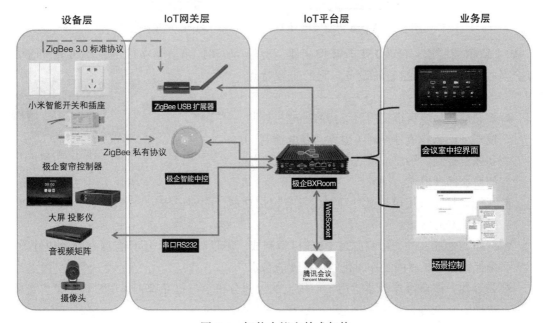

图 8-4　智能会议室技术架构

设备层的小米智能开关和插座通过 ZigBee 3.0 标准协议与 IoT 网关通信，窗帘、幕布控制器通过 ZigBee 私有协议与 IoT 网关通信，大屏、投影仪、音视频矩阵、摄像头等设备通过串口 RS232 直接与 IoT 平台通信。同时，各 IoT 网关信息也汇聚到 IoT 平台中的 BX 系统。另外，BX 系统通过 WebSocket 与腾讯会议系统实现通信。最终，BX 系统完成数据汇总分析和逻辑控制。

8.3 技术要求

8.3.1 硬件选型

1）**智能开关**：Aqara 智能墙壁开关 D1（单相线三键版），型号为 QBKG26LM，如图 8-5 所示。此开关支持单相线接入，方便直接替换为传统照明开关。该开关支持 ZigBee 3.0 标准协议。

2）**智能插座**：Aqara 墙壁插座（ZigBee 版），型号为 QBCZ11LM，如图 8-6 所示。此插座支持 10A/2500W，可满足各种电器供电需求，并且支持 ZigBee 3.0 标准协议。

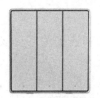

图 8-5 Aqara 智能墙壁开关　　图 8-6 Aqara 墙壁插座

3）**窗帘控制器**：极企 IoT 升降控制器，型号 WL401（见图 8-7），是一款专用于窗帘开合及投影幕布升降控制的设备。它的主要特点如下。

图 8-7 极企 IoT 升降控制器

- **控制模式**：该窗帘控制器支持两种电机控制模式，即脉冲信号控制（也称"弱电控制"）和强电控制。用户可以通过侧面的按钮轻松切换这两种模式。

- **智能设计**：采用单片微处理器，具有记忆功能，能够记住用户的使用习惯，为用户提供更好的体验。

- **材质与性能**：外壳由高强度 PVC 材料制成，不仅耐高温，还具有良好的散热性能，确保设备在长时间工作时仍能保持性能稳定。

- **兼容性**：该窗帘控制器适用于市场上的大部分窗帘电机品牌，为用户提供了广泛的选择。

- **通信协议**：为了更好地与其他智能家居设备集成，该窗帘控制器采用了 ZigBee 规范的私有协议。这意味着不能直接通过 Node-RED 与其通信，需要通过极企的中央控制器（IoT 网关）进行通信和集成。

4）**通断控制器**：极企 IoT 门禁控制器，型号为 WL201，如图 8-8 所示。此控制器干接点输出 220V/3A；负载 <3A、220VAC 或 3A、30VDC；常开输出，触发后输出端闭合，闭合时间 3s 左右，然后恢复常开状态；门禁控制器的输出端是不分极性的，仅是一个干接点接口，通信协议为 ZigBee 私有协议。因此，Node-RED 无法直接与其通信，需要通过极企的中央控制器（IoT 网关）。

图 8-8　极企 IoT 门禁控制器

5）**窗帘门禁控制器 IoT 网关**：配合窗帘控制器和通断控制器使用，在 100m² 的空间多个窗帘控制器共用一台 IoT 网关。本案例中采用极企窗帘通断 IoT 网关（带网口版），型号为 IoT-A，如图 8-9 所示。该设备通过网线连接并通过 UDP 进行通信，厂商提供完整的 UDP 接口标准文档。

6）**两台智能大屏**：MAXHUB 智能大屏，65 寸，型号为 V6 系列，如图 8-10 所示。此大屏具备电子白板、高清电视、适配会议等多种功能，厂商提供 RS232 接口，以进行对接控制。

7）**空气传感器**：RS-MG111-N01-1 多功能空气质量变送器。该款工业级精准空气传感器使用 RS485 传输，可以灵活配置传感模块，后续升级容易，同时温湿度测量单元从瑞士进口，测量准确；PM2.5 和 PM10 数据同时采集，量程为 0~1000μg/m³，分辨率为 1μg/m³，独有双频数据采集及自动标定技术，一致性可达 ±10%；气体单元采用电化学式和催化燃烧式传感器，具有极好的灵敏度和重复性；TVOC 测量单元采用进口高灵敏度的气体检测探头，技术成熟，并且使用高性能信号采集电路，信号稳定，准确度高；同时，支持吊顶和壁挂两种方式。本次实战案例使用 6 台该设备。实物如图 8-11 所示。

图 8-9　极企窗帘门禁控　　图 8-10　MAXHUB 智能大屏　　图 8-11　RS-MG111-N01-1 多功
制器 IoT 网关　　　　　　　　　　　　　　　　　　能空气质量变送器

8）**IoT 平台**：采用极企科技的 BXRoom 会议室专用物联网平台设备，如图 8-12 所示。此设备具备 4 个 RS232 接口，2 个 RS485 接口，独立 Wi-Fi 天线，支持软路由安装 OpenWRT 操作系统，支持通过 USB 接口扩展 ZigBee 天线，接入 ZigBee 3.0 的设备；内置 Node-RED、MQTT、

图 8-12　BXRoom IoT 平台

ZigBee2MQTT、MySQL 等常用服务，可以提供位置配置、远程控制和数据采集等功能，并且独立组网（IP 网络和物联网网络在一个独立网络中）。

8.3.2 软件选型

- IoT 平台侧物联网操作系统：极企 BXOS（基于 OpenWRT 编译）。
- IoT 平台侧物联网引擎：Node-RED 3.02。
- IoT 平台 ZigBee 扩展：ZigBee2MQTT。
- IoT 平台侧 MQTT 服务：Mosquitto 2.0.13。
- IoT 平台侧场景服务：Node-RED 3.02。
- 业务侧：界面展现使用 HTML5，通行连接使用 WebSocket 技术。

8.4 环境准备

8.4.1 环境安装

IoT 平台采用了极企科技的 BXRoom 产品。该产品已经内置了 Node-RED、Mosquitto、ZigBee2MQTT、Web 服务器等模块。但是，该设备需要做初始化操作。初始化完毕以后，各个服务模块将正常运行。在浏览器访问 BXRoom（IP 地址为 192.168.0.221），按系统提示操作即可完成初始化，如图 8-13 所示。

BX 系统初始化

已完成,单击跳转

图 8-13   BXRoom IoT 平台初始化界面

8.4.2 物理连接和组网

1. BXRoom 设备连接

BXRoom 上有 6 个串口、2 个网口，BXRoom 设备连接如下。

- COM1 无连接。
- COM2 连接空气传感器 RS485 端口。
- COM3 连接左大屏 RS232 端口。

- COM4 连接右大屏 RS232 端口。
- COM5 无连接。
- COM6 无连接。
- USB 端口连接 ZigBee2MQTT 的 Dongle。
- Lan 口连接 IoT-A 网关。
- Wan 口连接外部网络。
- Wi-Fi 连接平板电脑。
- 两个大屏通过 RS232 串口对接 BXRoom 的 COM3 和 COM4 端口，如图 8-14 所示。

图 8-14　连接大屏示意图

- 空气传感器通过 RS485 串口对接 BXRoom，根据 RS-MG111-N01-1 以及 BXRoom 的使用手册和系统设计图的说明进行对接，实际对接方式如图 8-15 所示。

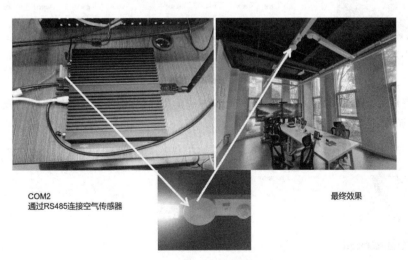

图 8-15　连接空气传感器示意图

● 通过 Lan 口连接 IoT-A 无线网关，如图 8-16 所示。

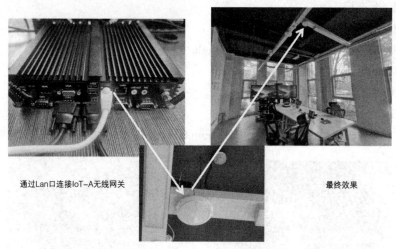

通过Lan口连接IoT-A无线网关　　　　　　　　　　　最终效果

图 8-16　连接 IoT-A 无线网关示意图

2. 小米开关和插座上电、组网

小米开关按照安装手册进行接线，接线完成后即可控制照明电路，接线方式如图 8-17 所示。

接线完成后，长按组网键，蓝色灯闪烁的时候进入组网模式。此时，ZigBee2MQTT 管理会自动发现此开关，并注册到 BXRoom 中，如图 8-18 所示。

图 8-17　小米开关接线方式　　　　　　图 8-18　ZigBee2MQTT 开关自动组网界面

接下来，小米插座组网类似，先按照说明进行接线，如图 8-19 所示。

接线完成后，长按组网键，直到蓝光闪烁。此时，ZigBee2MQTT 会自动发现此插座，如图 8-20 所示。

图 8-19　小米插座接线示意图　　　　　　图 8-20　ZigBee2MQTT 插座自动组网界面

然后单击编辑按钮，修改昵称，以便后续使用，如图 8-21 所示。

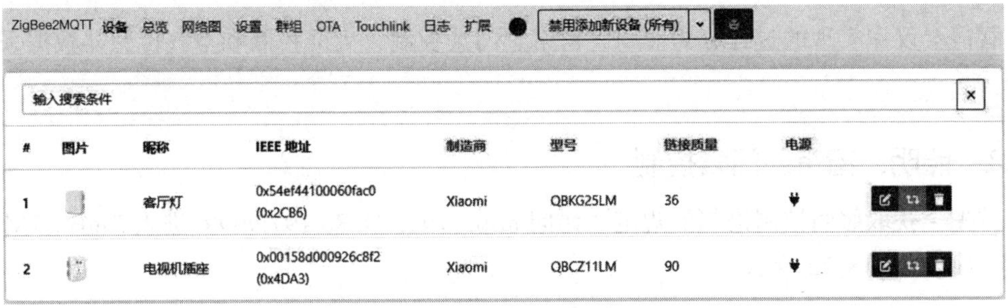
ZigBee2MQTT 设备 总览 网络图 设置 群组 OTA Touchlink 日志 扩展
禁用添加新设备 (所有)
输入搜索条件
图片 昵称 IEEE 地址 制造商 型号 链接质量 电源
1 客厅灯 0x54ef44100060fac0 (0x2CB6) Xiaomi QBKG25LM 36
2 电视机插座 0x00158d000926c8f2 (0x4DA3) Xiaomi QBCZ11LM 90

图 8-21　修改设备名称后的界面

按照上述方法将所有小米开关和插座都组网完成。其中，门禁开关和照明开关设置方式一致，不再赘述。

8.4.3　网络配置和位置记录

接线和组网完成后，网络配置和位置记录如表 8-1 所示。

表 8-1　网络配置和位置记录

设备	物理位置	数字位置
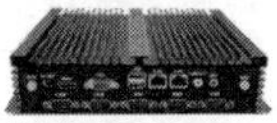 极企 BXRoom	会议室弱电机柜	Wan：192.168.0.221 Lan：192.168.0.1
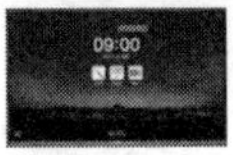 大屏	会议室一侧中央	RS232 对接 COM3 和 COM4
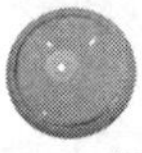 IoT-A 网关	会议室吊顶	Lan：192.168.0.201
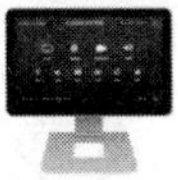 中控平板	会议桌上	Wi-Fi：192.168.0.187（中控平板）
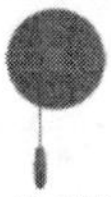 传感器	会议室吊顶	BXRoom COM5 口 / 位置 5
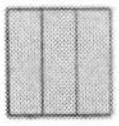 Aqara 智能墙壁开关	会议室内部墙面	0x54ef44100060fac0（此编号为设备 IEEE 号，也是设备硬件唯一号码，可以在开关背面标签中获取）
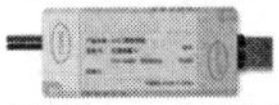 极企 IoT 门禁控制器	会议室门禁电机处	172（此编号为通断器硬件 ID，可以在通断器贴纸上获取）

8.5　实现过程

智能会议室实现的过程分为照明、窗帘、门禁控制，大屏控制和空气传感器数据采集 3
部分。

8.5.1　照明、窗帘、门禁控制

首先，获取照明控制语句的规范。访问 http://192.168.88.197:9999/ 进入 ZigBee2MQTT
管理界面，如图 8-22 所示。

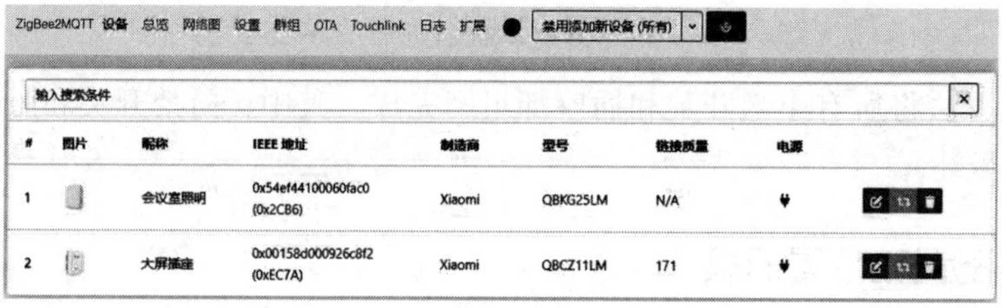

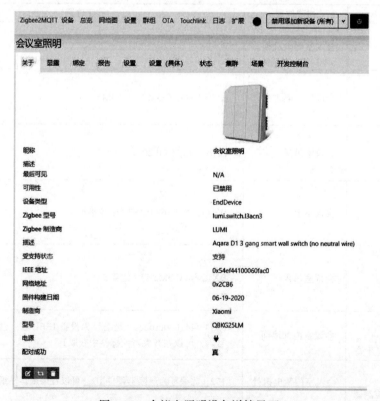

图 8-22　ZigBee2MQTT 管理界面

在设备列表中单击"会议室照明"，进入设备详情界面，如图 8-23 所示。

图 8-23　会议室照明设备详情界面

单击"型号 QBKG25LM"，进入设备说明文档。在说明文档中，可以找到控制语句的规范，如图 8-24 所示。

Switch (right endpoint)

The current state of this switch is in the published state under the `state_right` property (value is `ON` or `OFF`). To control this switch publish a message to topic `zigbee2mqtt/FRIENDLY_NAME/set` with payload `{"state_right": "ON"}`, `{"state_right": "OFF"}` or `{"state_right": "TOGGLE"}`. To read the current state of this switch publish a message to topic `zigbee2mqtt/FRIENDLY_NAME/get` with payload `{"state_right": ""}`.

图 8-24　会议室照明设备中开关说明文档

本示例中开关接的是右键，所以找右键的控制语句：

```
{"state_right":"ON"}        开
{"state_right":"OFF"}       关
{"state_right":"TOGGLE"}    切换
```

现在在 Node-RED 中制作照明控制流程，首先添加 bridge 节点，如图 8-25 所示。该节点配置 ZigBee2MQTT 服务，配置界面如图 8-26 所示。

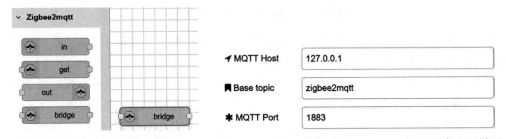

图 8-25　添加 bridge 节点　　　图 8-26　bridge 节点配置 ZigBee2MQTT 服务配置界面

拖入 bridge 后，它会自动监听设备信息，如图 8-27 所示。

接下来实现开关灯流程。拖入两个 inject 节点，再拖入 zigbee2mqtt out 节点，流程如图 8-28 所示。

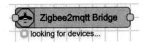

图 8-27　bridge 节点监听状态

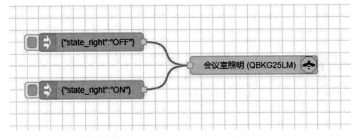

图 8-28　开关灯流程示意图

在两个 inject 节点中分别将开关灯指令赋值给 payload 属性，设置如图 8-29 所示。

在 zigbee2mqtt out 节点设置中，Device 项选"会议室照明（QBKG25LM）"，如图 8-30 所示。

图 8-29　在 inject 节点传入开关灯指令

图 8-30　zigbee2mqtt out 节点设置

现在，利用 Node-RED 已经可以控制照明灯。你可以分别点按两个 inject 的头部执行按钮，会看见灯灭或灯亮。这说明，照明控制已实现。

门禁和窗帘控制的实现是根据"窗帘通断 IoT 网关"的使用手册规定，控制指令是通过向网关 10010 的端口发送 UDP 消息包完成的。该使用手册对消息包格式的规定如下：

```
{"request":{
    "version":1,
    "serial_id":150,
    "from":"00000001",
    "to":"306E5163",
    "request_id":3002,
    "password":"172168",
    "ack":1,
    "arguments":
        [
          {"id":172,"state":"00000000"},
        ]
    }
}
```

其中，id 是要控制的设备的 ID（即 172），state 是开关状态，00000000 表示关，FFFFFFFF 表示开。根据此消息包格式建立图 8-31 所示流程。

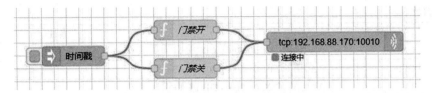

图 8-31　门禁开关流程示意图

其中，"门禁开"节点设置如下，主要关注 arguments 里面的内容，其他参数参数设置看使用手册即可。

```
msg.payload='{"request":{"version":1,"serial_id":150,"from":"0000
0001","to":"306E5163","request_id":3002,"password":"172168","ack":
1,"arguments":[{"id":172,"state":"FFFFFFFF"}]}}';
return msg;
```

控制指令以字符串形式被传送给设备，因此在 function 节点将控制消息包以一个字符串形式赋值给 msg.payload。单击 inject 节点头部按钮触发流程，发现门禁开合已可控。

窗帘控制逻辑和实现方法和门禁控制一样，只是执行效果为窗帘开合，这里不再赘述。

8.5.2　大屏控制

两个大屏已经通过 RS232 口进行连接，参考大屏控制使用手册中的大屏串口控制来获取通信配置参数，截图如图 8-32 所示。

控制指令截图如图 8-33 所示。

控制大屏流程如图 8-34 所示。

流程中使用到 node-red-node-serialport 节点。首先安装此节点（依次单击"菜单"→"节点管理"→"安装"选项），如图 8-35 所示。

安装好该节点后使用 serial request 节点，按照图 8-36 所示进行通信信息配置。

配置好以后，通过 inject 节点传入控制指令，如图 8-37 所示。

指令按照大屏控制手册规范写入，最后通过 function 节点进行十六进制转化：

```
msg.payload=new Buffer(msg.payload,"hex")
return msg;
```

最后连接 serial request 节点，完成大屏控制。其他功能如关机、切换到 HDMI1、切换到 HDMI2、开启静音、解除静音等功能可用同样方式实现，如图 8-38 所示。

· 串口设置

设置项	数值
波特率	9600
数据位	8
停止位	1
校验位	None
流控制	None

图 8-32　大屏使用手册中通信配置参数截图

3 串口码值表

功能	模式	代码	备注
开关机	ON	AA BB CC 01 00 00 01 DD EE FF	
	OFF	AA BB CC 01 01 00 02 DD EE FF	
切换输入源	TV	AA BB CC 02 01 00 03 DD EE FF	
	AV	AA BB CC 02 02 00 04 DD EE FF	
	VGA3	AA BB CC 02 0B 00 0D DD EE FF	
	VGA1	AA BB CC 02 03 00 05 DD EE FF	
	VGA2	AA BB CC 02 04 00 06 DD EE FF	
	HDMI1	AA BB CC 02 06 00 08 DD EE FF	
	HDMI2	AA BB CC 02 07 00 09 DD EE FF	
	HDMI3	AA BB CC 02 05 00 07 DD EE FF	
	PC	AA BB CC 02 08 00 0A DD EE FF	
	Android	AA BB CC 02 0A 00 0C DD EE FF	
	HDMI4K（4K*2K）	AA BB CC 02 0D 00 0F DD EE FF	
	WHD1	AA BB CC 02 0C 00 0E DD EE FF	
	DTV	AA BB CC 02 10 00 05 DD EE FF	
	YPBPR	AA BB CC 02 0F 00 05 DD EE FF	
	AndroidSlot	AA BB CC 02 0E 00 05 DD EE FF	
声音	00—100	AA BB CC 03 00 xx ** DD EE FF	xx = 音量大小值，如音量为 30（十进制）= 1E（十六进制），XX=1E，**=03+00+IE（十六进制）=21
	MUTE	AA BB CC 03 01 00 04 DD EE FF	
	UNMUTE	AA BB CC 03 01 01 05 DD EE FF	
视频模式	16∶9	AA BB CC 08 00 00 08 DD EE FF	
	4∶3	AA BB CC 08 01 00 09 DD EE FF	
	Point to point	AA BB CC 08 07 00 0F DD EE FF	

图 8-33　大屏使用手册中控制指令截图

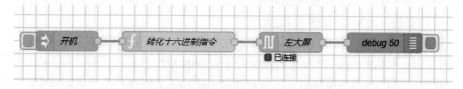

图 8-34　大屏控制流程示意图

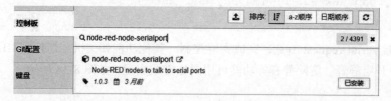

图 8-35　安装 node-red-node-serialport 节点界面

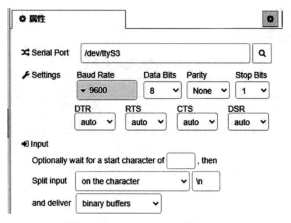

图 8-36　serial request 节点配置

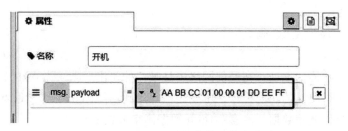

图 8-37　通过 inject 节点传入控制指令

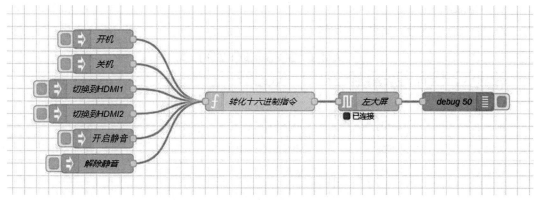

图 8-38　串口控制大屏流程示意图

8.5.3　空气传感器数据采集

基于技术架构的设计，BXRoom 通过 RS485 接入一台空气传感器进行数据采集和发布。首先需要对空气传感器 RS-MG111-N01-1 设备的 Modbus 协议规定进行了解，然后进行节点配置。通过 RS-MG111-N01-1 产品的说明手册，我们可以获取以下信息。

1. 通信基本参数

通信基本参数如表 8-2 所示。

表 8-2 通信基本参数

编码	8 位二进制	停止位	1 位
数据位	8 位	错误校验	CRC（冗余循环码）
奇偶校验位	无	波特率	出厂默认为 9600bit/s

2. 数据帧格式定义

数据帧格式定义采用 Modbus-RTU 通信规约，具体如下。

- 初始结构 ≥ 4B。
- 地址码 = 1B。
- 功能码 = 1B。
- 数据区 = NB。
- 错误校验 = 16 位 CRC 码。
- 结束结构 ≥ 4B。
- 地址码：变送器的地址，在通信网络中是唯一的（出厂默认为 0x01）。
- 功能码：主机所发的功能指令，本变送器只用到功能码 0x03（读取寄存器数据）。
- 数据区：具体通信数据。注意：16bit 数据高字节在前！
- CRC 码：2B 的校验码。

3. 寄存器地址

寄存器地址（部分）如表 8-3 所示。

表 8-3 寄存器地址（部分）

寄存器地址	PLC 或组态地址	内容	操作	范围及定义说明
0000 H	40001	PM2.5（µg/m³）	只读	实际值
0001 H	40002	PM10（µg/m³）	只读	实际值
0002 H	40003	相对湿度（%RH）	只读	扩大 10 倍上传
0003 H	40004	温度（℃）	只读	扩大 10 倍上传
0004 H	40005	大气压力（kPa）	只读	扩大 10 倍上传
0005 H	40006	光照度（lx）	只读	光照度实际值高位
0006 H	40007			光照度实际值低位
0007 H	40008	TVOC（ppb）	只读	实际值
0008 H	40009	二氧化碳（ppm）	只读	实际值
0009 H	40010	甲醛（ppm）	只读	扩大 100 倍上传
000A H	40011	臭氧（ppm）	只读	扩大 100 倍上传

（续）

寄存器地址	PLC 或组态地址	内容	操作	范围及定义说明
000B H	40012	氧气（%Vol）	只读	扩大 10 倍上传
000C H	40013	硫化氢（ppm）	只读	实际值
000D H	40014	甲烷（%LEL）	只读	实际值
000E H	40015	一氧化碳（ppm）	只读	实际值
000F H	40016	二氧化氮（ppm）	只读	扩大 10 倍上传
0010 H	40017	二氧化硫（ppm）	只读	扩大 10 倍上传
0011 H	40018	氢气（ppm）	只读	实际值
0012 H	40019	氨气（ppm）	只读	实际值
0050 H	40081	PM2.5 校准值	读写	实际值
0051 H	40082	PM10 校准值	读写	实际值
0052 H	40083	湿度校准值	读写	扩大 10 倍上传
0053 H	40084	温度校准值	读写	扩大 10 倍上传
0054 H	40085	大气压力校准值	读写	扩大 10 倍上传

4. Node-RED 所需的参数

从 RS-MG111-N01-1 产品的说明手册可知，Node-RED 会使用到空气传感器获取的一些参数，具体如下。

（1）通信参数

- 波特率：9600bit/s。
- 数据位：8。
- 停止位：1。
- 校验位：None。

（2）指令参数

- 地址码：5（接线时已经指定）。
- 功能码：FC3 读保持寄存器。

（3）采集数据的 PLC 地址（文档中直接给出了 PLC 地址，因此直接使用，无须转换）

- PM2.5（μg/m³）：40001。
- PM10（μg/m³）：40002。
- 相对湿度（%RH）：40003。
- 温度（℃）：40004。
- TVOC（ppb）：40008。
- 二氧化碳（ppm）：40009。

5. 节点配置

本实战案例采用 node-red-contrib-modbus 扩展节点。首先安装此节点（依次单击"菜单"→"节点管理"→"安装"选项），安装界面如图 8-39 所示。

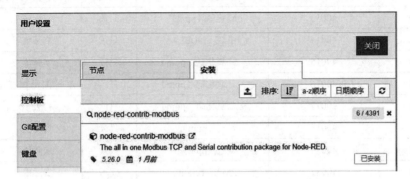

图 8-39　安装 node-red-contrib-modbus 扩展节点

安装好后，使用 modbus-flex-getter 节点来获取空气传感器数据，流程如图 8-40 所示。

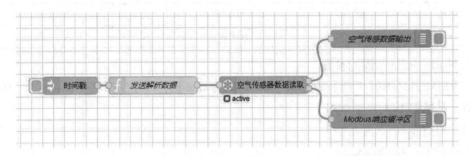

图 8-40　使用 modbus-flex-getter 节点获取空气传感器数据流程

modbus-flex-getter 节点配置如图 8-41 所示。

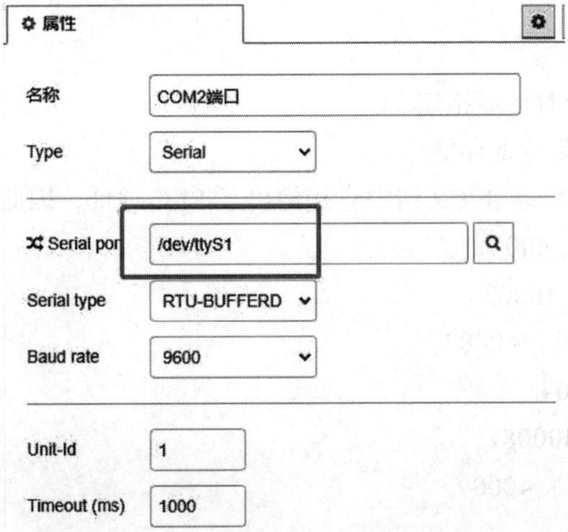

图 8-41　modbus-flex-getter 节点配置

其中，/dev/ttyS1 代表 COM2 端口。

modbus-flex-getter 节点可以通过 msg 传入所需要的参数，具体如下。

- unitid（0..255 tcp | 0..247 serial）：表示设备位置。
- fc（1..4）：功能码。FC1 表示读线圈状态，FC2 表示读输入状态，FC3 表示读保持寄存器，FC4 表示读输入寄存器。
- address（0:65535）：读取的起始地址。
- quantity（1:65535）：要从起始地址读取的线圈、输入、寄存器数量。

读取空气传感器数据的代码如下：

```
msg.payload={value:msg.payload,'fc':3,'unitid':5,'address':40001,
'quantity':10}
return msg
```

输出结果如图 8-42 所示。

```
2/3/2023, 4:56:01 PM   node: 1834984f7e21432b
co2 : msg.payload : string[123]
"
{"pm25":14,"pm10":16,"humidity":30.3,
"temperature":26.1,"tovc":2087,"co2":
1044,"addr":"软件办公区","time":"2023-
02-03 16:56:01"}"
```

图 8-42　modbus 节点获取数据结果

8.5.4　中控平板界面实现

下面设计一套适合会议室中控的平板操作界面，如图 8-43 所示。

图 8-43　中控平板操作界面

会议室控制页面是根据用户的要求设计的，这里不介绍页面样式的实现，主要对数据连接和获取部分进行介绍。在 BXRoom 平台访问内网 IP 地址（http://192.168.0.1/）可以看到该页面。

　　此页面使用了 HTML5 的原生 WebSocket 技术来实现和 BXRoom 的对接。前端页面中
WebSocket 技术实现的 JavaScript 代码片段如图 8-44 所示。

　　此 init() 方法将每 5s 循环运行一次，首先判断 WebSocket 对象 ws 是否存在，如果不存在则创建一个新的连接。这样做的目的是保证页面一直处于保活状态，由于电视播放的时候没有交互操作，如果因为网络问题连接断开是无法通过人工刷新的方法去恢复连接的，因此采用 5s 循环执行的方式保证网络恢复的时候页面可以自动重新连接。

```
init() {
    var _this = this;
    if (_this.ws = null) {
        this.ws = new Websocket("ws: //192.168.0.1:1880/ws");
        this.ws.onopen = function(evt) {};
        this.ws.onmessage = function(evt) {};
        this.ws.onclose = function(evt) {};
        setTimeout( handler: function () {
            this.init()
        }, timeout: 5000)
    }
},
```

图 8-44　前端页面中 WebSocket 技术实现的 Java-Script 代码片段

　　WebSocket 在 JavaScript 代码中基于事件运行，最主要的 3 个事件如下。

● onopen：当连接成功的时候触发。

● onmessage：当服务端有消息发送过来的时候触发。

● onclose：当连接断掉的时候触发。

onopen 事件代码如下：

```
_this.ws.onopen=function(evt){
    console.info(" 连接建立成功!")
    _this.ws.send(" 连接成功!发送初始数据!");
};
```

　　这部分代码没有实际的作用，只是用于在控制台打印连接成功的信息，方便前端调试，同时连接好以后立即发送一条消息，确认通信正常，也方便在 Node-RED 中查看连接的消息，如图 8-45 所示。

图 8-45　websocket 节点连接状态

onmessage 事件代码如下：

```
_this.ws.onmessage=function(evt){
    console.info(" 接收数据 :"+evt.data)
    _this.lasttime=moment().format("YYYY-MM-DD HH:mm:ss");
    var returnObj=JSON.parse(evt.data)
```

```
    //... 其他逻辑和显示逻辑 ....
    };
```

onmessage 的事件会回传一个参数 evt。这个参数就是收到的数据包，数据包的 data 属性即 Node-RED 后台传入的数据，不过此时还是字符串格式，通过 JSON.parse(evt.data) 后变为 JSON 格式。获取 JSON 数据后执行前端页面的展示逻辑。

onclose 事件代码如下：

```
_this.ws.onclose=function(evt){
    console.info(" 连接关闭 .");
    _this.ws=null;
};
```

连接关闭的时候会执行此代码。在这里，一定要将 WebSocket 对象 ws 设置为 null，这样 5s 以后重新执行这个方法的时候才会重新连接。

根据 WebSocket 的连接，将流程改为图 8-46 所示流程，即可实现中控平板的全面控制。

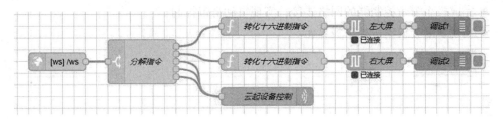

图 8-46　前端界面控制设备全流程示意图

其中，"分解指令"节点可以按照前端页面传入的不同参数（msg.payload.type）进行分解，如图 8-47 所示。

图 8-47　通过 switch 节点分解指令设置

8.5.5 联动场景实现

联动场景其实是根据传感器的接入数据判断来实现更多的自动化控制，比如根据空气传感器数据判断来自动打开空调或者新风，根据人体传感器数据判断来自动为会议室预约系统提供会议室资源自动释放的功能。这部分的实现原理因为牵涉到会议预约或者会议管理系统，限于篇幅，这里就不详述了，但是都是通过 Node-RED 进行控制。总之，智能会议室的更多场景可以通过 Node-RED 实现，打造人性化的会议环境。

8.6 案例总结

本章的实战案例完成了智能会议室的建设，要点如下。

- 根据智能会议场景需求，进行不同品牌的智能产品的选型。
- 通过 BXRoom 构建智能会议室的中心平台，以调度不同品牌的设备。
- 完成 BXRoom 初始化。
- 完成小米智能开关和插座的网络连接，实现智能照明控制。
- 完成极企窗帘控制器的网络连接，实现自动窗帘控制。
- 实现智能会议室中控平板界面。

智能节能实战：智能电表和电量监控

物联网在家庭、大楼和工业中很常见的应用场景是实现节能和双碳目标。本实战案例通过对办公场地的电量监控和控制实现智能节能。智能节能大屏监控界面如图 9-1 所示。

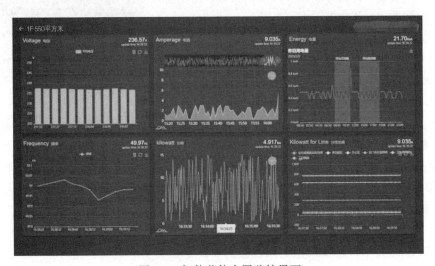

图 9-1　智能节能大屏监控界面

9.1　背景和目标

此实战案例目标是对办公场地进行电表和强电线路的监控，获取实时电压、电流、功率、频率、报警等多个维度的电力数据，并形成前端可视化大屏展示供实时查看，同时实现智能节能。

智能节能的主要目标是建立一个可监、可控、可管的智能能源系统，做到可检测每一路电路的实时数据，对其进行可视化管理和呈现，并且可对暖通、照明、重要用电设备进行控制，同时支持快速配置能源计划，以根据场景需求自动化执行。如：对于办公场地，智能能源系统可以细分区域和工作日/非工作日的照明开关、空调等时间计划，并自动执行，甚至支持增加部分人体传感器，来实现更细粒度的能源控制。

9.1.1　项目背景

某公司新建办公区，通过对强电箱的改造实现对基本照明、插座、空调等不同区域的电力设备数据的采集，获取办公区实时电力数据以及每日耗电数据，最终通过大屏显示实时和历史电力数据（包括不同线路的实时功率、实时电压、实时电流、实时频率以及昨日耗电数据），以便客户可以直观地查看办公区耗能情况，通过调整用电习惯来达成节能目的。

9.1.2　项目需求分析

客户办公区面积为 $1000m^2$，强电箱在办公区中部，所有强电都通过强电箱进行分线，且按照照明、插座、空调 3 个类别分线，同时办公区中部墙面挂有大屏用于显示实时电能数据。强电箱如图 9-2 所示。

客户需要采集的电力数据如下。

图 9-2　现场强电箱示意图

- 总开关数据：一次侧 5A 的实时电压、实时电流、实时功率、实时频率、报警信息、漏电流数据。
- 照明线路组数据：所有照明线路的实时平均电压、实时平均电流、实时平均功率、实时平均频率，以及每条照明线路的实时电压、实时电流、实时功率、实时频率、电路温度。
- 插座线路组数据：所有插座线路的实时平均电压、实时平均电流、实时平均功率、实时平均频率，以及每条插座线路的实时电压、实时电流、实时功率、实时频率、电路温度。
- 空调线路组数据：所有空调线路的实时平均电压、实时平均电流、实时平均功率、实时平均频率，以及每条空调线路的实时电压、实时电流、实时功率、实时频率、电路温度。
- 电量数据：按照每半小时进行电量消耗统计（即每半小时总体耗电多少千瓦时），需要记录和存储总电量、照明组电量、每条照明线路电量、空调组电量、每路空调电量、插座组电量、每路插座电量。

客户节能控制场景如下。

- 工作日：含周一到周五和国家假期调整的工作日，排除公共假期和特殊假期，8:00—19:00 自动开启公共区照明，19:00 关闭公共区照明、空调，23:00 关闭插座供电，0:00

全面检查并关闭所有电源。所有时间段允许客户手动开关照明、空调、插座供电。

- 非工作日：含周末、公共假期、特殊假期，全天关闭照明、空调和插座供电，检测耗电量大于20kW的时候（可后续配置此指标参数），发送警报给管理员或直接关闭供电。
- 动态细粒度管理：后期需要增加动态人体传感器和温湿度传感器来动态开关照明和空调。

以上场景为智能节能的初始化场景，运行一段时间以后可以根据实际耗电情况和办公行为分析重新调整，也可以和行政系统结合，比如加班申请触发用电申请并给予用电配额和权限，同时配合碳排放管理软件实时计算办公区碳排放数值，践行低碳办公。

9.1.3　实战目标

- 通过 Modbus 对接智能断路器，实现复杂的数据采集和边缘计算。
- 通过 Modbus 对接智能线圈，实现在不进行强电施工的情况下以无侵入的方式安装监控感应器，实现复杂数据采集和边缘计算。
- 实现频率为每秒一次的高速数据采集、计算、传输和实时显示的物联网系统。
- 通过 Node-RED 创建客户所需要的场景自动化流程，考虑时间维度并支持快速调整。
- 通过 MQTT 进行数据传输，通过 WebSocket 进行前端大屏实时界面展示。

9.2　技术架构

技术架构清晰地描述了整个系统的网络结构和连接关系。该案例的技术架构如图 9-3 所示。

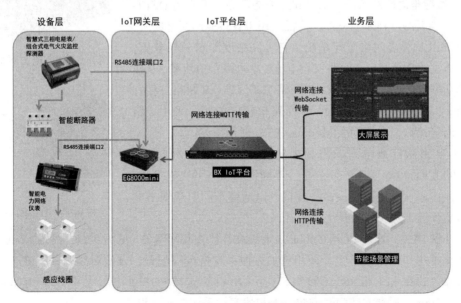

图 9-3　智能电量监控系统技术架构

设备层采用了两套电量监控设备：一套是对接智能断路器的智慧式三相电能表/组合式电气火灾监控探测器，主要是对总断路器和分路断路器进行监控和管理；一套是智能电力网络仪表，该仪表和感应线圈连接，而感应线圈外夹在强电线路上，可以对每个电路的各种电量数据进行监控。这两套系统均通过 RS485 和 IoT 网关进行通信，最后汇聚到 BX IoT 平台，完成节能和能源管理工作。

9.3　技术要求

9.3.1　硬件选型

1）**智慧式三相电能表**：采用和远智能产品，型号为 HYFW，如图 9-4 所示。HYFW 可作为智能配电、能耗监测、电力需求侧管理、智慧用电安全监管系统传感终端，适用于各种新建或者改造商业建筑、市政楼宇、工业自动化等场景中。该产品主要功能包括：电力监视，如电压、电流、有功功率、无功功率、视在功率、功率因数、频率、相序、负载性质；电量管理，如有功电能、无功电能、多费率计量、需量；电能质量，如谐波含量分析、零序电压/电流、电压/电流不平衡度、

图 9-4　智慧式三相电能表

电压合格率、电压偏差；通信接口，如 1 路 RS485。它的 I/O 接口规格为 2DI2DO。

2）**智能电力网络仪表**：采用和远智能产品，型号为 DZ81-DZS900，如图 9-5 所示。此产品广泛应用于各行业用配电场所、能源管理以及智能网络监控系统。它可高精度测量三相电压、

图 9-5　智能电力网络仪表

平均电压、零序电压、9 回路三相电流、9 回路有功功率、9 回路无功功率、9 回路视在功率、9 回路功率因数、9 回路三相有功电能、9 回路三相无功电能、9 回路单相电能等，采用 2 路 RS485 通信接口，支持标准 Modbus-RTU 通信协议。

3）**电磁感应线圈**：采用和远智能产品，型号为 DZ81-DZS9000（见图 9-6），可在不停电、不断线的状态下快速安装、拆卸，操作简便。线圈提供多种规格，以适应不同电流规格电线，满足各类工程现场需要。

图 9-6　电磁感应线圈

4）**IoT 网关**：选用 EG8000mini 工业级高性能物联网网关（见图 9-7），内置 Node-RED，并且优化了串口采集的节点，使用更加方便；支持远程配置，方便后续调试。该产品接口包括 2 路 RS485 和 1 路 RS232 接口，1 个 Lan 口，支持 POE 供电。大小规格为 118mm×90mm×35mm，适合挂墙隐蔽安装。本实战案例采用 3 台该设备。

5）IoT 平台：选用极企 BX IoT 平台，如图 9-8 所示。该平台内置 Node-RED、MQTT 服务器、时序数据库，支持 HTML5 输出大屏展示。特有的 BXOS 提升服务响应速度，内置 OpenWRT 路由网关服务，可以自组 IP 网络，有效隔离外部安全隐患。

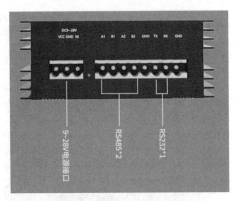

图 9-7　EG8000mini IoT 网关

9.3.2　软件选型

- IoT 网关侧物联网引擎：Node-RED 3.02。
- IoT 平台侧物联网操作系统：GeeQee BXOS（基于 OpenWRT 编译）。
- IoT 平台侧物联网引擎：Node-RED 3.02。
- IoT 平台 ZigBee 扩展：ZigBee2MQTT。
- IoT 平台侧 MQTT 服务：Mosquitto 2.0.13。
- IoT 平台侧场景服务：Node-RED 3.02。
- 业务侧：HTML5 和 WebSocket。

图 9-8　极企 BX IoT 平台

9.4　环境准备

9.4.1　物理连接和接线

电箱中电表总开关以及各个电路和智慧式三相电能表连接，实际连接效果如图 9-9 所示。上方圈标示的是线圈感应器，下方圈标示的是智慧式三相电能表。

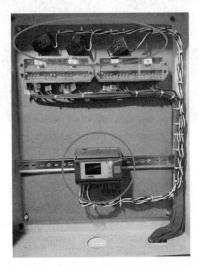

图 9-9　智慧式三相电能表和感应线圈实际接线效果

具体接线端口解释如图 9-10 所示。

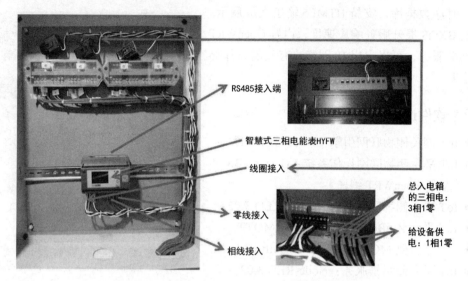

图 9-10　智慧式三相电能表和感应线圈接线示意图

此设备上端接入 RS485 的线路，下端接入电表总开关的零线和相线。其中，相线采用线圈感应器方式进行部署，不用破坏原有线路，保证消防要求和用电安全，具体细节如图 9-11 所示。

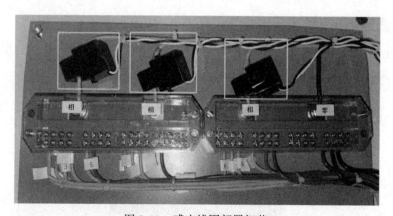

图 9-11　感应线圈部署细节

电磁感应线圈安装首先需要对强电箱中各个强电回路进行分类和命名，如图 9-12 所示。

在标识的线路电线上增加感应线圈并进行编号，如图 9-13 所示。

电磁感应线圈和智能电力网络仪表 DZ81-DZS900 连接，按照编号插入相应插口，如图 9-14 所示。

IoT 网关通过智能电力网络仪表 DZ81-DZS900 下端的 RS485 接口端子进行对接，如图 9-15 所示。

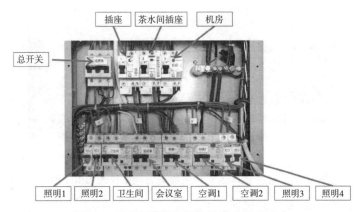

图 9-12　对不同强电回路进行分类和命名

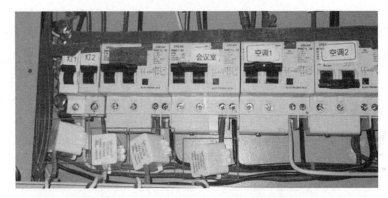

线圈编号	该电线控制区域
1C	大会议室插座
1A	多功能区
4A	办公区
4C	后门会议室照明
4B	卫生间照明
6B	工位插座

图 9-13　感应线圈编号和接入

图 9-14　电磁感应线圈和智能电力网络仪表对接

图 9-15　通过 RS485 对接智能电力网络仪表和 IoT 网关

IoT 网关 EG8000mini 接入局域网。

IoT 平台 BX IoT 平台接入局域网。

9.4.2　网络配置和位置记录

通过上面物理连接和接线后，记录各个设备的网络配置和位置，如表 9-1 所示。

表 9-1　网络配置和位置记录

设备	物理位置	数字位置
智慧式三相电能表 HYFW	强电机房	IoT 网关 RS485 端口 2，地址码 1
智能电力网络仪表 电磁感应线圈 DZ81-DZS9000	强电机房	IoT 网关 RS485 端口 2，地址码 2
IoT 网关 EG8000mini	强电机房	192.168.0.222
IoT 平台 BX IoT	机房	192.168.0.220

9.5　实现过程

9.5.1　在 IoT 网关中配置电量数据采集器的接入

在 Node-RED 中实现智能电量监控和节能的流程如图 9-16 所示。

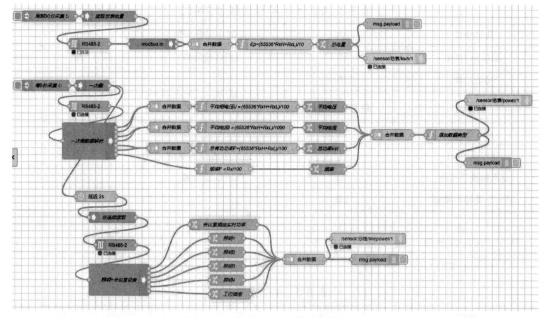

图 9-16　智能电量监控和节能流程

按照之前的技术原型，需要在 IoT 网关中接入两种电量统计设备，并按照实际的采集时间间隔进行触发，具体接入过程如下。

1. 智慧式三相电能表 HYFW 接入

基于技术架构，一台 IoT 网关通过 RS485 端口 2 接入，地址码设置为 1。首先需要对智慧式三相电能表 HYFW 的 Modbus 协议规定进行了解，然后再进行节点配置。阅读智慧式三相电能表 HYFW 产品说明手册，可以获取通信基本参数、数据帧格式定义、寄存器地址（04 功能码读取寄存器）、数据转换公式等信息。这些都是 Node-RED 所需的通信指令参数及计算参数，有关内容截取如下。

（1）通信基本参数

通信基本参数如表 9-2 所示。

表 9-2　通信基本参数

编码	8 位十六进制	停止位	1 位
数据位	8 位	错误校验	CRC（冗余循环码）
奇偶校验位	无	波特率	出厂默认为 9600bit/s

（2）数据帧格式定义

数据帧采用 Modbus-RTU 通信规则，请求格式如表 9-3 所示，响应格式如表 9-4 所示。

表 9-3　Modbus-RTU 通信请求格式

从站地址	1B	读取寄存器个数	2B
功能码 04H	1B	CRC 校验值	2B
起始地址	2B		

表 9-4　Modbus-RTU 通信响应格式

从站地址	1B	⋮	2B
功能码 04H	1B	第 n 个寄存器数据	2B
返回数据字节数	1B	CRC 校验值	2B
第一个寄存器数据	2B		

（3）寄存器地址（04 功能码读取寄存器）

寄存器地址通过使用手册得到，如表 9-5 所示。

表 9-5　寄存器地址

地址（十进制）	地址（十六进制）	类别	参数名称	放大倍数	取值范围
5376	1500	相电压	A 相电压	100 倍	0~4294967295
5377	1501				
5378	1502		B 相电压	100 倍	0~4294967295
5379	1503				
5380	1504		C 相电压	100 倍	0~4294967295
5381	1505				
5382	1506		平均相电压	100 倍	0~4294967295
5383	1507				
5384	1508		零序相电压	100 倍	0~4294967295
5385	1509				
5386	150A	线电压	线电压（A-B）	100 倍	0~4294967295
5387	150B				
5388	150C		线电压（B-C）	100 倍	0~4294967295
5389	150D				
5390	150E		线电压（C-A）	100 倍	0~4294967295
5391	150F				
5392	1510		线电压平均值	100 倍	0~4294967295
5393	1511				

（续）

地址		类别	参数名称	放大倍数	取值范围
十进制	十六进制				
5394	1512	电流	A 相电流	1000 倍	0~4294967295
5395	1513				
5396	1514		B 相电流	1000 倍	0~4294967295
5397	1515				
5398	1516		C 相电流	1000 倍	0~4294967295
5399	1517				
5400	1518		平均电流	1000 倍	0~4294967295
5401	1519				
5402	151A		零序电流	1000 倍	0~4294967295
5403	151B				
5404	151C	有功功率	A 相有功功率	1000 倍	−2147483647~2147483647
5405	151D				
5406	151E		B 相有功功率	1000 倍	−2147483647~2147483647
5407	151F				
5408	1520		C 相有功功率	1000 倍	−2147483647~2147483647
5409	1521				
16384	4000	实时电能	总有功电能	10 倍	0~99999999.9
16385	4001				
16386	4002		正向有功电能	10 倍	0~99999999.9
16387	4003				
16388	4004		反向有功电能	10 倍	0~99999999.9
16389	4005				
16390	4006		总无功电能	10 倍	0~99999999.9
16391	4007				
16392	4008		正向无功电能	10 倍	0~99999999.9
16393	4009				
16394	4010		反向无功电能	10 倍	0~99999999.9
16395	4011				

（4）数据转换公式

根据设备使用手册获取的数据转换公式如表 9-6 所示。

表 9-6　数据转换公式

适用参量	公式	单位
电压（5A/25mA 二次侧）	$U = Rx/100$	V
电压（5A/25mA 一次侧）	$U = (65536*RxH+RxL)/100$	V
电流（5A 二次侧）	$I = Rx/1000$	5A
电流（25mA 二次侧）	$I = Rx/100$	mA
电流（5A 一次侧）	$I = (65536*RxH+RxL)/1000$	5A
电流（25mA 一次侧）	$I = (65536*RxH+RxL)/1000$	A
有功功率（5A 二次侧）	$P = Rx/1000$	kW
有功功率（25mA 二次侧）	$P = Rx/100$	W
有功功率（5A/25mA 一次侧）	$P = (65536*RxH+RxL)/100$	kW
无功功率（5A 二次侧）	$Q = Rx/1000$	kvar
无功功率（25mA 二次侧）	$Q = Rx/100$	var
无功功率（5A/25mA 一次侧）	$Q = (65536*RxH+RxL)/100$	kvar
视在功率（5A 二次侧）	$S = Rx/1000$	kVA
视在功率（25mA 二次侧）	$S = Rx/100$	VA
视在功率（5A/25mA 一次侧）	$S = (65536*RxH+RxL)/100$	kVA
功率因数（5A 二次侧）	$PF = Rx/1000$	
功率因数（25mA 二次侧）	$PF = Rx/1000$	
功率因数（5A/25mA 一次侧）	$PF = Rx/1000$	
需量（5A 二次侧）	$P = (65536*RxH+RxL)/1000$	kW
需量（25mA 二次侧）	$P = (65536*RxH+RxL)/100$	W
需量（5A/25mA 一次侧）	$P = (65536*RxH+RxL)/1000$	kW
频率	$F = Rx/100$	Hz
有功电能	$Ep = (65536*RxH+RxL)/10$	kWh
无功电能	$Eq = (65536*RxH+RxL)/10$	kvarh
谐波含量	$THD = Rx/10$	
不平衡度（电压、电流）	$3 = Rx/100$	
漏电流	$Io = Rx/1000$	A
需量	$P = Rx/1000$	kW
温度	$T = Rx/10$	℃

（5）Node-RED 所需的通信指令参数

前面已经截取并展示了智慧式三相电能表 HYFW 产品说明手册的相关部分参数，这些参数中有一部分会被 Node-RED 使用，具体如下。

1）通信参数。

- 波特率：9600bit/s。
- 数据位：8。
- 停止位：1。
- 校验位：none。

2）指令参数。

- 地址码：1（接线时已经指定）。
- 功能码：FC4，读输入寄存器。

3）需要采集数据的地址信息。

- **平均相电压**：寄存器地址为 5382 和 5383，转换为 Modbus 地址方法：寄存器地址前面加上功能码 4 变为 45382 和 45383；起始地址再加 1 位后最终转化为：45383 和 45384，分别为采集值的高位 RxH 和低位 RxL。平均相电压 U 的数据公式为 $U = （65536*RxH+RxL）/100$。
- **平均电流**：寄存器地址为 5400 和 5401，转化为 Modbus 地址为 45401 和 45402，分别为采集值的高位 RxH 和低位 RxL。平均电流 I 的数据公式为 $I = （65536*RxH+RxL）/1000$。
- **总有功功率**：寄存器地址为 5410 和 5411，转化为 Modbus 地址为 45411 和 45412，分别为采集值的高位 RxH 和低位 RxL。总有功功率 P 的数据公式为 $P=（65536*RxH+RxL）/100$。
- **频率**：寄存器地址为 5432，转化 Modubs 地址为 45433。
- **总有功电能**：寄存器地址为 16384 和 16385，转化为 Modbus 地址为 416385 和 416386，分别为采集值的高位 RxH 和低位 RxL。总有功电能 Ep 的数据公式为 $Ep=（65536* RxH+RxL）/10$。

（6）节点配置

由于采用了型号为 EG8000mini 的 IoT 网关，该网关内置 Node-RED 版本为 2.4.1，同时新增了几个更便捷的 modbus 节点，具体节点使用方式在 2.4.2 节已经介绍，这里不再赘述，直接进行流程配置的介绍。

由于需要读取的数据中总有功电能的地址和其他几个数据的地址差距超过 128 位，Modbus 协议规范规定一次连续读取地址范围在 128 位以内，因此需要配置两个流程来完成数据的读取，首先配置获取"总有功电能"数据的流程。此流程获取的数据为设备安装好以后总的耗电量，即总共使用了多少千瓦时电。通过周期性读取获得差值即可计算出每天、每周、每月的实际耗电量。

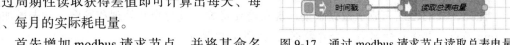

图 9-17　通过 modbus 请求节点读取总表电量

首先增加 modbus 请求节点，并将其命名为"读取总表电量"，如图 9-17 所示。

modbus 请求节点配置如图 9-18 所示。

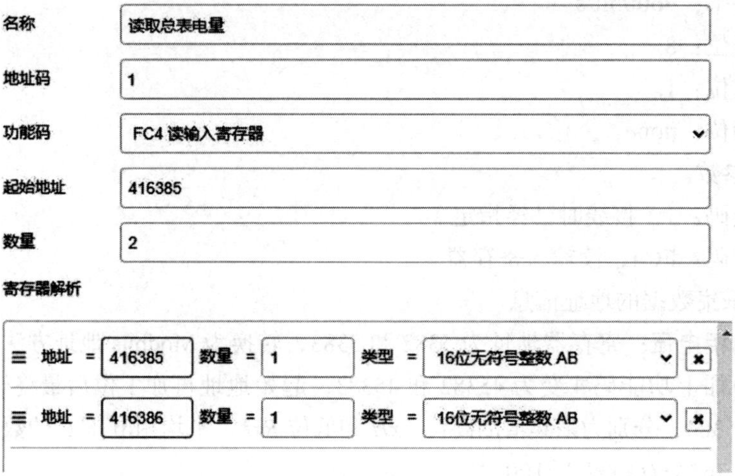

名称
读取总表电量
地址码
1
功能码
FC4 读输入寄存器
起始地址
416385
数量
2
寄存器解析
地址 = 416385 数量 = 1 类型 = 16位无符号整数 AB
地址 = 416386 数量 = 1 类型 = 16位无符号整数 AB

图 9-18 modbus 请求节点配置

随后加入一个串口节点，选择 RS485-2 端口，如图 9-19 所示。

时间戳
读取总表电量
RS485-2
已连接

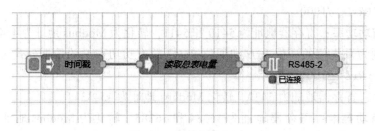

图 9-19 添加串口节点

串口节点配置如图 9-20 所示。

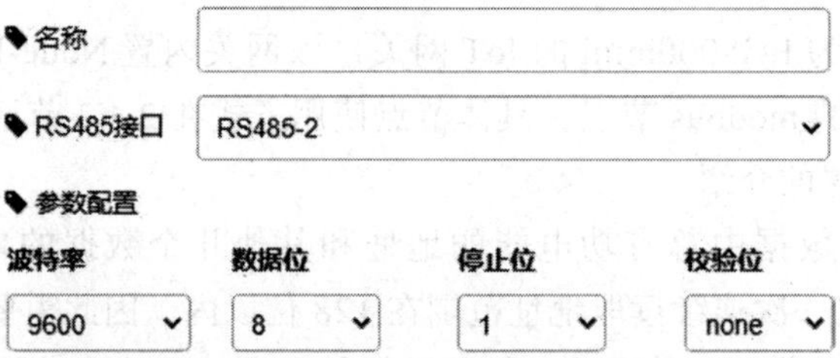

名称
RS485接口
RS485-2
参数配置
波特率
数据位
停止位
校验位
9600
8
1
none

图 9-20 串口节点配置

随后增加 modbus 解析节点，完成收集数据的解析工作，如图 9-21 所示。

至此，我们已经完成了数据采集，现在需要将数据进行合并处理和发出。首先增加一个 join 节点，并将其命名为“合并数据”，如图 9-22 所示。

join 节点配置如图 9-23 所示。

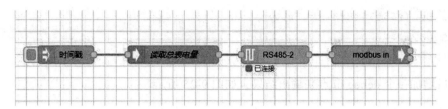

图 9-21　添加 modbus 解析节点

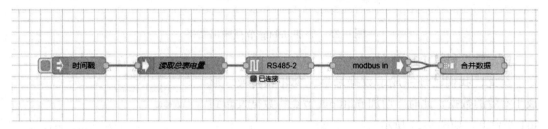

图 9-22　添加 join 节点

模式	手动
合并每个	▾ msg. payload
输出为	数组

发送信息:
- 达到一定数量的消息时　2
- 第一条消息的若干时间后　秒
- 在收到带有属性 msg.complete 的消息后

🏷️ 名称　合并数据

图 9-23　join 节点配置

合并好以后，数据需要按照转换公式 $Ep=(65536*RxH+RxL)/10$ 进行数据转换，因此增加一个 function 节点进行数据转换，如图 9-24 所示。

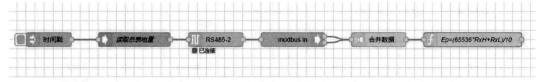

图 9-24　添加执行数据转换的 function 节点

function 节点实现代码如下：

```
let RxH=msg.payload[0]
let RxL=msg.payload[1]
```

```
var Ep=((65536*RxH+RxL)/10)
msg.payload=Ep
return msg;
```

最后增加一个 debug 节点来输出结果，如图 9-25 所示。

图 9-25　添加 debug 节点输出结果

输出结果如图 9-26 所示。

至此，我们已经完成了数据采集、合并和转换，形成了有效的数据。此时，增加 mqtt out 节点将数据发布到 IoT 平台上，如图 9-27 所示。

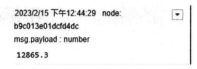

2023/2/15 下午12:44:29　node:
b9c013e01dcfd4dc
msg.payload : number
12865.3

图 9-26　最终输出结果展示

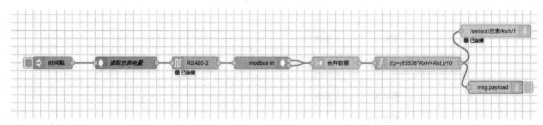

图 9-27　添加 mqtt out 节点

同时，MQTT 主题命名按照标准规范进行，即"sensor/ 传感器地址 / 传感器类型 / 传感器 ID"。此案例中 MQTT 主题名为"/sensor/ 总表 /kwh/1"。服务端配置为 IoT 平台的 MQTT 地址 192.168.0.220:1883，如图 9-28 所示。

至此，总表的电量数据已经采集并且发布。总表电量的采集时间根据用户需求设置为 30 分钟一次，即每个整点半小时（如 13:30、14:00、14:30）统计全天的电量使用。因此将 inject 节点设置为"指定时间段周期性执行"，如图 9-29 所示。

图 9-28　mqtt out 节点配置　　　　图 9-29　inject 节点触发配置

正如前面介绍，智慧式三相电能表 HYFW 的其他数据采集由于地址间隔与电量数据的相差超过 128 位，因此需要另外单独设置一个流程进行采集。采集方式和电量数据采集类

似。首先添加一个 modbus 请求节点，并命名为"一次侧"，含义是获取该设备外部电线接
入端的各种数据（如平均电流、平均电压、频率、有功
功率）。添加后 modbus 请求节点的流程如图 9-30 所示。

"一次侧" modbus 请求节点配置如图 9-31 所示。

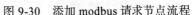

图 9-30　添加 modbus 请求节点流程

图 9-31　modbus 请求节点配置

其中，要采集的数据地址最小为 45383，最大为 45433，相差 50。因此数量填写"51"
即可读取覆盖这个范围的数据。随后增加串口节点，如图 9-32 所示。

这里的串口节点配置和电量采集的串口节点配置一样，如图 9-33 所示。

图 9-32　添加串口节点　　　　　　图 9-33　串口节点配置

接着添加一个 modbus 节点，并将其命名为"一次侧数据解析"，如图 9-34 所示。

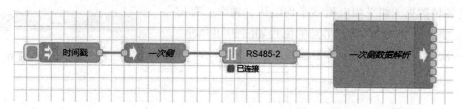

图 9-34 添加"一次侧数据解析"节点

然后根据"一次侧数据解析"节点的数据顺序将两个高低位数据合并的输出通过 join 节点合并，如图 9-35 所示。

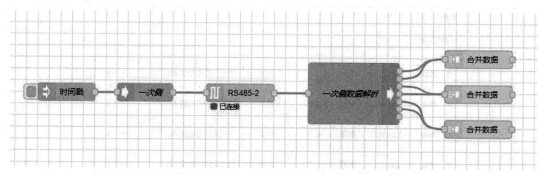

图 9-35 添加 join 节点

合并方式选择"手动"，输出为"数组"，具体配置如图 9-36 所示。

模式	手动
合并每个	▼ msg. payload
输出为	数组

发送信息：
- 达到一定数量的消息时　　　　　　2
- 第一条消息的若干时间后　　　　　秒
- 在收到带有属性msg.complete的消息后

🏷 名称　　　合并数据

图 9-36 join 节点配置

合并后添加 function 节点进行数据转换，如图 9-37 所示。

function 节点实现代码（部分）如下：

```
let RxH=msg.payload[0]
```

```
let RxL=msg.payload[1]
let U=(65536*RxH+RxL)/100
msg.payload=U;
return msg;
```

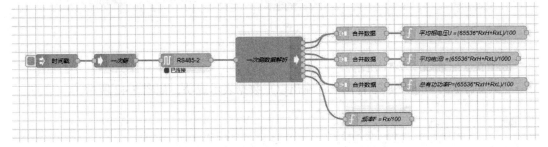

图 9-37　添加执行数据转换的 function 节点

然后，在每个数据点后增加一个 change 节点，如图 9-38 所示。

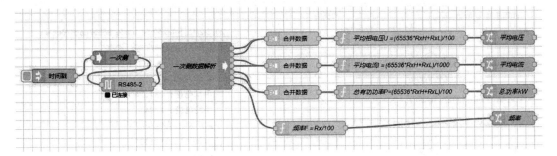

图 9-38　添加 change 节点

change 节点命名为"平均电压"，配置如图 9-39 所示。

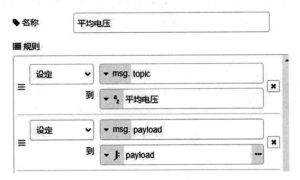

图 9-39　change 节点配置

用同样的方法将平均电流、总功率、频率都通过添加 change 节点进行配置。然后通过一个 join 节点进行数据合并，如图 9-40 所示。

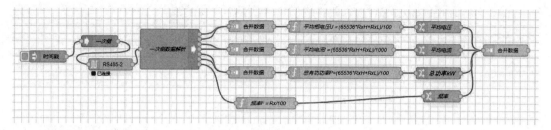

图 9-40　增加 join 节点

join 节点配置如图 9-41 所示。

合并后添加 debug 节点进行调试，输出以下数据表示成功，如图 9-42 所示。

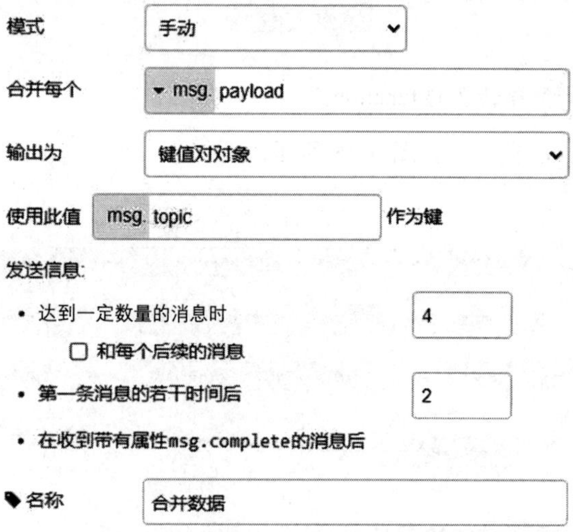

模式	手动
合并每个	msg. payload
输出为	键值对对象
使用此值	msg. topic　作为键

发送信息：

- 达到一定数量的消息时　　　　　4
  - ☐ 和每个后续的消息
- 第一条消息的若干时间后　　　　2
- 在收到带有属性msg.complete的消息后

🏷名称　　合并数据

图 9-41　join 节点配置

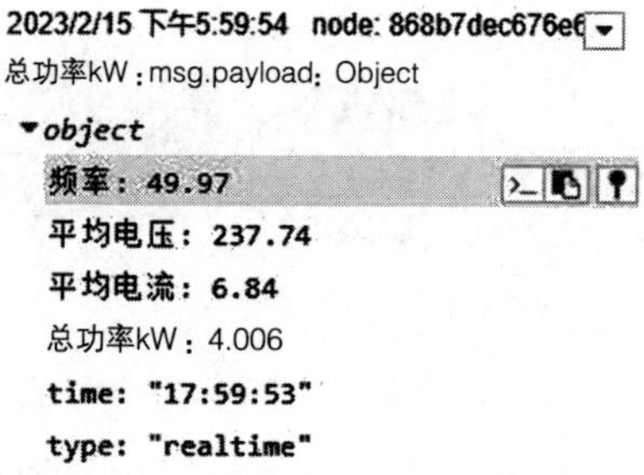

2023/2/15 下午5:59:54　node: 868b7dec676e6 ▾
总功率kW : msg.payload: Object
▾object
频率: 49.97
平均电压: 237.74
平均电流: 6.84
总功率kW: 4.006
time: "17:59:53"
type: "realtime"

图 9-42　添加 debug 节点输出结果

至此，我们已经完成了数据采集、合并和转换，形成了有效的数据。此时，增加 mqtt out 节点将数据发布到 IoT 平台上，如图 9-43 所示。

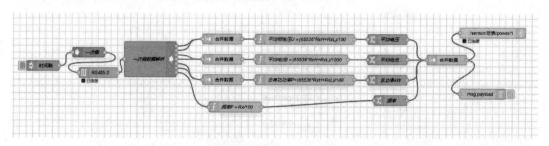

图 9-43　添加 mqtt out 节点

同时，MQTT 主题命名按照标准规范进行，即 "sensor/ 传感器地址 / 传感器类型 / 传感器 ID"。本案例中 MQTT 主题名为 "/sensor/ 总表 /power/1"。服务端配置为 IoT 平台的

MQTT 地址 192.168.0.220:1883，如图 9-44 所示。

图 9-44　mqtt out 节点配置

此流程获取数据的周期设置为每 5s 一次，以实时显示。最后，智慧式三相电能表 HYFW 接入流程配置完成，最终呈现如图 9-45 所示。

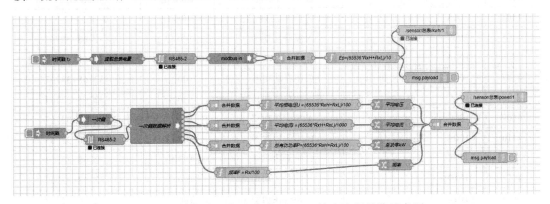

图 9-45　智慧式三相电能表 HYFW 接入流程最终示意图

2.电磁感应线圈 DZ81-DZS9000 接入

通过技术架构的设计，一台 IoT 网关通过 RS485 端口 2 接入，地址码设置为 2。首先需要对电磁感应线圈 DZ81-DZS9000 的 Modbus 协议规定进行了解，然后再进行节点配置。通过 DZ81-DZS9000 产品的说明手册，我们可以获取以下信息。

（1）通信基本参数

电磁感应线圈的通信基本参数如表 9-7 所示。

表 9-7　电磁感应线圈的通信基本参数

编码	8 位十六进制	停止位	1 位
数据位	8 位	错误校验	CRC（冗余循环码）
奇偶校验位	无	波特率	出厂默认为 9600bit/s

（2）寄存器地址

电磁感应线圈的寄存器地址如表 9-8 所示。

表 9-8 电磁感应线圈的寄存器地址

| 地址 | | 类别 | 参数名称 | 放大倍数 | 取值范围 |
十进制	十六进制				
4096	1000	相电压	A 相电压	100 倍	0~65535
4097	1001		B 相电压	100 倍	0~65535
4098	1002		C 相电压	100 倍	0~65535
4099	1003		相电压平均值	100 倍	0~65535
4100	1004		零序电压	100 倍	0~65535
4101	1005	回路 1 电流	A 相 / 线电流	1000 倍	0~65535
4102	1006		B 相 / 线电流	1000 倍	0~65535
4103	1007		C 相 / 线电流	1000 倍	0~65535
4104	1008		零序相 / 线电流	1000 倍	0~65535
4105	1009	回路 1 有功功率	A 相有功功率	100 倍	−32768~32767
4106	100A		B 相有功功率	100 倍	−32768~32767
4107	100B		C 相有功功率	100 倍	−32768~32767
4108	100C		三相总有功功率	100 倍	−32768~32767
4109	100D	回路 1 无功功率	A 相无功功率	100 倍	−32768~32767
4110	100E		B 相无功功率	100 倍	−32768~32767
4111	100F		C 相无功功率	100 倍	−32768~32767
4112	1010		三相总无功功率	100 倍	−32768~32767
4113	1011	回路 1 视在功率	A 相视在功率	100 倍	−32768~32767
4114	1012		B 相视在功率	100 倍	−32768~32767
4115	1013		C 相视在功率	100 倍	−32768~32767
4116	1014		三相总视在功率	100 倍	−32768~32767
4117	1015	回路 1 功率因数	A 相功率因数	1000 倍	−32768~32767
4118	1016		B 相功率因数	1000 倍	−32768~32767
4119	1017		C 相功率因数	1000 倍	−32768~32767
4120	1018		三相总功率因数	1000 倍	−32768~32767
4121	1019	回路 2	A 相 / 线电流	1000 倍	0~65535
⋮	⋮		⋮	⋮	⋮
4140	102C		三相总功率因数	1000 倍	−32768~32767
4141	102D	回路 3	A 相 / 线电流	1000 倍	0~65535
⋮	⋮		⋮	⋮	⋮
4160	1040		三相总功率因数	1000 倍	−32768~32767
4161	1041	回路 4	A 相 / 线电流	1000 倍	0~65535
⋮	⋮		⋮	⋮	⋮
4180	1054		三相总功率因数	1000 倍	−32768~32767

（续）

地址		类别	参数名称	放大倍数	取值范围
十进制	十六进制				
4181	1055	回路 5	A 相 / 线电流	1000 倍	0~65535
⋮	⋮		⋮	⋮	⋮
4200	1068		三相总功率因数	1000 倍	−32768~32767
4201	1069	回路 6	A 相 / 线电流	1000 倍	0~65535
⋮	⋮		⋮	⋮	⋮
4220	107C		三相总功率因数	1000 倍	−32768~32767
4221	107D	回路 7	A 相 / 线电流	1000 倍	0~65535
⋮	⋮		⋮	⋮	⋮
4240	1090		三相总功率因数	1000 倍	−32768~32767
4241	1091	回路 8	A 相 / 线电流	1000 倍	0~65535
⋮	⋮		⋮	⋮	⋮
4260	10A4		三相总功率因数	1000 倍	−32768~32767
4261	10A5	回路 9	A 相 / 线电流	1000 倍	0~65535
⋮	⋮		⋮	⋮	⋮
4280	10B8		三相总功率因数	1000 倍	−32768~32767

（3）数据转换公式

- U（单位：V）$= Register \times PT/100$
- I（单位：A）$= Register \times CT/1000$
- P（单位：W）$= Register \times PT \times CT/100$
- Q（单位：var）$= Register \times PT \times CT/100$
- S（单位：VA）$= Register \times PT \times CT/100$
- PF（单位：无）$= Register/1000$

（4）Node-RED 所需的通信指令参数

根据线路的部署，由线圈编号和寄存器对应关系解析出 Node-RED 需要读取的通信指令参数，如表 9-9 所示。

表 9-9　Node-RED 所需的通信指令参数

线圈编号	该电线控制区域（统计该区域的功率）	线圈寄存器地址（十进制）	modbus 读取地址
1C	大会议室插座	4107	44108
1A	多功能区	4105	44106
4A	办公区	4165	44166
4C	后门会议室照明	4186	44187

（续）

线圈编号	该电线控制区域（统计该区域的功率）	线圈寄存器地址（十进制）	modbus 读取地址
4B	卫生间照明	4206	44207
6B	工位插座	4227	44228

其中，modbus 读取地址计算方式为：寄存器十进制地址前面增加第一位功能码 4，由于十进制地址是从 1 开始，因此每个寄存器地址要再加 1。

（5）节点配置

本案例采用了型号为 EG8000mini 的 IoT 网关（该网关内置 Node-RED 版本为 2.4.1），且新增了几个更便捷的 modbus 节点进行处理，具体节点使用方式在 6.5.1 已经介绍，这里不再赘述，直接进行流程配置的介绍。首先增加 modbus 请求节点，并将其命名为"线圈数据读取"，如图 9-46 所示。

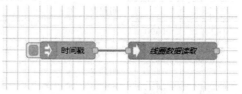

图 9-46　添加 modbus 请求节点

modbus 请求节点配置如图 9-47 所示。

名称	线圈数据读取
地址码	2
功能码	FC3 读保持寄存器 ▼
起始地址	44106
数量	123

寄存器解析

≡ 地址 = 44108　数量 = 1　类型 = 16位有符号整数 AB ▼ ✖

≡ 地址 = 44106　数量 = 1　类型 = 16位有符号整数 AB ▼ ✖

≡ 地址 = 44166　数量 = 1　类型 = 16位有符号整数 AB ▼ ✖

≡ 地址 = 44187　数量 = 1　类型 = 16位有符号整数 AB ▼ ✖

≡ 地址 = 44207　数量 = 1　类型 = 16位有符号整数 AB ▼ ✖

≡ 地址 = 44228　数量 = 1　类型 = 16位无符号整数 AB ▼ ✖

图 9-47　modbus 请求节点配置

这里通过 9.5.1 节寄存器地址可知需要读取的地址最小是 44106，最大是 44228，相差

122，在 modbus 最大连续读取 128 位范围内，因此读取数量设置为 123，可以一次性读取完成。在 modbus 请求节点后添加串口节点，以实现数据读取的通信，如图 9-48 所示。

图 9-48　添加串口节点

串口节点配置如图 9-49 所示。

图 9-49　串口节点配置

继续添加 modbus 解析节点，并将其命名为"线圈电力数据解析"，如图 9-50 所示。

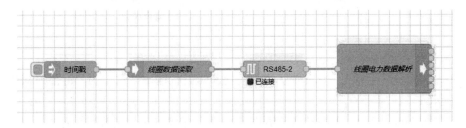

图 9-50　添加 modbus 解析节点

此节点和前面流程一样，会解析 modbus 请求节点返回的数据并分开输出。每个输出对接一个 change 节点，如图 9-51 所示。

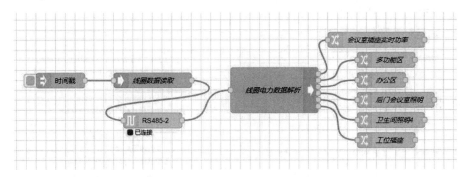

图 9-51　添加 change 节点

change 节点将获取的值按照手册说明进行单位还原，比如，采集的功率数据放大了 100 倍，结果除以 100，并在 topic 属性中标识采集数据的名称，如图 9-52 所示。

名称
会议室插座实时功率
规则
设定
msg. payload
到
(payload/100)
设定
msg. topic
到
会议室插座实时功率

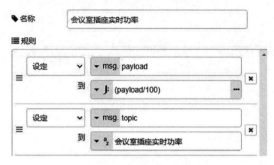

图 9-52 change 节点配置

最后，将这些输出统一汇总到 join 节点进行合并，如图 9-53 所示。

时间戳
线圈数据读取
RS485-2
已连接
线圈电力数据解析
会议室插座实时功率
多功能区
办公区
后门会议室照明
卫生间照明4
工位插座
合并数据

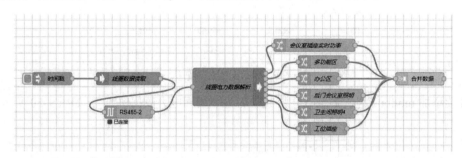

图 9-53 添加 join 节点

合并方式还是“手动”，按照消息数量达到 6 时进行输出，输出为“键值对对象”，如图 9-54 所示。

最后添加 debug 节点，触发流程看到图 9-55 所示输出则表示流程成功建立。

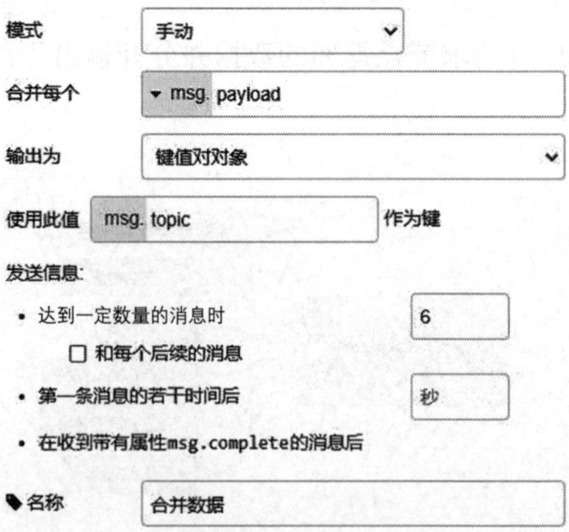

模式
手动
合并每个
msg. payload
输出为
键值对对象
使用此值
msg. topic
作为键
发送信息:
达到一定数量的消息时
6
和每个后续的消息
第一条消息的若干时间后
秒
在收到带有属性msg.complete的消息后
名称
合并数据

图 9-54 join 节点配置

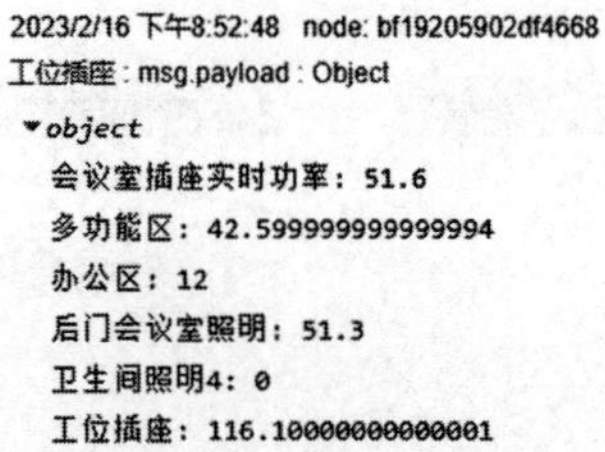

2023/2/16 下午8:52:48 node: bf19205902df4668
工位插座 : msg.payload : Object
object
会议室插座实时功率: 51.6
多功能区: 42.599999999999994
办公区: 12
后门会议室照明: 51.3
卫生间照明4: 0
工位插座: 116.10000000000001

图 9-55 输出结果

至此，我们已经完成数据采集、合并和转换，形成了有效的数据。此时，增加 mqtt out 节点将数据发布到 IoT 平台上，如图 9-56 所示。

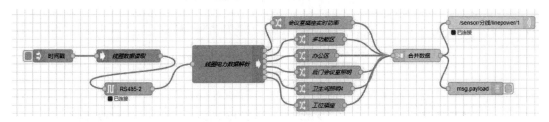

图 9-56 添加 mqtt out 节点

同时，MQTT 主题命名按照标准规范进行，即 "sensor/ 传感器地址 / 传感器类型 / 传感器 ID"。本案例中 MQTT 主题名为 "/sensor/ 分线 / linepower/1"。服务端配置为 IoT 平台的 MQTT 地址 192.168.0.220:1883，如图 9-57 所示。

最终，此流程按照每 5s 一次进行触发，将采集的电量数据发布到 IoT 平台上。

图 9-57 mqtt out 节点配置

9.5.2 在 IoT 平台通过 MQTT 接收电量数据

IoT 网关中设备数据采集流程都建立完成后，我们就可以建立 IoT 平台的接入流程，如图 9-58 所示。

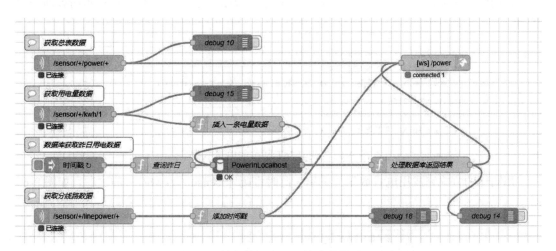

图 9-58 IoT 平台数据接收和前端交付流程示意图

IoT 平台采用了 GeeQee BX IoT，内置 Node-RED3.0.2。下面在这个平台上配置数据采集后的处理过程。首先增加 mqtt in 节点，如图 9-59 所示。

mqtt in 节点配置如图 9-60 所示。

获取总表数据
/sensor/+/power/+

图 9-59 添加 mqtt in 节点

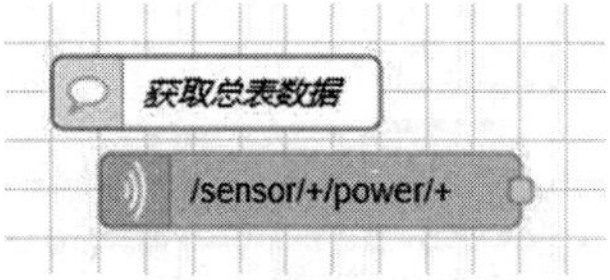

服务端
localhost:1883
Action
Subscribe to single topic
主题
/sensor/+/power/+
QoS
2
输出
自动检测 (已解析的JSON对象、字符串或buffe
名称
名称

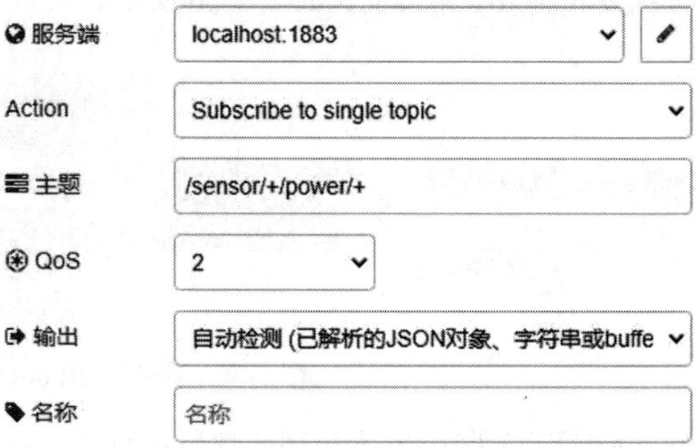

图 9-60 mqtt in 节点配置

订阅主题为“sensor/+/power/+”，通过引入“+”通配符，即可订阅总表的电量数据。这样做的好处显而易见，例如在后期需要引入新的传感器，只要按照这个命名规则添加，无须修改 IoT 平台即可进行新数据采集。订阅后再增加一个 debug 节点调试和查看，如图 9-61 所示。

获取总表数据
/sensor/+/power/+
debug 10
已连接

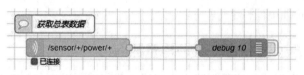

图 9-61 添加 debug 节点

在调试栏获取每 5s 发布一次的一次侧总表电量数据，输出以下图 9-62 所示内容即表示成功。

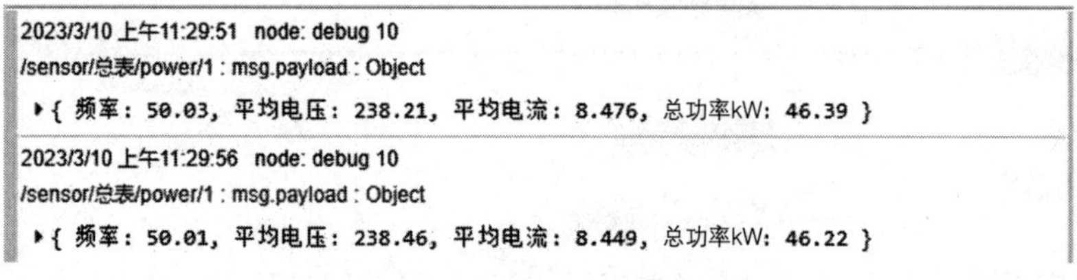

2023/3/10 上午11:29:51 node: debug 10
/sensor/总表/power/1 : msg.payload : Object
▸{ 频率: 50.03, 平均电压: 238.21, 平均电流: 8.476, 总功率kW: 46.39 }
2023/3/10 上午11:29:56 node: debug 10
/sensor/总表/power/1 : msg.payload : Object
▸{ 频率: 50.01, 平均电压: 238.46, 平均电流: 8.449, 总功率kW: 46.22 }

图 9-62 获取 IoT 网关的电量数据

用同样的方式完成用电量数据的采集，此时订阅“/sensor/+/kwh/1”的主题，如图 9-63 所示。

获取用电量数据
/sensor/+/kwh/1
debug 15
已连接

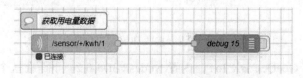

图 9-63 添加 mqtt in 节点获取用电量数据

在调试栏获取每个整半小时和整点发布的一次侧用电量数据，输出图 9-64 所示内容即表示成功。

2023/3/10 上午11:06:47 node: debug 15
/sensor/总表/kwh/1 : msg.payload : number
14010.7
2023/3/10 上午11:06:55 node: debug 15
/sensor/总表/kwh/1 : msg.payload : number
14010.7

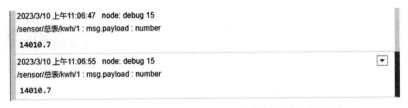

图 9-64　debug 节点输出 IoT 网关采集的用电量数据

在获取分线路数据的时候订阅“/sensor/+/linepower/+”主题，添加 mqtt in 节点后的流程如图 9-65 所示。

获取分线路数据
/sensor/+/linepower/+
添加时间戳
debug 18
已连接

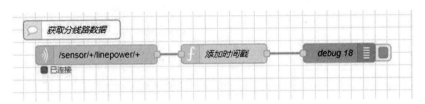

图 9-65　添加 mqtt in 节点后的流程

在调试栏获取每 5s 发布一次的一次侧分线用电量数据，输出图 9-66 所示内容即表示成功。

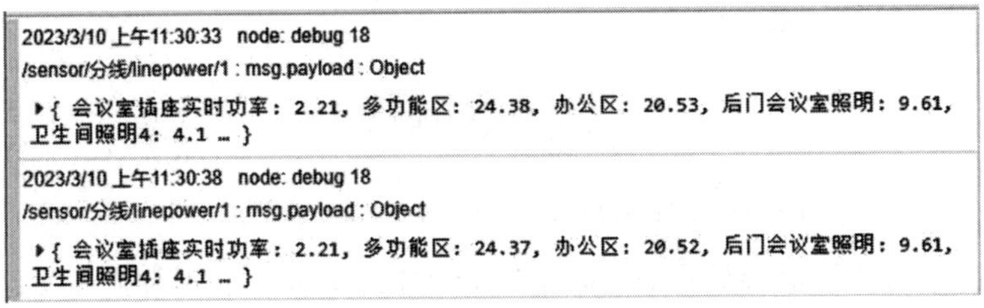

2023/3/10 上午11:30:33 node: debug 18
/sensor/分线/linepower/1 : msg.payload : Object
▸{ 会议室插座实时功率: 2.21, 多功能区: 24.38, 办公区: 20.53, 后门会议室照明: 9.61, 卫生间照明4: 4.1 … }
2023/3/10 上午11:30:38 node: debug 18
/sensor/分线/linepower/1 : msg.payload : Object
▸{ 会议室插座实时功率: 2.21, 多功能区: 24.37, 办公区: 20.52, 后门会议室照明: 9.61, 卫生间照明4: 4.1 … }

图 9-66　debug 节点输出 IoT 网关采集的分线路数据

最后在 debug 节点后面增加一个 function 节点，以添加一个时间戳属性，方便前端页面形成图表：

```
msg.payload.type="linepower"
msg.payload.time=moment().format("HH:mm:ss")
return msg;
```

最终，我们完成了 3 个电量数据的收集，接下来进行进一步处理。

9.5.3　在 IoT 平台配置 MySQL 数据库以存储历史电量数据

在获取用电量数据的部分，由于前端 IoT 网关采集的电量是每整半小时间隔传输一次

（如 13:30、14:00、14:30 等）当前总用电量，因此需要将每次获得的数据先存入数据库，然后通过一个查询语句统一查询昨日每半小时的总用电量数据，并相减获得当天每半小时的实际耗电量。

这里需要使用到 MySQL 数据库，并且安装支持 MySQL 的 Node-RED 的节点 node-red- node-mysql，如图 9-67 所示。

图 9-67　增加 node-red-node-mysql 节点

node-red-node-mysql 节点配置如图 9-68 所示。

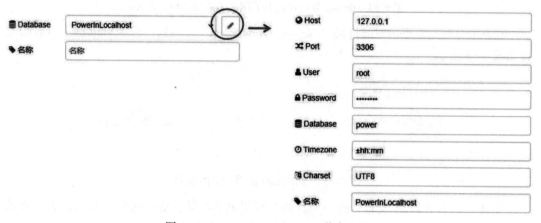

图 9-68　node-red-node-mysql 节点配置

配置后该节点显示如图 9-69 所示。

图 9-69　配置好的 node-red-node-mysql 节点显示

mysql 节点配置无误后会显示 connected（已连接）状态，表示和数据库已经连接成功。此时，增加一个 function 节点并将其命名为"插入一条电量数据"，此节点用来实现插入数据的 SQL 语句，如图 9-70 所示。

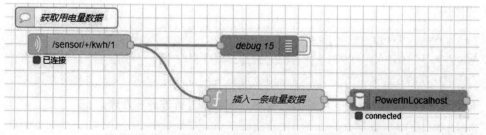

图 9-70　通过增加 function 节点来实现插入数据的 SQL 语句

在介绍"插入一条电量数据"节点之前，先介绍提前设计好的用电量统计表（见表 9-10）。

表 9-10　用电量统计表

字段名	字段类型	字段描述
id	INT 自增长	用于记录每条数据的唯一标识
kwh	VARCHAR（40）	采集的用电量数据
year	VARCHAR（40）	采集用电量数据的年份
month	VARCHAR（40）	采集用电量数据的月份
day	VARCHAR（40）	采集用电量数据的日期
hours	VARCHAR（40）	采集用电量数据的小时
minute	VARCHAR（40）	采集用电量数据的分钟
createtime	DATETIME	数据插入时间

数据库建表语句：

```
CREATE TABLE IF NOT EXISTS power(
    id INT UNSIGNED AUTO_INCREMENT,
    kwh VARCHAR(40)NOT NULL,
    year VARCHAR(40)NOT NULL,
    month VARCHAR(40)NOT NULL,
    day VARCHAR(40)NOT NULL,
    hours VARCHAR(40)NOT NULL,
    minute VARCHAR(40)NOT NULL,
    createtime DATETIME NOT NULL,
    PRIMARY KEY(id)
)ENGINE=InnoDB DEFAULT CHARSET=utf8;
```

根据此数据结构，在每次收到电量数据之后，通过 function 节点插入一条数据到 power 表中。在 function 节点中用以下代码完成 SQL 语句的生成：

```
let kwh=msg.payload
let nowTime=moment();
let createTime=nowTime.format('YYYY-MM-DD HH:mm:ss');
msg.topic="INSERT INTO power('kwh','year','month','day','hours','min
ute','createtime')VALUES('"+kwh+"','"+nowTime.year()+"','"+(nowTime.
month()+1)+"','"+nowTime.date()+"','"+nowTime.hour()+"','"+nowTime.
minute()+"','"+createTime+"');"
return msg;
```

首先通过 moment 模块获取当前时间，然后分别计算出 year、month、day、hours、minute 和 createtime，kwh 是 MQTT 采集回来的数据，最后这些数据拼接成完整的 SQL 语句。注意，SQL 语句中字段名的单引号用 " ' " 表示，最后连接 mqtt in 节点，流程将自动向

MySQL 的 power 表中插入数据。流程示意图如图 9-71 所示。

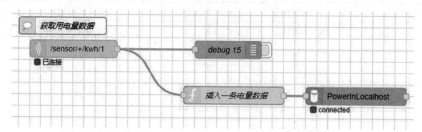

图 9-71　用电量自动收集并插入数据库流程示意图

另外，插入数据间隔是半小时，实际前端展示需求是展示昨天全天的耗电量数据，因此需要另外建立一个查询流程，以查询昨日耗电量流程如图 9-72所示。

图 9-72　查询昨日耗电量流程

建立一个每 5s 触发一次的 inject 节点，然后连接"查询昨日"节点，节点实现代码如下：

```
let yesterday=moment().subtract(1,'days')
msg.topic="select*from power where year='"+yesterday.year()+"'and
month='"+(yesterday.month()+1)+"'and day='"+yesterday.date()+"';"
return msg;
```

上述代码通过 moment 模块获取"昨日"的时间变量 yesterday，然后拼接一个查询语句，在 where 语句中使用 yesterday 的年月日作为条件，即可完整地查询出昨日全部的电量数据。

查询出来的数据是每半小时的全量数据，不是增量数据，还需要增加 function 节点进行处理，如图 9-73 所示。

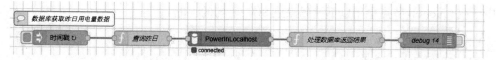

图 9-73　查询结果通过增加 function 节点进行处理

将该 function 节点命名为"处理数据库返回结果"，代码如下：

```
let pwerdata={}
let resultdata=msg.payload
let kwhs=[resultdata.length]
let times=[resultdata.length]
let totalkwh=0
for(let i=resultdata.length-1;i>=0;i--){
    if(i!=0){
```

```
        resultdata[i].kwh=parseInt(resultdata[i].kwh*1000)-
        parseInt (resultdata[i-1].kwh*1000)
    }else{
        resultdata[i].kwh=resultdata[i+1].kwh*1000
    }
    resultdata[i].kwh=resultdata[i].kwh/1000
    kwhs[i]=resultdata[i].kwh
    times[i]=(resultdata[i].hours.length==1?"0"+resultdata[i].
    hours:resultdata[i].hours)+":"+(resultdata[i].minute.length==1?
    resultdata[i].minute+"0":resultdata[i].minute);
    totalkwh+=resultdata[i].kwh
}
totalkwh=parseFloat(totalkwh).toFixed(2)
msg.payload={
    totalkwh:totalkwh,
    kwhs:kwhs,
    times:times,
    type:"power"
}
return msg;
```

此代码是循环 MySQL 返回的结果数组 resultdata，从后到前的依次相减，形成最终的增量数据，也就是最终的每半小时实际的耗电量数据，然后再存回数组 kwhs 中，然后装配到 msg.payload 中等待发出。其中，times 数组、totalkwh 的值、type 的值在这个过程中按照前端展示页面的需求而生成，也一同组装到 msg.payload 中。

9.5.4　在 IoT 平台配置前端界面的 WebSocket 连接

数据采集和整理流程已经全部配置完成，现在需要为前端展示界面提供数据，此处采用 WebSocket 和前台对接，这样 IoT 网关推来的数据将会实时通过 IoT 平台推到前端页面。在流程中添加 websocket out 节点，如图 9-74 所示。

图 9-74　添加 websocket out 节点

websocket out 节点配置如图 9-75 所示。

同时将之前配置的总表数据、昨天用电量数据、分线路数据获取流程的输出端连接到 websockt out 节点。总表数据获取流程的输出端连接到 websocket out 节点，如图 9-76 所示。

昨天用电量数据获取流程输出端连接到 websocket out 节点，如图 9-77 所示。

分线路数据获取流程输出端连接到 websocket out 节点，如图 9-78 所示。

至此，IoT 平台的工作已经完成。

图 9-75　websocket out 节点配置

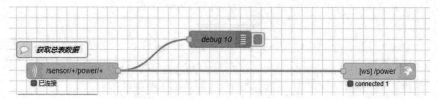

图 9-76　总表数据获取流程输出端连接到 websocket out 节点

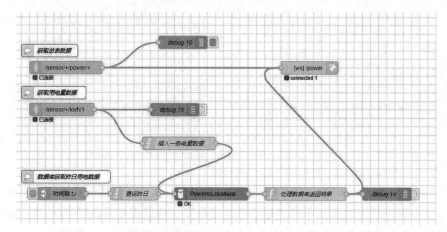

图 9-77　昨天用电量数据获取流程输出端连接到 websocket out 节点

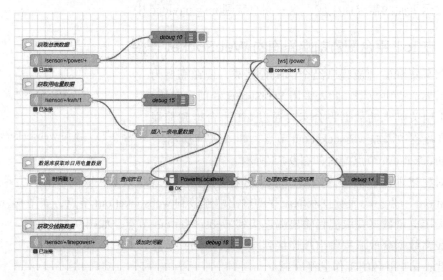

图 9-78　分线路数据获取流程输出端连接到 websocket out 节点

9.5.5　大屏展示界面的实现

最终所有数据采集到 IoT 平台后，通过制作大屏展示界面来完成动态数据展示，如图 9-79 所示。

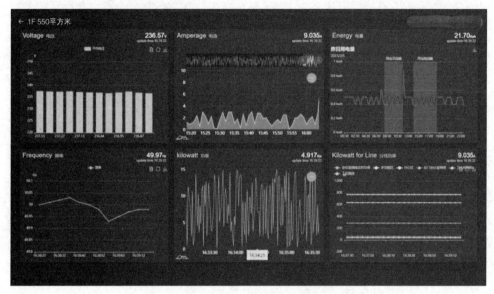

图 9-79　大屏展示界面

前端大屏展示界面是根据用户要求设计的，这里不介绍界面样式的实现，主要对数据连接和获取部分进行介绍。在 BX IoT 平台访问 IP 地址（http://192.168.0.220/screen）可以进入该界面。

此页面使用了 HTML5 的 WebSocket 技术来实现和 BX IoT 平台对接。在展示页面获取实时电量数据，JS 实现代码如图 9-80 所示。

```
init(){
  var _this = this;
  if(_this.ws == null){
    _this.ws = new WebSocket( url: "ws://192.168.0.220:1880/ws");
    _this.ws.onopen = function(evt) {...};
    _this.ws.onmessage = function(evt) {...};
    _this.ws.onclose = function(evt) {...};
  }
  setTimeout( handler: function(){
    _this.init()
  }, timeout: 5000)
},
```

图 9-80　获取实时电量数据的前端 JS 实现代码

图 9-80 为代码缩略版，这样更有利于读者看清代码结构。全部代码如下：

```
init(){
    var_this=this;
    console.info(_this.ws)
    if(_this.ws==null){
        _this.ws=new WebSocket("ws://192.168.0.220:1880/power");
        _this.ws.onopen=function(evt){
          console.log("连接建立成功！",evt)
          _this.ws.send("连接成功！发送初始数据！");
        };
        _this.ws.onmessage=function(evt){
        console.info("接收数据:"+evt.data)
        _this.lasttime=moment().format("YYYY-MM-DD HH:mm:ss");
        var returnObj=JSON.parse(evt.data)
        //......其他逻辑和显示逻辑......
        if(returnObj.type=="realtime"){
            // 定义的数据
            let series1=_this.powerdata.series1
            let series2=_this.powerdata.series2
            let x1=_this.powerdata.x1
            let x2=_this.powerdata.x2
           // 获取的数据
            let powerdata=returnObj;
            let totalW=parseFloat(powerdata["平均电压"]);
            let argA=parseFloat(powerdata["频率"]);
            let time=powerdata["time"];
            let index=series1[series1.length-1]==undefined?1:series1
            [series1.length-1]+1
           // 装配数据
            series1.push(argA)
            series2.push(totalW)
            x1.push(time)
            x2.push(totalW)
            if(series1.length>12){
                series1.splice(0,1)
                series2.splice(0,1)
            x1.splice(0,1)
            x2.splice(0,1)
            }
```

```
    _this.powerdata.series1=series1;
    _this.powerdata.series2=series2;
    _this.powerdata.x1=x1;
    _this.powerdata.x2=x2;
    _this.powerdata.livedata.kw=parseFloat(powerdata["总
    功率kW"]);
    _this.powerdata.livedata.voltage=parseFloat (powerdata
    ["平均电压"]);
    _this.powerdata.livedata.amperage=parseFloat (powerdata
    ["平均电流"]);
    _this.powerdata.livedata.frequency=parseFloat (powerdata
    ["频率"]);
    _this.powerdata.livedata.time=powerdata["time"];
}
else if(returnObj.type=="power"){
    let kwhdata=JSON.parse(evt.data);
    _this.kwhdata.kwhs=kwhdata.kwhs;
    _this.kwhdata.times=kwhdata.times;
    _this.kwhdata.totalkwh=kwhdata.totalkwh;
}
else if(returnObj.type=="linepower"){
    let linepowerdata=JSON.parse(evt.data)
    _this.linedata.x1.push(linepowerdata.time)
    for(var item in linepowerdata){
        if(item=="time"||item=="type"){
            continue
        }
        if(!_this.dataSeriesCache[item]){
            _this.dataSeriesCache[item]={}
            _this.dataSeriesCache[item]['name']=item
            _this.dataSeriesCache[item]['type']='line'
            _this.dataSeriesCache[item]['data']=[]
        }
        _this.dataSeriesCache[item]['data'].push(linepowerdata
        [item])
    }
    let seriesData=[]
    for(var name in _this.dataSeriesCache){
```

```
                    seriesData.push(_this.dataSeriesCache[name])
            }
            _this.linedata.series=seriesData
        }
    };
    _this.ws.onclose=function(evt){
        _this.ws=null;
        console.log("连接关闭.",evt);
        _this.lasttime="connection is closed!"
    };
}
this.grid=GridStack.init();
this.grid.on('added',function(event,items){
    items.forEach(function(item){
    });
});
this.grid.on('change',function(event,items){
    let serializedFull=_this.grid.save(true,true);
    items.forEach(function(item){
    });
});
setTimeout(function(){
    _this.init();
},5000)
},
```

此 init() 方法将 5s 循环运行一次，首先判断 WebSocket 对象 ws 是否存在，如果不存在则创建一个新的连接。这样做的目的是保证页面一直处于"保活"状态，由于电视播放内容的时候没有交互操作，如果因为网络问题连接断开是无法通过人工刷新的方法去恢复连接的，因此采用 5s 循环执行的方式可保证网络恢复的时候页面可以自动重新连接。

WebSocket 在 JavaScript 中是基于事件运行的，最主要的 3 个事件如下。

● onopen：当连接成功的时候会触发。

● onmessage：当服务端有消息发送过来的时候触发。

● onclose：当连接断掉的时候触发。

onopen 事件代码如下：

```
_this.ws.onopen=function(evt){
    console.info("连接建立成功!")
```

```
        _this.ws.send("连接成功!发送初始数据!");
    };
```

　　这部分代码只是在控制台打印连接
建立成功的信息，方便前端调试，同时
在连接建立好以后立即发送一条消息，
确认通信正常，也方便在 Node-RED 中
查看连接的消息，如图 9-81 所示。

图 9-81　在 Node-RED 中查看连接的消息

　　onmessage 事件代码如下：

```
_this.ws.onmessage=function(evt){
    console.info("接收数据:"+evt.data)
    _this.lasttime=moment().format("YYYY-MM-DD HH:mm:ss");
    var returnObj=JSON.parse(evt.data)
    //......其他逻辑和显示逻辑......
    };
```

　　onmessage 事件会回传一个参数 evt。这个参数就是收到的数据包。数据包的 data 属性
为 Node-RED 后台传入的数据，不过此时还是字符串格式，通过 JSON.parse(evt.data)，转
换为 JSON 格式。获取 JSON 数据后执行前端页面的展示逻辑，如图 9-82 所示。

图 9-82　数据收到后触发前端事件展示大屏界面

onclose 事件代码如下：

```
_this.ws.onclose=function(evt){
```

```
console.info(" 连接关闭 .");
_this.ws=null;
};
```

连接关闭的时候会执行此代码。在这里，一定要将 WebSocket 对象 ws 设置为 null，这样 5s 以后重新执行这个方法的时候前端页面才会重新连接。

最终实现场景如图 9-83 所示。

图 9-83　最终实现场景

9.6　案例总结

本章实战案例完成了一套标准的物联网电量统计系统的建设，要点如下。

- 系统架构设计和硬件选型：根据物理位置和终端类型选择不同 IoT 网关和 IoT 平台。
- RS485 设备连接：提前设置好地址码，并记录到表格，以防连接冲突。
- Modbus 协议对接：根据对应产品的使用手册获取通信参数、地址参数等，如果无特殊说明地址信息则通过对寄存器地址从十六进制转化为十进制后加 40001 获得。
- MQTT 的发布：设计发布的主题，按照 "sensor/ 地理位置 / 传感器类型 / 传感器 ID" 的规范设计。
- MQTT 的使用：MQTT 发布的时间设置为 "指定时间段周期性执行"，这样 IoT 平台可以在同一时间点获取全部数据；合并条件按时间而不是数量，这样即便有传感器掉线也不影响其他数据的合并和流程的运行。
- 数据收集和格式调整：数据收集合并后一般调整为 JSON 格式。
- 数据收集后通过 mysql 节点进行存储和查询。
- 多个 mqtt in 节点收集数据后汇聚到同一个 websocket out 节点上发布。
- 前端页面和 Node-RED 之间采用 WebSocket 协议，并且前端页面中加入 "保活" 措施，防止网络和后台服务掉线的影响。
- 物联网自动化场景，遵循获取数据、增加判断逻辑、进行控制三步设计原则，在 Node-RED 中进行设置和调整，快速满足客户需求。